让心态成就你一生

华 业◎编著

中国商业出版社

图书在版编目（CIP）数据

让心态成就你一生 / 华业编著. —北京：
中国商业出版社，2007. 5
ISBN 978-7-5044-5880-3

Ⅰ. 让… Ⅱ. 华… Ⅲ. 成功心理学—通俗读物
Ⅳ. B848.4-49

中国版本图书馆 CIP 数据核字（2007）第 047129 号

责任编辑：唐伟荣

中国商业出版社出版发行
010-63180647 www. c-cbook. com
（100053 北京广安门内报国寺 1 号）
新华书店经销
天津冠豪恒胜业印刷有限公司印刷
*
710 毫米 ×1000 毫米 16 开 18.5 印张 270 千字
2007 年 7 月第 1 版 2020 年 4 月第 2 次印刷
定价：48.00 元

* * * *

（如有印装质量问题可更换）

前言 PREFACE

人人都幻想成功，渴望成功，渴望在人生的旅途上有所收获，渴望经过自己的拼搏努力，到达旅途中最美丽的景点，实现人生的辉煌。

是的，成功——人生的辉煌，许多人都为它疯迷，为它不断努力，流尽血汗。但是，它是人生旅途中最美丽的景点，永远在最遥远、最不易到达的地方。

每个人的人生旅途各不相同，旅途中的各种风光、各种阻碍也各不相同，当然最美丽的风景也不尽相同，因为人人都有一个最终梦想，都有一个各自认为最灿烂的人生目标。梦想虽美，毕竟是幻想，需要付诸实践后，才有可能实现，如何行动则又与我们的心态有关。有什么样的心态，就有什么样的行动，心态决定你的行动，成就你一生。

心态在心理学上指动能心态与复合心态所包括的诸种心理品质的修养和能力，换句话说，心态就是人的意识、观念、动机、情感、气质、兴趣等心理状态的一项，心态与我们的人生成败有着密切关系。

心态会影响你的生活，在社会生活中，你有什么样的心态，那么你就会有什么样的生活。乐观心态，帮你生活在快乐中；自信心态，让你永做生活的强者；积极心态，让你永远都充满希望的生活；知足心态，使你知足常乐。

心态会影响你的命运，你的心态与你的命运关系十分密切。健康的心态，可以使你正确把握命运的转向，紧紧抓住扭转命运的机会，成就你期待已久的命运，赢得灿烂人生。

心态可分为：自卑心态与自信心态；消极心态与积极心态；贪婪心态与知足心态；悲观心态与乐观心态；坚持心态与舍弃心态。

自卑心态与自信心态——自卑是那些弱小者，面对困难退缩者的心理状态。他们把自己困在孤独的角落，从不知道如何走出角落，其实很简单，只要换个自信的心态。自信心态是成功者必需的心态，也是成功者之所以成功的原因所在。自信给人战胜困难、赢得挑战的勇气，让人在跌倒后，忍受膝盖的疼痛勇敢站起来。所以自信心态是你成就一生必不可少的心态之一。

消极心态与积极心态——一个人拥有积极心态，也会有一种不服输的性格，勇往直前，不在乎前面是枪林弹雨。只因有一颗积极进取的心，不达目的誓不罢休，就是要成就一生。而消极心态者，做事不求进取，驻守原地，缺乏面对挫折、困难的勇气，永远只会活在自己可以控制的生活范围中。

贪婪心态与知足心态——古人云：“人心难满，欲壑难填”。贪婪是我们每个人或多或少都有的一种心态。一旦贪婪心态膨胀，我们会被蒙蔽双眼，会不顾一切满足自己的欲望，甚至不惜丢失性命。人们还常说这么一句话——“知足常乐”。是的，世上财富无数，贵在知足。知足心态让你永远快乐，永远会有成功感。

悲观心态与乐观心态——悲观的人看什么东西都是灰色的，了无生气的，什么事物都激不起他们的乐趣，永远活在阴暗的世界中，永不知往前走一步就是阳光明媚的天地。乐观者则是乐观看待生活，快乐生活，用乐观的心态助自己成功。

坚持心态与舍弃心态——生活告诉我们贵在坚持。只要坚持就可克服千难万险，同时生活又告诉我们在懂得坚持时，也要学会适当的放弃。当前面有更美丽的事物、更好的机会时，我们不应固守现在的快乐、幸福、财富……

牢牢抓住机会就会收获更好的成就。 坚持一点，舍弃一点，成就你一生。好心态是成就你一生的法宝，培养好心态，成就你一生。赶快行动吧！

目录 CONTENTS

你的心态若是改变，你的行为将得到改变；你的行为若是改变，你的习惯将得到改变；你的习惯若是改变，你的性格将得到改变；你的性格若是改变，你的人生将得到改变。

平凡弱小有可能是人们自卑的理由，但在茫茫人海中，并非每个平凡弱小者都孤独、毁灭，只有在强烈的自卑的心理压力下的人，在自己的周围竖起一道道坚实的墙壁，把别人拒之墙外，把自己关在墙内，一事无成。所以，劝自卑者抛弃自卑，自信面对人生，重拾成功的人生。

劳埃尔·皮科克说：“成功人士的首要标志就是他们看待问题的方法，一个人如果经常进行积极思维，他就具有了积极心态，就喜欢接受挑战和应付各种麻烦事情，那成功就已经开始了，而如果一个人消极，经常用消极思维思考问题，那么，他会对挑战俯首称臣，离成功总是差很大一截。”

古人云：“人心难满，欲壑难填”。贪婪是每人或多或少都有的弱点。贪婪使我们为获取一点蝇头小利而斤斤计较，甚至沾沾自喜；但更多的时候却使我们被内心的贪欲所蒙蔽、所困扰，使我们遭到更大的损失和承受更大的心理压力，人不能没有欲望，但人却不能只有欲望，如果过分纵欲而毫无节制，那必将作茧自缚。

第六章　远离悲观，笑看人生　189

乐观，是你成就事业的必要因素，是你走向成功的一把钥匙，是你赢得美好生活的源泉，所以，如果你想成功，那么请你远离悲观，笑看人生。

第七章　坚持一点，舍弃一点，将会成功　219

没有追求的人，就没有奋斗，一生碌碌无为；没有坚持的人，就没有成功一辈子，进进退退，注定失败。而没有舍弃的坚持，也会因小失大，丢了西瓜拾芝麻，终归注定逃不出“失败”两个字。

比尔·盖茨何以成为全球巨富？卡耐基为什么如此成功？李嘉诚跻身世界十大富豪的原因何在？沃伦·巴菲特靠什么成为“华尔街股神”？你想成为他们中的一员吗？那就培养好心态吧！

第一章

心态会影响你的生活

心态与生活的关系在我们的生活中随处都可以表现出来，有什么样的心态，就将会有什么样的生活：悲观心态，会有悲观生活；乐观心态，将永远生活在快乐中；消极心态，生活将永远消沉；积极心态，则会不断前进，生活会永远充满希望……所以请您保持好心态，赢得好生活。

1. 为何他们是生活的失败者

生活中某些人总会成为某领域的成功者，而某些人又总会成为失败者，原因在于成功者拥有积极心态，而失败者则永远被消极心态所阻挠。是成功还是失败？是积极心态还是消极心态？看你的选择。

总有些人认为自己是生活中某一领域的失败者。他们步入社会后经常提及这样一些问题，也经常讨论这些问题：

“你为什么要不断地调整心态呢？”

“你为什么没有取得你打算取得的成功呢？”

“你认为你自己最大的长处是什么？”

……

他们所讲的故事，他们所给出的理由当然都是些关于自己失败的原因和悲剧性的故事。

“我从来就未曾真正有过一个奔向前程的机会。你知道，我的父亲是个酒鬼。”

“我是在贫民窟中长大的，你从你的社会结构中绝对领会不到那种生活。”

“我只受过小学教育。”

“我机遇不好。”

……

实质上，这些人都在表明：世界给了他们不公平的待遇。他们是在责备他们身外的世界和境况，责备他们的遗传。从来没有人从自身去找解决问题的根源，只是推脱自身责任。其实，他们之所以得出这样的结论，完全是因为他们都在基于一种不良的心理——消极的心态。正是由于这种心态，才阻碍了他们的成功。

如果你想成功，想成为生活中某一领域的佼佼者，请你保持积极心态。拥有好的心态，是你成功的保障。

2. 阳光依然灿烂

经过黑夜的阳光都没有改变，而人生路上的一次失败，你就要走向永无止境的黑暗吗？错！只要阳光依旧灿烂，那么我们的斗志就不该结束，我们应该一如既往地走好自己的路。

阳光都不怕黑夜，可以从黑夜中出来，再次放射光芒，而我们失败后，也应该重新站起来，继续走好自己的路。

有一个人，叫恺，他18岁开始创业，从在街头摆冷饮摊做起，一点一点地积累，一步一个台阶地拼搏，十年里摸爬滚打，吃尽苦头，终于成为一家拥有上百万资产公司的老板。

但是，因为他的决策失误，最后他的公司被迫破产还债，房子抵押给了别人，汽车也被人家开走了，还欠别人很多的债务。几乎是一夜之间，他又回到十年前那种一无所有的境地。

从无到有的惊喜谁都愿意领受，但从高处跌到低处的痛苦却不是每个人都能承受得起的。

这突如其来的打击一下子把恺击懵了，他无法面对残酷的现实，开始一病不起，心情极其消沉。

朋友去看他，他心如死灰地对朋友说：“我这次太惨，我只有一条路可以走……我只有死才可以解脱，希望你们原谅我。”

朋友握住他的手说：“十年前你有许多路走，现在仍然是。如果你真的选择了那条路，没有人会原谅你，我们不同情懦夫！振作起来好吗？你该明白的，只有奋斗过的人才会有失败，那些没有失败过的人，是他们没有奋斗过啊，你已经拥有了他们不曾拥有的，你为何要悲伤？你该欢喜才是。来，起来，我们出去看看，十年来一直照在你头顶的阳光，是否依然灿烂，如果阳光没改变，你的斗志就不该消失。”恺的眼睛亮起来，在床上躺了很久的他果然一跃而起，跑进阳光里，大声喊道：“阳光没有变，阳光没有变！”

是啊，我们偶尔失败一次，没什么大不了！只要阳光不变，只要笑笑，就能继续向前走。

3. 交换幸福与快乐

把你的苦难与不幸分摊给别人，你得到的只能是苦难和不幸，把你的幸福与快乐分摊给别人，你的幸福与快乐将会更多。朋友，请你不要吝啬你的幸福与快乐。

可以肯定地说，海伦·凯勒是这个世界上唯一一个有充足的理由去抱怨她的不幸的人。海伦诞生时便是聋、哑、盲者，她被剥夺了同她周围的人进行正常交际的能力，只有她的触觉能帮助她把手伸向别人，体验爱别人和被他人所爱的幸福。

但是，一位虔诚而伟大的教师向海伦伸出了友爱之手，撒播幸福与快乐的种子，这位既聋，又哑、又盲的小姑娘终于成了一个欢乐、幸福和成绩卓越的妇女。海伦小姐曾经写道：任何人出于他的善良的心，说一句有益的话，发出一次愉快的笑，或者为别人铲平粗糙不平的路，这样的人就会感到欢欣是他自身极其亲密的一部分，以致使他终身去追求这种欢欣。

海伦·凯勒之所以会成为一个欢乐幸福和成绩卓越的女人是因为她同别人分享了优良而称心的东西，使自己得到更大的快慰。你分享给别人的东西愈多，你获得的东西就越多。你把幸福分给别人，你的幸福就会更多。

有这样的一些人，他们总有烦恼，不论发生了什么事，他们都认为那些事是不称心如意的。这恰恰是因为他们总是把烦恼分摊给别人。

现在世上有许多渴望爱和友谊的孤独人，但是他们似乎绝对得不到它们。有些人用消极的心态排斥他们所寻找的东西。另一些人蜷曲在他们狭小的天地里，绝不敢冲出去。他们只是幻想什么良好的东西会来到他们的身边，整天在白日做梦，不付诸行动。即使他们得到了这些东西，他们也绝不会与别人共享。因为他们不懂得：如果你不把你所拥有的良好而称心的一部分东西分给别人，那些东西就会减少。

然而，另外一些孤独的人却有勇气去做一些事，以克服他们的孤独。他们将良好而称心的东西分给别人，同时也找到了克服孤独的答案，摆脱孤独，得到爱和友谊。

有这样一个小孩，名叫查理·斯坦梅兹，他实在是一个极为孤独而不幸的小孩。他出生时，脊柱拱起，呈怪异的驼峰状，而且他的左腿弯曲。

这个孩子的家庭很穷。在他不满1岁的时候，他的母亲谢世了。他长大了些时，别的孩子都避开他，他没有玩伴，非常孤独。因为他身体畸形，无法参加孩子们的活动。

但是上天是公平的，它并没有忽视这个儿童。为了补偿他身体的畸形，他被赐予了非凡的敏锐和聪慧。查理5岁时能作拉丁语动词变位，7岁时学习了希腊语，并懂得了一些希伯来语，8岁时就精通了代数和几何。

在大学里，查理的每门功课都胜人一筹。在毕业时，他用储蓄的钱租用了一套衣服，准备参加毕业典礼的盛会。但在消极心态的影响下，人们常常考虑不周，这所大学的当局在布告栏里贴了一个通告，不让查理参加毕业典礼。

这件事促使查理不再努力使人们注意到他的心理能力，从而尊敬他，而去努力培养同人们的友谊，促进人类的善良。为了实践他的理想，他来到了美国。

查理在美国四处寻找工作。由于其貌不扬，他多次受到冷遇，但他从不气馁，他终于在通用电气公司谋到了一份工作，当绘图员，周薪12美元。他除去完成规定的工作外，还花费很多时间研究电气，同时还努力培养和同事之间的友谊。

查理工作努力，成绩显著。他一生获得了200多种电气发明的专利权，写了许多关于电气理论和工程的书籍和论文。他懂得做好了工作便会得到满足，得到快乐；也懂得做出了贡献，会使得这个世界成为值得生活的更好的世界。他积累财富，买了一所房子，并让他所认识的一对青年夫妇和他同享这所房子。这样，查理过上了幸福的生活。

学着把你拥有的幸福和快乐与别人交换，你交换越多，收获就越多。

4. 心态的力量

积极的心态被美国成功学大师拿破仑·希尔列为十二大财富之首，这源于财富、物质或其他方面的东西始于一种内心状态，内心是由自己所控制、所主宰的。人的精神态度供给一种“吸引力”，会把所有恐惧、欲望、疑惑与信仰转化成的物质带到我们的身边。

卡尔有段时间什么事都发愁，整天忧心忡忡，因为他觉得自己太瘦了；他觉得自己在掉头发；他怕永远没办法赚够钱来娶个太太；他认为自己永远没办法做一个好父亲；他觉得自己现在过的生活不够好；他很担忧他给别人不好的印象；他觉得自己得了胃溃疡，无法再工作……总之，在他的心中，他好像所有事都做不好，怕东怕西，顾虑重重。

辞去了工作后，卡尔内心愈来愈紧张，像一个没有安全阀的锅炉，压力终于到了令人难以忍受的地步。后来卡尔回忆道："如果你从来没有经历过精神崩溃的话，祈祷上帝让你永远也不要有这种经验吧，因为再没有任何一种身体上的痛苦，能超过精神上那种极度的痛苦了。精神上的痛苦大于任何肉体的痛苦。我精神崩溃的情况，甚至严重到没办法和我的家人交谈。我控制不住自己的思想，充满了恐惧，只要有一点点声音，就会使我吓得跳起来。我躲开每一个人，常常无缘无故地哭起来。我每天都痛苦不堪。觉得我被所有的人抛弃了——甚至上帝也抛弃了我。我真想跳到河里自杀。"

后来，卡尔决定到佛罗里达州去旅行，希望换个环境能够对他有所帮助。他上了火车之后，父亲交给他一封信并告诉他，等到了佛罗里达州之后再打开看。卡尔到佛罗里达州的时候，正好是旅游的旺季，好的旅馆里订不到房间，他就在一家汽车旅馆里租一个房间睡觉。他想找一份差事，可是没有成功，所以，他把时间都消磨在海滩上。但是面对大海，享受阳光，他也没有感到轻松，卡尔在佛罗里达州时比在家的时候更难过，因此，他拆开那封信，看看父亲写的是什么。父亲在信上写道："儿子，你现在离家1500英里（1英里=1609.344m），但你并不觉得有什么不一样，对不对？我知道你不会觉得有什么不同，因为你还带着你的麻烦的根源——也就是你自己，你自己的心态。无论你的身体或是你的精神，都没有什么毛病，因为并不是你所遇到的环境使你受到挫折，而是由于你对各种情况的想象。总之，一个人心里想什么，他就会成为什么样子；当你了解这点以后，就回家来吧。因为那样你就医好了。"

他父亲的信使他非常生气，卡尔觉得自己需要的是同情，而不是教训。

当时他气得马上决定永远不回家。那天晚上，经过一个正在举行礼拜的教堂，由于没有别的地方可去，卡尔就进去听了一场讲道。讲题是“能征服精神的人，强过能攻城略地”。

卡尔坐在殿堂里，听到和他父亲同样的想法——这一来就把他脑子里所有的胡思乱想一扫而空了。卡尔觉得自己第一次能够很清楚并且十分理智地思想，进而发现自己真的是一个傻瓜——他曾想改变这个世界和世界上所有的人——认为这个世界和世界上所有人是需要改变的，从没有自己考虑过问题。

第二天清早，卡尔就收拾行李回家去了。一个星期以后，他又回去干以前的工作。四个月以后，他娶了那个他一直怕失去的女孩子。他们现在有一个快乐的家庭，生了五个子女。生活比以前更充实、更友善得多。卡尔相信自己现在能了解生命的真正价值了。每当感到不安的时候，他就会告诉自己：只要把摄影机的焦距调好，一切就都好了。

我们内心的平静和我们由生活所得到的快乐，并不在于我们在哪里，我们有什么，或者我们是什么人，而只是在于我们的心境如何，与外在的条件没有多少关系。所以调整好你的心境，过平凡而快乐的生活吧！

所以我们的身份、地位、知识、教养等对我们追求快乐生活并非决定性因素，只要你有好心态，你就会有快乐生活。因为好心态才是决定性因素。

5. 好心态帮你搞好交际网

在社会生活中，人与人要不断交往，逐渐形成交际网，随着交际变得越来越重要，交际变成了一种学问，而心态在交际中的地位也越来越重要，搞好交际，调整心态，你准备好了吗?

新世纪，新时代，万事万物其变化速度之快有时真的出乎我们的想象。为了跟上这快速向前发展的时代，我们每个人都在改变着自己，力图使自己不被新时代所抛弃。所以，在人际交往中，心态的调整已经越来越重要了。

成见是人与人之间交流的克星。常常听人说起社交中，第一印象十分重要。在实际生活中我也确确实实地感受到了这一点。为什么会出现这种情况呢？经过仔细观察，发觉其中的因素固然很多，但一个很重要的原因即是，人们往往把第一次的印象作为一个坐标与基准，于是这一坐标与基准就会影响到对对方以后一切言行的判断。其实，朋友相交的过程中，双方的各个方面都在变化，理解这一点在双方变化不太大时可能还看不出它的重要性，相反，一旦对方身上你认为存在或是不具备的一些特质发生变化时，它的重要性便会突显出来。现实中，朋友之间由于这种原因、效应而失去理解，失去沟通，从不理解变成多疑，最后朋友变成路人，冷眼相见，甚至是仇人，红眼相对。这样的例子实在是太多了。

曾经有位心理学家做了一个非常巧妙的实验：实验人员让两组参加者给同一位女士打电话。告诉第一组说，对方是一个冷酷、呆板、枯燥、乏味的人。告诉第二组说，对方是一个热情、活泼、开朗、有趣的人。结果，发现后一组的参加者与那位女士交谈的很投机，通话时间也明显比前一组的参加者时间长。而前一组的参加者与女士的交谈从一开始就很难顺利地进行下去。

出现这种情况的原因是显而易见的，你事先的预期或看法决定了你的交往方式，包括你的语言信息和非语言信息都会受到预先期待的影响。

如果我们做到用善良的心来对待一切，时时检点自己，做到严于律己，同时，对待朋友要宽容，得饶人处且饶人，做到宽以待人，同时对自己的期望值加以调整，许多类似的情况就不会发生，这就是交友要求的心理素质的体现。做到严于律己还不太难，而要具备宽以待人的素质则不易。生活在大千世界中的人在性格、爱好、职业、习惯等诸方面存在着很大的差异，对事物、问题的认识与理解也不尽相同。这样，调整自身的心态就显得格外重要了。

有这么一个例子，就很好地说明了这个问题：两个人同时搬迁到一个小镇。第一个到了市郊，在加油站停了下来问一位职员：“这个镇里的人怎么样？”加油站的职员反问：“你以前那个镇上的人怎么样？”“他们确实糟透了，很不友好！”“我们这个镇上的人也一样。”第二个到了市郊，也在同一个加油站停下来，问了同一个问题。加油站的职员反问：“你以前那个镇上的人怎么样？”“他们好极了，真的十分友好！”“我们这个镇上的人也一样。”可见，在人际交往中，你对别人的态度和别人对你的态度事实上是一致的，甚至可以说是一样的。一位心理学家曾经说过，我们往往能够从别人的脸上读到自己的表情。这句话深刻地揭示了人际交往中的预期，即态度，是决定交往成败的心理根据。

从这个例子中可以领悟到我们不能要求朋友与自己一样，不能以自己的标准和经验来衡量朋友的所作所为，要承认朋友与自己的差别，并能容忍这种差别。不要企图去改变别人，这样做是徒劳的。金无足赤，人无完人，人非圣贤，焉能无过。宋代文士袁采说过：“圣贤犹不能无过，何况人非圣贤，安得每事尽善？”朋友与朋友在日常的交往中，不可避免地要出现或大或小的失误，这时不要动不动就横加指责，大声呵斥，甚至恨不得将他置于走投无路的境地，而是要做到乐道人之善，多看到朋友的长处。成功的交往是人人希望的，而把握交往成败的关键在于调整你自己的期待，把别人想象成天使，你就不会遇到魔鬼。把别人想象成魔鬼，那么你的交际网则是地狱。

古人云：“无求备于一人，宽则得众。”在朋友间的日常交往中，若朋友未能满足自己的需求或有什么过错或做了对不起自己的事情，切不可怀恨在心。因为怨恨不仅会加深朋友间的误会，影响友情，而且还会扰乱正常思维，引起急躁情绪。

在当今的人际交往中，人们都有保持心理平衡的需要。你怎么看别人，别人就怎么看你；你怎么对待别人，别人就怎么对待你。否则，对方就会感到不平衡。所以，如果你事先对他人有一些消极的看法，那么，这些看法势必会无意识地流露出来，表现在你的语言或非语言的信息上。而对方觉察到你发出的信息后，也会作出相应的反应。

凡事要站在朋友的角度，理解朋友的所作所为。要真正做到随时调整好自己的心态，你就必须提高对自身素质的要求，全面展现自己，多看朋友长处，原谅朋友过错，原谅他人的素质与涵养，这样你的友谊之树才会长青。有句古话说：径路窄处，留一步与人行；滋味浓的，减三分让人尝，此是海世一极乐法。在道路的狭窄之处，应该停下来让别人先行一步。只要心中常有这种想法，那么人生就会快乐安详。交友也应具备这种素质，遇事先让人三分。

所以，保持好心态对你的交际网是十分有利的，可使你自由畅游交际人群中。

6. 情爱生活，需要好心态

每个人都渴望有一份美好的爱情，每个人都希望自己的爱情永葆新鲜，都希望爱情地久天长，那么谁又知道自己的情爱生活最需要什么？需要好的心态，好心态使你的情爱生活充满新鲜。

爱情需要去创造、去培养，它不像传宗接代的本能那样可以遗传、继承。所以，进入爱情，就需要调节自己的心态，认识爱情，才能从本能的层次进入更高的精神境界。

真正的爱情不仅要求相爱，而且要求相互洞察对方的内心世界要求相互理解，相互宽容。一个人不满足于别人因其外表诱人、因其聪明才智和丰富的美学需求而爱他。他希望，他所爱的人能珍视自己的情感需求。

未婚和一部分已婚的男女，嘴上都强调追求真正的爱情，那么他们真实的动机何在呢？我们揭开神秘的面纱，看看情爱生活到底需要什么？

真正的爱情，首先应当要真心实意，要真挚、诚实、坚持原则，对欺骗和虚伪毫不妥协，要时刻准备为真情赴汤蹈火。

高尚道德最重要的一个特征就是忠诚的爱情。一个人在性欲萌动之前，首先使他陶醉的应是心灵之美；他应该对别人怀有极大的道德责任感。只有在这种情况下，爱情才能是唯一的、绝无仅有的东西。真正的爱情中，理智有助于感情，能向感情注入道德力量，使内心活动在道德方面趋向高尚，而不使感情受斤斤计较和瞻前顾后的摆布，不使人去受赞成与反对的意见的影响。

友谊所具有的特征——生活的目的、观点、信念、远大理想和互相要求的一致，同样是爱情的特征。但是，爱情是友谊的高级阶段，相爱的人的精神、心理因素等各个方面具有鲜明的审美色彩。

如果问人们为什么要结婚，很少人回答是为了满足自己的性欲。在通常情况下，特别是在我国，恋爱最终是为了结婚成立家庭。但是，亿万人都默认，恋爱后结婚可以满足性欲。

性的欲望，尤其在年轻的时候，由于缺乏体验，对方只要是异性，便能刺激起欲望。当事人误认为这就是爱情。其实爱情与性欲在某方面有相似之处，甚至都有难以搞清之处，但爱情与性欲还是有区别的。

性欲是生理需要带有生物性的东西，这是属于动物界（尽管人类是高级动物），当然也包括植物界的东西。人类和其他生物一样，基本上是先天条件的产物，一个是个体生存，一个是种族延续。个体生存需要创造物质财富和精神财富，种族延续需要性欲和异性。

性欲可以认为是先天的，但爱情对象，比如说要去爱什么人却是后天决定的。爱情的对象是人品、性格、爱好、体貌；性欲的对象是肉体，只要是异性都可成为性欲对象。尽管爱情中也有性欲作为基础，但其中并不单是肉体性欲。

如果只是性欲愿望，那么和其他生物一样，与异性的一体感只有在性交活动时存在，绝达不到社会人际关系水平。爱情却使男女双方人品合为一体，这种感觉会使男女双方激起在人生道路上一起勇往直前的热情。只靠性欲结合的男女则缺乏这些热情。爱情可使男女双方感觉我中有你，你中有我，性欲强烈。没有爱情，则会感到我、你之间只是鱼水之欢。男女双方靠爱情结合，双方几乎不计较得失，不以自我牺牲为苦。如果是靠性欲的结合，就要计较得失了。以爱情为基础的结合，两人彼此心情舒畅，愿在人生旅途上同甘共苦，相伴扶持；而基于性欲的结合，除性交活动外，并不想共度一生只是寻求一时的快感。

以爱情为基础的结合中当然也带有性的色彩，性是爱情生活中不可缺少的一部分，特别是女方发现这一点时，有的人会觉得这个家伙怎么竟是这样的人？于是大为不满，甚至宣告爱情就此吹灯。其实只要不是想占有肉体后结束恋爱，就不要大为不满。恋爱难道离得开性欲吗？性欲有时也可用来作为表达和传送爱情的手段，就像男女双方在进餐时，常把食欲作为表达和传送爱情的手段是一样的。

什么是成熟的爱情？那就是在保持自己完整性和独立性的条件下，也就是保持自己个性的条件下与他人合二为一。人的爱情是一种积极的力量，这种力量可以冲破人与人之间的高墙并使人与人相结合。爱情可以使人克服孤寂和与世隔绝感，但同时又使人保持对自己的忠诚，保持自己的完整性和本来的面貌，在爱情中出现了两个生命合为一体，却依然保持独立的怪现象。英国戏剧家萧伯纳说过：“让结婚的人结婚吧，让不结婚的人不结婚吧，反正他们都会后悔的。”

这句话虽然很幽默，但是寓意深刻。讲出了人生的一个道理。结婚或不结婚，都会“后悔”的缘由是什么呢？萧伯纳没有说，如果要做到无悔，那么其基点又在哪里呢？其实，结婚与不结婚，只不过是一种伦理生活方式的选择，与人生总的价值体系并不直接相关，所以，萧伯纳在易触发怨悔的人们中，把已婚与未婚的状态等量齐观。很明显，诱发后悔与无悔的基点，并不在于结婚与否，而是由期望的指向及高低使然，如若这期望指向自身而不是指向对方，或者说并不过分看重对方所谓的“应有反馈”、“理当回报”。那么，一个人无论是如何安排自己的生活，都会采取积极适应、随机调整、能进能退的自如状态。这样，如若婚姻美满，则会感激造物主的恩惠，如果破裂了，则会感谢上帝给了灵魂再次独舞或重新缔结良缘的机会，也就都会无怨无悔。

说到底，人的生存基点，还是在于要保持个体的尊严。这个基点只要不错位，无悔的基点自然也就会牢固地树立于人的理念之中，使人生变得洒脱而超然。

两颗充分懂得自爱、自重的心灵，要是相爱起来那才叫真爱。

由于自爱，主体意识明晰，就会时刻警觉，不给对方造成臃赘，形成拖累，而且由于爱，彼此的生存空间成倍增长，创新空间空前发展。这样的情恋谁也不会限制谁什么，而是使对方的追求和情趣赢得有力的支持，得到更多的赞许，从而能够增添生存竞争力和创新活力。

由于自重、自立意识浓重，就会时刻体察自身的爱恋心态是否比较彻底地告别了功利情绪，是否防止了爱人间常常容易滋生的某种所谓“合理依赖”。这样，有助于使爱恋生活的方方面面超越人们视为“理所当然”的所谓责任和义务，而形成一种只有爱人之间可以理解的默契，使两颗自重的爱心相互交流和默许，生活的外在形态就变得不再那么重要。这或许就是许多爱人之间所构筑的表现独特的生活形态，而局外人百思不得其解的原因。

这样的自爱和自重，是爱人之间主体自立、灵魂相连的基础，彼此之间的善解人意由此派生，而当这种“善解人意”由有声语言的交流上升为无声语言的相互默契时，美丽异常的悟性就诞生了。这不只是表达形态的演化，而且是爱的质地的升华，因为由这样的悟性所达成的默契，它足以使一切真爱的灵魂融入其中，故而是爱情执著的另一个可靠的基点，亦是其他因素所难以取代的。

爱情首先是付出，其次是关心、责任心、尊重和了解。责任心即对别人负责就像对自己负责一样。爱情是对生命以及我们所爱之物的积极的关怀。尊重对方不是惧怕对方，尊重对方是努力使自我成长和发展。爱情是人的天性，是人的本能的自然发展，也是生命自由的表现，只有在自由的基础上才会有爱情。这是因为爱情是自由之子，永远不会是控制的产物。

7. 好心态，为你赢得美满婚姻

你还在为自己的糟糕婚姻而痛苦吗？还在羡慕别人婚姻的美满幸福吗？好心态能帮你寻找到美满婚姻的源泉，能帮你改变你的失败婚姻。

每个已婚人以及打算步入婚姻殿堂的人都希望婚姻美满，但是，美好的婚姻需要自我调节。

每个人对自己的婚姻都有一些标准，他们不明白这些标准往往会无端地影响自己的婚姻质量。因为婚姻本质的东西并不是他们一直希望的那样绚丽多姿，这就像一辆漂亮的跑车不是靠流线型的外观而在于它的发动机，发动机的意义就在于其真正动力来自深藏不露的内部。

自我调节就是适当地改变自己的婚姻价值观，把握现实，不要过多地苛求对方，这样你就能够使家庭幸福。

作为一个渴望幸福婚姻的人，当你对幸福的要求远远超过对方对幸福的要求时，你就有必要重新调整自己的心态。虽说婚姻理应量体裁衣，但你不能指望做工处处精细。十全十美的婚姻是一种传说，是一场伪饰的双人秀，是不存在的。在寻找到属于自己的幸福之前，你一定要明白这样一个道理：过多苛求不但会使自己丧失对于婚姻应有的正确认识，也会给对方增加相当沉重的负担。所以建议你精心挑选你感觉最不能少的五种心态来营造自己的婚姻模式，放弃或者牺牲其他一些标准。

第一种心态：就是婚姻生活需要积极的心态。保持个人和双方身份和地位之间的平衡，就能够使家庭生活和谐快乐。几乎大多数人在寻找爱情的时候，事业心是对方吸引自己的一个重要因素。爱上一个人，不光是爱上她或他的肉体，更重要的是爱上他的事业心，他的灵魂，也就是你喜欢一个有追求的人，而不喜欢一个无所事事、虚度光阴的人。

既然事业心是爱情的基础之一，一心扑在自己的事业上就不会使爱情遭遇毁灭吗？这里的关键是，在你追求事业的时候，不应该忘记另一半，应该让他也为你的事业忙起来，让他也投入你的事业中，与你分忧解愁。无事可干，他就会觉得空虚无聊，觉得寂寞难耐，就会想入非非，就会与你离心离德，最后就会离你而去。因为他觉得你忘记了他的存在，觉得你不重视他，他就会去寻找重视他的存在的人。

如果你能把自己事业上的矛盾、烦恼、痛苦告诉他，让他帮你想办法，他一定会很高兴，他一定也会更加爱你。

现实婚姻生活中失败的例子几乎都有一个共同的特点，就是完全破坏了婚姻中应当给予对方极大重视的身份和地位的平等关系：或者是一方完全陷入另一方的生活中，或者是双方过着完全分离的日子。真正幸福的婚姻既需要以双方共同的爱好、理想作为基础，也应有相对独立的个人的活动和兴趣。只有建立了婚姻中个人和双方身份和地位之间稳定和谐的平等关系，幸福才可能持久。

第二种心态：保持浪漫心态。有意无意中表现真情，避免生活的枯燥、单调和平庸，营造出快乐。

婚姻的浪漫是否可以像初恋时那样得到长吻？所有婚姻专家都相信可以。问题是婚姻中的双方是否也愿意继续自己的爱情故事。如果你希望你的婚姻幸福长久，浪漫便不是可有可无的东西。但是他与婚前的区别就在于他的表现方式不再是激烈和冲动的，而是表现得相当绵长和温馨。

爱心是任何时候都不能忘记的。很多人总是借口工作忙，顾不上家庭，顾不上爱情，这实际上是缺乏爱心的表现。有爱心的人士在任何情况下都不会让自己喜爱的人感到寂寞和痛苦。在工作最忙碌的时候他（她）也会打个电话，告诉家里和爱人，因为这不过是举手之劳，根本不会耽误工作。如果你没有这样做，就是不想这样做，或者是你根本就没有想着去这样做。你觉得他们不那么重要，你觉得对你不会有多大的帮助，你根本就是忽视了他们。

第三种心态：考虑对方的心态。寻找性适应的最佳方式，这是现代婚姻幸福的重要保证。

婚姻中男女的性问题常常被形容为火车和铁轨的关系，稍有不慎便可能导致意外。但能够真正认识并且懂得协调的夫妇并不多。许多人会根据自己几年来都采用一个性交体位，就想当然地认为对方喜欢这个姿势，或者把自己一周一次的频率当做对方的性爱规律。其实婚姻中的性问题要比其他问题更容易解决，只要不带着成见和固执，美满的婚姻因和谐的性生活会更美好。

第四种心态：满足的心态，呵护现有幸福，而不是奢求或者预支未来的幸福，这样就能够脚踏实地建设家庭。

婚姻中极为常见的现象就是夫妻习惯用天长地久的说法彼此取悦和欺骗。事实上未来永远是未知数，谁也不可能准确地判断明天的事情。与其奢求再次拥吻不如尽情享受此刻的甜蜜。从另一个方面讲，婚姻的幸福在于时时把握和感受，未来的幸福需要今天的幸福作基础。

幸福有时不会两个人同时感到一致，那并不是说他不幸福。婚姻中的幸福仿佛面包中的葡萄干，当两个人共同享用时，很可能只有一方才能咬到，但那并不说明什么。你们不可能只吃这一个面包，幸福的滋味可能就在你下一个面包之中。所以婚姻中的男女必须有一个平和的心态。假如仅仅从一个面包的口感就推断婚姻的幸福与否，真正的幸福美酒你是品尝不到的。

第五种心态：接受别人批评的心态。及时进行沟通，和睦相处，就能够避免家庭发生矛盾。

婚姻中夫妻的相互批评应该是健康和无害的，并且能帮助双方认识自身的缺点和不足。然而现实里的夫妻由于没有一个合理的婚姻批评方式，夫妻经常用十分激烈的方式相互指责。一个蜜月中不厌其烦地为丈夫收拾东西的妻子却在以后的日子带着近似仇恨的心理面对乱扔烟头的丈夫。一个对妻子关怀备至的男人可能愈来愈无法忍受她用餐时总翘着的小手指。这就是缺少批评的缘故。当你觉得自己受到委屈的时候，把责任推到对方的身上，你还是没有自我反省，是没有意识到自己爱心的缺乏造成了家庭破裂的根本原因。所以，没有爱心，只有事业心是远远不够的。

从根本上看，婚姻是需要双方共同来维护的。你的幸福就在你自己的手中，只要你具体把握住这五种心态，不断进行自我调节，你就可以享有幸福的家庭生活。

8. 良好心态，健康的筹码

金钱并不能买到健康，心理健康和生理健康离不开积极的心态，只要有积极心态，就能有强大的不可抗拒的力量促使你走向健康与成功。

当你遇到下面这些状况时，你的心情如何？清晨去上班时却发现自行车的气门芯被人拔掉了；辛辛苦苦整理好的房间一下子又被调皮的孩子弄得一塌糊涂；工作中因偶尔疏忽而挨了上司的批评……人生总有许多这样让人心烦的琐事，如果你不善于调整心态，日积月累就会使你的身体处于亚健康状态，并引起各种各样的心理疾病。那么怎么样的心态才有益于健康呢？

（1）记得笑一下。俗话说“笑一笑，十年少”。乐观的情绪不仅能使你显示青春活力，还将有助于增强机体免疫力，免受疾病的侵袭。

（2）压力变挑战。在快节奏的都市生活中，人们会面临种种压力，勇敢地面对现实，把压力当做是一种挑战将更有利于人的身心健康。

（3）宽容待人。怀有怨恨心理的人情绪波动较大，不是整天抱怨，就是后悔；不是对人怀有敌意，就是自暴自弃。这样容易患心理障碍。所以，平时应学会能抛弃怨恨，要原谅别人，更要原谅自己。

（4）要热爱生活。当一个人患病时，热爱生活的人会多方听取医生的意见，积极配合治疗，并能消除紧张情绪。

（5）不忘幽默一下。有人称幽默是“特效紧张消除法”，是健康人格的重要标志。许多健康的事业成功者，都具有幽默感。

（6）合理发泄。不善于用语言来表达自己的忧伤或难过等感情的人容易患病，而压抑愤怒对机体也同样有害，更不能用酗酒、纵欲等不健康的生活方式来逃避现实。伤心的人痛哭一场，或与知心朋友谈谈心，或参加剧烈的体育运动后，常会感到心情舒畅，这就是宣泄感情的意义。

（7）拥有爱心。拥有爱心不仅会使世界变得更美好，而且更有助于自己的身心健康。乐于助人还可使你广交朋友，这不仅是人生的一大乐事，还会使人更长寿。

总之，要想拥有健康身体，就要拥有好心态。

9. 事业成败在于不断调试你的心态

人并非一辈子都在工作，人们要不断追求更大的目标，就需要保持一颗不断调试的心，因为只有在不断调试中，才能知道什么会使你成功。

一个人的事业是经过多方面检验，最终横下心决定发展方向。

李嘉诚自从做了五金厂推销员以来，五金厂的业务蒸蒸日上，销售额稳步上升，显示出了产销两旺的势头。老板喜不自禁，在员工面前连连称赞李嘉诚是第一功臣。

然而，备受老板器重的李嘉诚，刚刚打开局面，就要跳槽而去。老板心急如焚，提出要给李嘉诚晋升加薪，但李嘉诚主意已决，不愿回心转意。

那么，李嘉诚为什么又要跳槽呢？李嘉诚此举，一是受新兴产业的诱惑；二是在一次推销遭遇战中初尝败绩，使他更加体会到了镀锌铁桶的穷途末路和塑料制品的蒸蒸日上；三是一家塑料公司的老板也极力怂恿他跳槽。

李嘉诚在推销五金制品时，就已感觉到了塑料制品对五金制品的巨大威胁。最初，塑料制品属奢侈品，价格昂贵，消费者皆是富人阶层。但塑料制品的价格一直呈下降趋势，尤其是港产塑料制品的面市，更使塑料制品价格一路下滑。

再加上塑料制品易加工成型，外形光润，且重量轻，色彩丰富，美观实用，能够替代众多的木质或金属制品。尽管塑料制品有易老化、含毒性等缺点，但这些缺点极易为人们追赶时髦的风气所淹没。

所以，李嘉诚清晰地意识到，要不了多久，塑料制品将会成为廉价的大众消费品。

李嘉诚碰到的那位塑料公司的老板，是个极富现代意识的经营者。他靠塑料裤带起家，短短一年，就开发出10多种产品。然而，香港的塑料厂愈来愈多，竞争也愈来愈激烈。老板四处招聘推销员，但真正能胜任者寥寥无几。

无奈之下，老板常常亲自出马推销。有一次，当他到酒店推销塑料桶时，与推销白铁桶的李嘉诚不期而遇。竞争的结果，这家酒店最终选择了塑料桶，为此他们不惜废掉购进白铁桶的口头协议。在推销中，李嘉诚第一次尝到了失败的滋味。

李嘉诚不轻易言败，但这一次他感到的是彻底的失败，而且败得毫无还手之力。

俗话说：不打不相识，这位塑料公司老板慧眼识英才，十分赏识这位17岁少年的推销才能。

这位老板真诚地对李嘉诚说："这确实是一场遭遇战，你是我平生遇到的最强硬的对手。虽然最终你输给了我，但这并不是你的推销技术火候欠佳，而是塑料桶赢了白铁桶。"

这位老板为人爽快真诚，直率地提出想与李嘉诚交朋友，约他去喝晚茶，并竭力劝说他加盟自己的塑料公司。

言谈中，李嘉诚也表现出了对新行业的浓厚兴趣。但依然不忍心弃五金厂老板而去，他说："老大（老板）还算蛮器重我，我在他的厂里做事没多久就走，恐怕不太好吧。"

"晚走不如早走，你总不会一辈子待在小小的五金厂吧？看这形势，五金难得有大前途。"塑料厂老板快人快语，一语中的。

这正是李嘉诚所不愿看到的，他离开舅父的公司出来找工作，只是把它作为磨炼自己的方式，而不是作为终身的追求。

望着塑料厂老板热忱而期盼的目光，李嘉诚毅然决定加盟塑料公司，进入前景一派生机的塑料行业。

这一前瞻性的眼光，奠定了李嘉诚后来在塑料业成功的基石。假如没有这一次具有决定意义的改变，李嘉诚的商业历史也许就会改写。在这里，我们能清楚地看到，成功人士在关键时刻必须有善于调试自己事业的能力和气魄。

其实，李嘉诚成立长江塑料厂，也是经过反复考察验证得出的结果，并且宣布，塑料花将作为长江塑料厂的拳头产品。

下定决心后，李嘉诚争时间，赶速度，一面进行香港的市场调查，一面加紧开发研制。一个多月后，第一批样品研制成功。李嘉诚在香港抢占先机，快人一步研制出塑料花，填补了香港市场的空白。按理说，物以稀为贵，卖高价在情理之中。

但是李嘉诚经过认真分析，他认为塑料花工艺并不复杂，因此，长江厂的塑料花一面市，其他塑料厂势必会在极短时间内跟着模仿上市。本来，批量生产的塑料花，成本也并不高。价格一高，问津者必少。其他厂家再一拥而上，长江厂的市场地位就难得稳定。

倒不如在人无我有、独家推出的极短的第一时间内，以适中的价位迅速抢占香港的所有塑料花市场，一举打出长江厂的旗号。

这样，即使效颦者风涌，长江厂也早已站稳了脚跟，长江厂的塑料花也深深植入了消费者心中。在长江塑料厂批量生产即将大规模上市的前两天，意大利塑料花进入了香港市场，由连卡佛百货集团公司经销。

连卡佛是老牌英资洋行，走的是高档路线。意产塑料花价格不菲，让许多收入不高的人望尘莫及。李嘉诚深知长江厂的塑料花质量目前还比不上意产塑料花，同走高档路线，不是对手。因此，李嘉诚更坚定了原来的思路。

由于李嘉诚正确而精到的决策，几乎在数周之内，香港大街小巷的花卉店，摆满了长江厂出品的塑料花。寻常百姓家，大小公司的写字楼，甚至汽车驾驶室都能看到长江厂出品的塑料花。对此，老一辈的香港人至今记忆犹新。

李嘉诚掀起了香港消费新潮流，长江塑料厂由默默无闻的小厂一下子蜚声香港塑料业界。

长江塑料厂在李嘉诚的英明指挥下，借塑料花一炮而红。但是，正如李嘉诚所预见的那样，很快，香港就冒出数家塑料花专业厂。其后更像雨后春笋遍地开花。以长江塑料厂的实力而言，无法保证其在同业中的龙头地位。因此，李嘉诚接着考虑的就是要扩大长江厂的规模，添置设备，扩充实力。

此时，李嘉诚感觉到私家企业财单力薄，发展缓慢。他将目光聚焦到股份制企业。

李嘉诚仔细分析了自身的优劣，决定了两步走策略：

第一步，组建合伙性的有限公司；第二步，发展到相当规模时，申请上市，成为公众性的有限公司。

1957年岁末，长江塑料厂改名为长江工业有限公司，李嘉诚任董事长兼总经理。

厂房分为两处，一处生产塑料玩具，另一处生产塑料花。拳头产品依然是塑料花。

钱能生钱，这是一个常识。借别人的钱做生意，扩大自己的实力，这是商家的精明之处。商界有这么一种颇有道理的说法：衡量一个成功商人的能耐，不仅看他拥有多少钱，更要看他能调动和使用多少钱。

在香港塑料花市场抢滩成功之后，李嘉诚将目光瞄准了世界最大的欧美市场。

当时，要进入欧美市场，一般都要通过香港当地的洋行代理。这是历史原因造成的。

李嘉诚开始也接受过一些本地洋行的订单。但是，李嘉诚在交易过程中，深深感到被人牵着鼻子走，十分被动，自己不能主宰。他决意抛开中间商，直接与欧美的客商交易，李嘉诚了解到境外的批发商也有这个意愿，只是彼此都没有搭上线。

于是，李嘉诚一方面派出得力的营销干将前往欧美，积极联络批发商来港与自己合作；另一方面，他时刻关注着香港的商业动向，一旦得知有境外批发商来到香港，就马上寻找机会与他们直接洽谈，给他们看样品，与他们签合同。

经过这样双管齐下的努力，李嘉诚终于把中间商给甩开了，自己牢牢地掌握了主动权。不但直接从欧美批发商的手里接到了大批订单，还有许多订单从境外直接飞来。

绕过了中间商，双方都得到了价格上的实惠，节约了交易成本，增加了利润。更为重要的一点是，李嘉诚从此之后便彻底摆脱了洋行的控制。在商战中，争取主动权很重要，这样才能按自己的思路经营企业。如果失去主动权，就好比国家丧失主权一样，只能成为别国的附庸。这当然是任何一个怀有大志者不希望出现的结果。

李嘉诚的这个事例充分告诉我们要想成功伟业，实现梦想就要不断调试心态。

10. 拥有好心态，拥有快乐生活

平和者，平静、平常也。有能力的人常看不起他人，所以这样的人虽满腹经纶，却常常“报国无门”，只要你拥有平和的心态，那么你的生活将会充满阳光，你将拥抱快乐生活。

有个朋友讲了一段人对生活的感触，他说：“每个人都可能遇到这样的事。曾经有一段时期，我因为辞职而深深苦恼。我为什么要辞职呢？

因为我在那个公司里被上司和同事们冷落。我不明白，为什么我这么拼命干，还是被人误解。

就在这段日子里的一个晚上，平时很少打电话的父亲给我打来了一个电话。父亲说：‘儿子，人生不是生存，而是被允许生存和让他人生存，你现在就必须明白这一点。’

我对此感到很吃惊，因为父亲从来没有与我认真地谈论过人生。因为太突然，我不明白父亲所说话的真正含义，一时间沉默了。

虽然在电话里，知子莫如父，父亲没有理会我的反应，低声缓慢地说着。‘你是不是认为只有自己能力强，别人都不行。你是以这种眼光看待他人的吧？’

父亲可能是从我妻子那里听到了什么，才给我打这个电话的。

他继续说：‘你的这种眼光是害人的眼光。你要知道：害人的人会被人害。因此，你必须用让他人生存的眼光去看待人，懂吗？你必须宽容地看待别人的缺点，有缺点的人一定有优点，世界上没有一无是处的人。但你看不到这一点，你不知道这一点。一个人能看到别人的优点，就是让他人很好生存，这不是件简单的事。’

我开始理解父亲的话了，他在善意地批评我。我虽然知道自己唯我独尊，看不起其他的人，但是我却从来没有认真地去考虑过这个问题。

父亲继续说：‘人，只有一个人是不能生存的。如果上帝只造了一个人，那么这个人肯定是不能幸福的。就说你吧，如果不与妻子、孩子，不与更多的人在一起，你能幸福吗？一个人，只有与别人一起生存才能幸福，这也是一个人应具有的气量。’

在电话的那一端，父亲娓娓道来的话还在继续，可是我已经被说服了，我已经感动了，我无法用言辞来表达我那时的心情……

父亲缓缓地说：‘人，没有别人的帮助，就会一事无成。今后，你应以让他人生存的眼光去看人，这样你就会感到世界在发生变化，你也会被允许生存，并且还会生活得更好，得到别人的认可。’

父亲的话一直在鼓励着我。

从那之后，我的家充满欢声笑语，我的工作充满热情，我经常给我的孩子、我的朋友说：‘人生不是生存，而是被允许生存和让他人生存。’我就是这样一步一步走到今天的。”

通过朋友的自述，我们应该明白了，为什么我们要用一种平和心去看待周围的人和事，就是因为人生不是生存，而是被允许生存和让他人生存。

11. 心态关系人生成败

有些人失败，是因为遭受一次打击后，不再努力，注定失败，而有些人却是历尽尝试屡战屡败，这究竟是什么原因呢？一个人的成功并不是只有能力这个因素，心态这一因素也是十分重要的。

每一个人都有追逐成功的梦想，并且也付出了努力，但是为什么成功的却只是少数呢？

许多人的失败并不是因为他欠缺智力，经过许多成功心理学家对从工商巨富、军政要人，到各界明星、科学家、艺术家的研究中发现，一个人事业上的成功，并不单纯是智力行为，更重要的是一种心理行为。

美国教育家戴尔·卡耐基调查了许多名人后认为，一个人事业上的成功，只有15%是由于他们的学识和专业技术，而85%靠的是心理素质和善于处理人际关系。詹纳是1976年奥运会十项全能金牌的获得者，他从体育比赛的角度也作了与此相类似的表述。他说：“奥林匹克水平的比赛，对运动员来说，20%是身体方面的竞技，80%是心理人格上的挑战。”研究发现，每一个人都有发展自己，使自己取得巨大成就的智能，而不幸的是，很少人知道怎样开发自己的智能、才能和创造力的巨大宝藏。

所以在培养好心理，拥有好心态的前提下，努力开发自己的智能、才能和创造力去创造辉煌的人生。

12. 有不怕失败的心态，才会有所开拓

每个人都有目标，并且可以轻而易举地就制定，但是达到目标却非易事，所以想成大事的人在实现目标的过程中受到挫折时，请记住，困难都是暂时的，只要充分相信自己，终能等到云开雾散的那一天。

丧失信心使人丢失机会甚至丢失生命。要挑战就要信心十足，不怕失败，乐观地面对失败，同时，坚持到底就是胜利。一味的惧怕只会使前功尽弃。

小蔡今年26岁，他在大学里的成绩就很好，但总是对自己缺乏信心。1999年1月底，经过了充分准备的小蔡怀着忐忑的心情，走进了硕士研究生考场。第一天的英语和政治的答题很顺利，稍稍缓解了他紧张的心绪。但第二天，刚发下高等数学试卷时，看到多一半陌生的题目，小蔡懵了，心想这下完了……交卷时间到了，望着只答了一半的试卷，他哭了。虽然剩下的专业考试对每个考生来说都相对比较容易，但他认为自己没有必要参加剩下的两门专业课程的考试了，怀着失落的心情，他悄悄离开了考场。

可是，以后的事更加令他伤心和遗憾了，虽然他数学只考了48分，而当年所有考生的平均成绩只有37分，而且他的英语和政治成绩都不错，如果小蔡坚持参加所有科目的考试，肯定被录取了。小蔡由于受到强烈的刺

激，精神有些失常，永远失去了深造的机会。

日本有一个青年叫神田三郎，他的学习成绩很好。一次参加松下电器公司招聘考试，他在面试时给松下留下深刻印象。可笔试时，神田三郎却出人预料地没有进入录取线。松下叫人复查考试成绩，结果发现神田三郎的综合成绩名列第二，因为电子计算机出了故障，把分数和名次搞错了，才导致神田三郎落选。松下立即给神田三郎发录用通知，可神田三郎已因招聘落选，心态失去平衡，感到绝望而跳楼自杀了。

我们会想如果神田三郎不自杀，他就会成为松下公司的职员也许现在会是经理级的人物；如果小蔡不中途放弃考试，他将是一名硕士研究生了还有美好的前途。退一步讲，如果拥有自信，能够承受住一次失败的打击，即使神田三郎不被松下公司录用，还可以到其他公司去试试；就算小蔡这次不能考取，他明年还可以重来。他们本来都应该迈向成功之路，却因缺乏自信心，双双造成了悲剧，这个教训多么深刻呀！

不怕失败心态是一个有着奋斗目标，并想实现目标的人所必备的。正如古人所说："天下事不如意者十之八九。"毕竟能顺利成功的人是不多的。学习上遇到困难，工作中受到挫折，生活上遭到不幸，事业上遭到失败，这些都有可能发生。当不幸的命运降临到我们身上的时候，我们应当怎么办呢？

在打击和磨难面前，仅仅停留于无休止的叹息，不会帮助你改变现实，只会削弱你和厄运抗争的意志，浪费你的时间，使你在无可奈何中消极地接受现实。

悲观绝望，自暴自弃，这也是一种态度。一遇挫折就悲观失望，承认自己无能，这是意志薄弱、缺乏勇气的表现，也是自甘堕落、自我毁灭的开始。用悲观来对待挫折，实际上是帮助挫折打击自己，是在既成的失败中，又为自己制造新的失败；在既有的痛苦中，再为自己增加新的痛苦。

想成大事者做事的法则，就是真正明白何时要坚持，何时要放弃。在失败面前，用外柔内刚的方式，勇敢接受失败的打击，用百倍的信心继续迎接挑战。这才是想成大事者做事应有的态度。

鲁迅说得好："伟大的胸怀，应该表现出这样的气概——用笑脸来迎接悲惨的命运，用百倍的勇气来应付自己的不幸。"在我们的生活中，倘若遭遇到不幸，就应表现出鲁迅所说的那种"伟大的胸怀"，鼓起勇气，振作精神，以刚毅的精神同厄运进行不屈的斗争。

伟人与庸人的最大区别就是，面对生活的不幸时，伟人会用坚强的心来面对，而庸人则会退缩逃避。巴尔扎克说："苦难对于一个天才是一块垫脚石，对于能干的人是一笔财富，而对于庸人却是一个万丈深渊。"有的人在厄运和不幸面前，不屈服，不后退，不动摇，顽强地同命运抗争，因而在重重困难中冲开一条通向胜利的路，获得了成功的人生，成了征服困难的英雄，掌握自己命运的主人。而有的人在生活的挫折和打击面前，垂头丧气，自暴自弃，丧失了继续前进的勇气和信心，于是成了庸人和懦夫。培根说："好的运气令人羡慕，而战胜厄运则更令人惊叹。"生活中，人们对于那些冲破困难和阻力而坚持到底的人，对其敬佩程度是远在生活的幸运儿之上。困难越大，成功越不容易，就越能说明你是真正的英雄。当接连不断的失败使爱迪生的助手们几乎完全失去发明电灯泡的热情时，爱迪生却靠着坚忍不拔的意志，排除了来自各个方面的压力，经过无数次实验，电灯终于为人类带来了光明。爱迪生的超人之处，正是他面对挫折和失败表现出了超人的顽强刚毅精神。古罗马哲学家塞尼卡有句名言："真正的伟人，是像神一样无所畏惧的凡人。"谁能以不屈的精神对待生活中的不幸，谁就能最终克服不幸。在不幸事件面前愈是坚强，愈能减轻不幸事件的打击。贝多芬以他那孤独痛苦，然而又是热烈追求的一生，给世界留下一句名言："用痛苦换来欢乐。"这句名言曾经鼓舞无数人奋起和自己的不幸进行斗争。一个人能在任何情况下都勇敢地面对人生，无论遭遇到什么，依然保持生活的勇气，保持不屈的奋斗精神，他就是生活中的强者，一个真正刚强的人。

坚强、刚毅并非上天赋予的，并非天生，而在于后天的培养。我们不要神化强者，以为自己成不了那种钢铁般坚强的人。其实，普通人所有的犹豫、顾虑、担忧、动摇、失望等等，在一个强者的内心世界也曾经出现过。鲁迅彷徨过，伽利略屈服过，哥白尼动摇过，奥斯特洛夫斯基想到过自杀，但这并不能否认他们是坚强刚毅的人。刚毅的心态和懦弱的心态之间并没有千里鸿沟，刚毅的人不是没有软弱，只是他们能够战胜自己的软弱。只要加强锻炼，对软弱进行斗争，就会掌握成功的艺术，成为一个坚强刚毅的人。

坚强的心态是个人在社会实践中经历困难并与之作战而成长成的一种心态。一方面，困难越大，斗争越艰巨、越持久，越能培养和锻炼刚强的性格；另一方面，平时的日常生活也能锻炼人的刚强。刚强意志并不是一朝一夕所形成，它是长期磨炼、潜移默化的结果。像战斗英雄们在战斗中所表现出来的勇敢和刚强，并非来自战场上一时的冲动，在英雄们日常生活中每件小事中，都包括刚强的性格。

要从伤心事中跳出来，需要有达观的胸怀，因为达观胸怀可使人坚强。有些人遭受挫折时，往往心胸太窄、心眼太死，老从一个角度去看伤心的事，越看越伤心，越想越泄气。一个人在痛苦不堪时，应当能从自己的痛苦和悲伤中跳出来，放眼社会。这样，你就会看到自己那一点痛苦不过是千百万人都要碰到的一件很平常的事罢了。或者把眼光放远一点，从漫长的人生长河看今天，就会感到人生坎坷寻常事，现时的挫折不过是人生中一段小小的弯路。随着视野的开阔，观察角度的更新，他的眼光就能超越眼前的痛苦和不幸，看到更远的前程，整个生活的色彩在他眼里也必将逐渐明朗起来。

如何培养坚强的心态呢？下面的方法对你可能有用。

（1）越挫越勇。局面越是棘手，越要努力尝试。越严重的挫折，越要坚持下去，加倍努力和增快前进的步伐。下定决心坚持到底，并一直坚持到把事情办成。

（2）对问题保有警惕性。要现实地估计自己面临的危机，不要低估问题的严重性。否则就会失去警惕，再去改变局面时，就会感到准备不足。

（3）尽自己的最大能力。不要畏缩不前，要全力以赴。成功者总是做出极大的努力，而面对危机时，他们却能做出更大的努力。

（4）坚持自己的立场。一旦你下定决心要大胆地向前冲，要像服从自己的理智一样去服从自己的直觉。顶住家人和朋友的压力，采取你所坚信的观点，坚持自己的立场。至于是对是错，现在就该相信你自己的判断力和智慧了。

（5）正确看待生气。当不幸的环境把你推入危机之中时，生气是正常的。一方面对你来说重要的是要弄明白自己在造成这种困境中起了什么作用；另一方面，你是有权利为了这些问题花了那么多时间而恼火的。

（6）不要试图一下子解决所有的问题。当经历了一次严重的危机或像亲人去世这样的严重事件之后，在你的情绪完全恢复以前，要满足于每次只迈出一小步。不要企图当个超人，一下子解决自己所有的问题。要挑一件力所能及的事，就干一件，而每一次对成功的体验都会增强你的力量和信心。

（7）接受别人安慰。无论局面如何，一味地抱怨只会增加自己的烦恼和别人的反感。但是，如果你是个积极的人，平时能很好地应付自己的生活，那么，在困境中，你可以放心地把自己的懊悔和恐惧告诉别人，给别人以安慰你的机会，你理应得到这种支持，而且对于自己这种请求，你完全可以感到坦然。

（8）不断寻找机会。克服危机的方法不是轻易就能找到的。然而，如果你坚持不懈地寻求新的出路，愿意在成功的可能性很低的情况下去尝试，你就能找到出路。要保持自己的头脑清醒，睁大眼睛去寻找那些在危机或困境中可能存在的机会。与其专注于灾难的深重，不如努力去寻求一线希望和可取的积极之路。即使是在混乱与灾难中，也可能形成你独到的见解，它将把你引导到一个值得一试的新的冒险之中。

坦然面对失败，勇敢接受挑战，开拓成功的事业。

13. 控制你的情绪，帮你成就好事

保持好心态，控制你的情绪，以宽宏大量的心态来待人处事，随时记得控制自己的情绪，因为控制情绪可以帮你成就好事。

求人办事需要良好的心理素质，善于控制自己的情绪，以大肚量适应不同的办事环境，做到遇激而不动气，遭气而不发怒。下面这个有趣的故事，就是一个很好的例子，看看你是否和那位候选人一样在不经意的犯错。

有一个政党的领袖，正在指导一位准备参加参议员竞选的候选人，教他如何去获得多数人的选票。

这位领袖和那人约定："如果你违反我教给你的规则，你得被罚款十元。"

"行，没问题，什么时候开始？"

"就现在，马上就开始。"

"好，我教你的第一条规则是：无论人家怎么损你、骂你、指责你、批评你，你都不许发怒，无论人家说你什么坏话，你都得忍受。"

"这个容易，人家批评我，说我坏话，正好给我敲个警钟，我不会记在心中。"

"好的。我希望你能记住这个戒条，这是我教给你规则当中最重要的一条。不过，像你这种呆头呆脑的人，不知道什么时候才能记住。"

"什么！你居然说我……"那候选人气急败坏道。

"拿来，十块钱！"

“呀，我刚才破坏了你的戒条了吗？”

“当然，这条规则最重要，其余的规则也差不多。”

“你这个骗——”

“对不起，又是十块钱。”领袖摊手道。

“这二十块钱挣得也太容易了。”

“就是啊，你赶快拿出来，你自己答应的，你如果不给我，我就让你臭名远扬。”

“你这只狡猾的狐狸！”

“十块钱，对不起，拿来。”

“呀，又是一次，好了，我以后不再发脾气了！”

“算了吧，我并不是真要你的钱，你出身贫寒，你父亲的声誉也坏透了！”

“你这个讨厌的恶棍。”

“看到了吧，又是十块钱，这回可不让你抵赖了。”这一次，那候选人心服口服了。那位领袖郑重地对他说：“现在你总该知道了吧，克制自己并不容易，你要随时留心，时时在意，十块钱倒是小事。要是你每发一次脾气就丢掉一张选票，那损失可就大了。”

这则小故事告诉我们，在办事的过程中，能不能控制来自外界的刺激所产生的情绪，对于办事的成功与失败，有着举足轻重的影响。

喜怒是人类天生的情感，会自然而然地发生，这就需要我们很好地控制情绪。当人受到不公正的待遇时，怒气自然而然地就产生了。发怒不仅伤身，在办事的过程中，一个易发怒的人也难于和他人合作。

人有七情六欲，自然也有对事物的喜欢与厌恶之情。凡是世间美好的东西，人都喜欢，但这些东西毕竟有限，不可能人人都能得到。凡是那些丑恶的东西，有识之士均在回避，但也不是每一个人都能避开得了的。

人的行动往往是受情感影响进而产生的。对人不要过分地表示出自己的喜欢或厌恶的心态，不然好恶不忍，会带来灾祸。人的感情也有一种迁移，这种迁移作用使得人由于喜欢某人某事也连带照顾和他有关的人或事物。正是由于这种移情作用，也能使人见物生情，触景生性，不能忘记以前别人的过错或是对自己的侮辱，从而更加厌恶以往的恶交。

做人应该宽宏大量，乐于忘记。

乐于忘记是成大事者的一个特征，既往不咎的人，才可甩掉沉重的包袱，大踏步地奔向自己的目标。人要有点儿“不念旧恶”的精神，在许多情况下，人们以为“恶”的，未必就真的是什么“恶”。退一步说，即使是“恶”吧，对方心存歉疚，诚惶诚恐，你不念旧恶，以礼相待，他就算不能改“恶”从善，至少也在以后与你行方便，这对你很有好处。

历史上就有很多鲜明的例子：

事例一，唐朝的李靖，曾任隋炀帝的郡丞，最早发现李渊有图谋天下之意，亲自向隋炀帝检举揭发。李渊灭隋后要杀李靖，李世民反对报复，再三恳求保他一命。后来，李靖驰骋疆场，往战不疲，安邦定国，为唐王朝立下赫赫战功。魏征曾鼓动太子建成杀掉李世民，李世民同样不计旧怨，量才重用，使魏征觉得“喜逢知己之主，竭其力用”，也为唐王朝建立了丰功伟绩。

相传唐朝宰相陆贽，有职有权时，曾偏听偏信，认为太常博士李吉甫结伙营私，便把他贬到明州做长史。不久，陆贽被罢相，贬到了明州附近的忠州当别驾。后任的宰相明知李、陆两人有点儿私怨，便玩弄权术，特意提拔李吉甫为忠州刺史，让他去当陆贽的顶头上司，意在借刀杀人。不想李吉甫不记旧怨，而且上任伊始，便特意与陆贽饮酒结欢，使那位现任宰相借刀杀人之阴谋成了泡影。对此，陆贽深受感动，便积极出点子，协助李吉甫把忠州治理得一天比一天好。李吉甫不搞报复，宽待了别人，也帮助了别人。

金刚怒目，不如菩萨低眉。当别人说了对不起你的话，做了对不起你的事，他自己一定会觉得心里有愧，诚惶诚恐，害怕一报还一报。这时你做个高姿态，不跟他一般见识，主动与其维护双方之间良好的关系，以一张热面孔迎向他的冷面孔，至少不在面子上跟他过不去。那么，他心里就会感到愧疚，从而不仅不再和你作对，还会与你通力合作。

事例二，公元前283年，蔺相如完璧归赵之后，接着又在渑池会上巧妙地跟秦王争斗，维护了赵国的尊严。赵惠王见他功劳大，就提拔他做了上卿，地位还在老将军廉颇之上。

这样一来，廉颇可恼火了，他对人说："我在赵国做了多年的大将，为赵国立了不少的战功，而蔺相如原来是一个出身低下的人，只靠说了几句话，就把职位摆在我的上边，我实在感到没脸见人。"他扬言："我要是遇上蔺相如，一定要羞辱他一番。"

蔺相如听到廉颇这些话后，就处处忍让，尽量不与廉颇见面。每天上早朝时，他就说有病，躲在家里不去与廉颇争位次。有一次蔺相如乘车外出，碰巧遇上廉颇，就连忙驾着车子躲开他。蔺相如身边的人，看到这种情形都很生气，说蔺相如太软弱、畏缩了，不用说是他，就是在他身边任职的人也感到羞愧，于是大家都说要离开他。

蔺相如坚决不让他们走，并向他们解释说："你们想想看，秦王那样的威严，我还敢在秦国的朝廷上当面斥责他，我蔺相如再不中用，也不会单单惧怕廉颇将军。我是觉得，强大的秦国之所以不敢侵犯赵国，只是因为我们的文臣武将能同心协力的缘故。我与廉颇将军好比是两只老虎，两虎相斗，必有一伤。我之所以采取忍耐的态度，正是先考虑到国家的安危，然后才能想到个人的私怨呀！"

这些话后来让廉颇知道了。这位老将军对照自己的言行，感到既悔恨又惭愧，为了表示自己认错改过的诚意，就脱掉上衣，背着荆杖由宾客领着来到蔺相如家里请罪。一见蔺相如，老将军就恳切地说："我这个粗鲁的人，不知道先生对我能如此的宽宏大量啊！"

从此，蔺相如和廉颇这一相一将，情谊更加深厚，终于结成了生死与共的朋友，通力合作，努力把国家的事情办好。

这两个事例都告诉我们宽宏大量、乐于忘记，控制好自己的情绪可以化解仇恨，结成朋友，努力取得更大成功。

14. 笑对天下事，拥有好生活

人们都说笑一笑十年少，一笑可解百愁。确实生活中的许多不如意事，都是因为我们不知以何种心态来面对，不知轻松笑一下，而是认准死理，宁愿痛苦。所以，人应该笑对天下事，这样你可拥有好生活。

笑可解百病，笑一笑什么烦愁都被抛到九霄云外去。有这样一个小故事：

有一个老先生，得了病，头痛、背痛、茶饭无味、萎靡不振。他吃了很多药，也不管用。这天听说来了一位著名的中医，他就去看病。名医望闻问切一番后，给他开了一张方子，让老先生去按方抓药。老先生来到药铺，给卖药的师傅递上方子。师傅接过一看，哈哈大笑，说这方子是治妇科病的，名医犯糊涂了吧？老先生赶忙去找医生，医生却出门了，说要一个多月才能回来。老先生只好揣起方子回家。回家路上，他想糊涂医生开糊涂方，自己竟得了“月经失调”的妇女病，禁不住哈哈乐起来。这以后，每当想起这件事，老先生就忍不住要笑。他把这事说给家人和朋友，大家也都忍不住乐。一个月后，老先生去找医生，笑呵呵地告诉医生方子开错了。医生此时笑着说，这是他故意开错的。老先生是肝气郁结，引起精神抑郁及其他病症。而笑，则是他给老先生开的“特效方”。老先生这才恍然大悟——这一个月，老先生光顾笑了，什么药也没吃，身体却好了。

你看，“笑”是多么伟大呀。它关系着我们的健康，我们的心情，我们与他人的沟通，我们事业的成败，我们生命的意义。

下面的名言就很好地说明了这一点：

（1）“世界上的事情最好是一笑了之，不必用眼泪去冲洗。”这是印度大文豪泰戈尔说的。

（2）“笑，实在是仁爱的表现，快乐的源泉，亲近别人的桥梁。有了笑，人类的感情就沟通了。”这是英国诗人雪莱说的。

（3）“善说笑话的人，往往有先见之明”，“心里最好常保快乐，如此就能防止百害，延长寿命。”这是英国戏剧家莎士比亚说的。

（4）“对付残酷的贫困，只有唯一的一个办法，那就是笑。谁要是因为穷而郁郁不乐，那就是贫困已经把他抓住，并把他吞噬下去了。”这是德国革命家李卜克内西说的。

（5）“一阵爽朗的笑，犹如满室黄金一样眩人耳目。”这是法国作家福楼拜说的。

（6）“应该笑着面对生活，不管一切如何。”这是捷克民族英雄伏契克说的。

青年人，应该开心地笑，笑对生活。

我们忙忙碌碌地生活在这个世上，每一天都承受着巨大的生存压力。我们要维持自身和家庭的生活水准不至于太低，我们要时时提防天灾人祸的发生，我们面对着生老病死的困扰，我们要和形形色色的人打交道……如果我们不懂得调节自己，苦恼、忧愁、烦躁、愤怒……这些不良的情绪就会严重地损害我们的身体和精神。就像老话说的“愁一愁，白了头”。而最好的自我调适方法，就是笑，就是乐观地生活，就是养成乐观生活的好习惯。

笑对一切，乐观向上，应该是我们的处世态度，是成功的良好习惯之一。它首先是一种乐观开朗的生活态度，是对人对己的宽容大度，是不计较得失的坦然心胸。笑的修养，也是人品的修养。强笑，皮笑肉不笑，甚至不怀好意的奸笑，得意忘形的狂笑，溜须拍马的谄笑……这些虽然也是

“笑”，却不是我们所需要的。就是幽默，那些低级下流的黄段子，那些幸灾乐祸的“黑色幽默”，那些诽谤他人的“帖子”，也是为“真笑者”所不齿的。

“愉快的笑声，是精神健康的可靠标志。”让我们记住：“笑对一切，乐观生活。”用微笑和乐观的心态来面对人生，解释生活，让我们的每一天都快乐而充实。

要快乐地生活，就要学会摆脱繁杂生活的束缚，一身轻松，心情才会更好。乐观的态度是战胜困难走向成功的法宝。

“简单就是快乐。”不奢求华屋美厦，不垂涎山珍海味，不追时髦，不扮贵人相，过一种简朴素净的生活，一种外在的财富也许不如人，但内心充实富有的生活。这是自然的生活，有劳有逸，有工作着的乐趣，也有与家人共享天伦的温馨，也有自由活动的闲暇，还用去忙里偷闲吗？“世味淡，不偷闲而闲自来。”

过简单、平凡而快乐的生活，是一种真正的快乐。为我们省去了多少欲求不能满足的烦恼，又为我们开阔了多少身心解放的快乐空间！

摆脱心灵的纷繁，简单而充实地生活，让欢笑撒满你的每一天，我们怎会不快乐呢？

一个人要成大事，愁眉苦脸是无济于事的，只有养成乐观自信这样的好习惯，笑对一切困难并战胜它们，才是走向成功的正确道路。

第二章

心态会影响你的命运

你的心态若是改变，你的行为将得到改变；你的行为若是改变，你的习惯将得到改变；你的习惯若是改变，你的性格将得到改变；你的性格若是改变，你的人生将得到改变。

1. 你的未来与你的心态有关

如果你想有理想的未来，那么你要有健康的心态，只有拥有健康心态、把握健康心态，才能很好地塑造你的未来，因为心态塑造未来。

有这么一句名言："我是命运的主人，我主宰自己的心灵。"

还有这么一条规律：只有你才是自己命运的主人，只有你才能把握自己的心态，而你的心态塑造着自己的未来。我们能够把扎根于人的心灵中的思想和态度转化成有形的现实，不管这种思想和态度是什么，我们能很快把贫穷的思想变成现实，也同样能很快把富裕的思想变成现实。

有些人会抱怨说："我生来老天就待我不公，我生下来就有生理缺陷，那我该怎么办呢？"如果你属于这类"不幸者"之列，那就想想海伦·凯勒的人生经历吧！还有谁能比一个又聋、又哑、又瞎的女孩更为不幸的呢？可她却成了美国著名的作家。也许你又觉得这是世上仅有，那么你看看一个叫丹普赛的孩子他又是怎么做的？

丹普赛他生下来就是一位畸形人，只有半边右足和一只右臂的残端。作为一个孩子，他想跟别的孩子一样从事运动。他喜欢踢足球。他的父母亲就给他做了一只木制的假足，以便使他能穿上特制的足球鞋。丹普赛一小时接着一小时，一天接着一天地用他的木脚练习踢足球，努力在离球门愈来愈远的地方将球踢进去。他变得极负盛名了，以致新奥尔良的圣哲队雇他为球员。

当丹普赛用他的跛腿在最后两秒钟内、在离球门63码的地方破网时，球迷的欢呼声响遍了全美国。这是职业足球队当时踢进的最远的球。这次圣哲队以19比17的比分战胜了底特律雄狮队。

底特律雄狮队的教练施密特说："这是一个奇迹，我们是被一个奇迹打败的。"对许多人来说，这是一个奇迹，这个奇迹就是对祈祷者的回答。

"丹普赛并不曾踢中那个球，那球是上帝踢中的。"底特律雄狮队的后卫沃尔凯说。

丹普赛的故事对我们有什么意义呢？那就是不论你在生理上是否有残疾，不论你是儿童还是成人，从丹普赛的故事中，你都能得到以下启示：

（1）应该有强烈的愿望和崇高目标，才能走向伟大。

（2）取得成功，需要积极心态。

（3）做任何事要保持实践才能成功。

（4）当你确立了特殊目标时，努力和劳动就会变成乐事。

（5）积极面对逆境，利用逆境获得利益。

还有一则这样的故事：曾经有两个囚犯，从狱中望窗外，一个看到的是满目泥土，了无生气，一个看到的是万点星光，光明万丈。面对同样的遭遇，前者持一种悲观失望的灰色心态，看到的自然是满目苍凉、了无生气；而后者持一种积极乐观的红色心态，看到的自然是星光万点、一片光明。

人生是旅途，沿途中有数不尽的坎坷泥泞，但也有看不完的春花秋月。如果我们的一颗心总是被灰暗的风尘所覆盖，干涸了心泉、黯淡了目光、失去了生机、丧失了斗志，我们的人生轨迹怎么能美好？而如果我们能保持一种健康向上的心态，即使我们身处逆境、四面楚歌，也一定会有"山重水复疑无路，柳暗花明又一村"的那一天。

而且，就现实的情形而言，悲观失望者一时的呻吟与哀号，虽然能得到短暂的同情与怜悯，但最终的结果是别人的鄙夷与厌烦；而乐观上进的人，经过长久的忍耐与奋争，努力与开拓，最终赢得的将不仅仅是鲜花与掌声，还有那饱含敬意的目光。

虽然，现在你我的人生际遇各不相同，但请相信命运对每一个人都是公平的。因为窗外有土也有星，就看你能不能磨砺一颗坚强的心，一双智能的眼，透过岁月的风尘寻觅到辉煌灿烂的星星。先不要说生活怎样对待你，而是应该问一问，你怎样对待生活。

如果你对自己很有把握，充满了自信，就会保持乐观向上的心绪，相信自己能够做成任何事情。那么，你就会成功，相反患得患失以及根深蒂固的自卑心理都会影响到你的自我感觉，进而影响你取得成功的能力。然而，在个人奋斗的历程中，由于没有把握好自己的心态，我们就容易犯各种错误。

相信每个人都有过这样的经历：下定决心去做一件能让自己的生活发生重大变化的事，但却未能坚持到底。相信每个人都对成功产生过恐惧。人们恐惧成功有各种各样的原因：

第一种，爱可能产生的负面结果影响。

南茜曾先后三次有提升的机会，但每一次她的某些行为都使她的老板不得不重新考虑此事。南茜的确想得到提拔，但如果真的如愿以偿，她挣的钱将第一次超过她的丈夫，她担心这会令她丈夫产生危机感，进而感觉她不那么可爱了。

第二种，患得患失，害怕最后失败。

许多人害怕最终失败，这种心态也导致了很多人的失败。吉尔很想去秘书处工作，但是内心深处又担心，要是真得到了这份工作之后，她难以胜任。因此，她总是有意断送掉获得这份工作的机会。

第三种，担心被束缚。

杰夫喜欢从事与计算机相关的工作，并且十分在行。他的老板打算提拔他到计算机部门，但每当老板就要拍板时，杰夫准会犯个大错。他担心如果老板真的把他调到这个部门后，而他又不喜欢计算机了，那样他就永远被困在那儿了。

如果你有类似情况，就继续往下看吧！

（1）克服担忧，要弄清自己到底在担心什么。

找出你真正担心的东西是什么。吉尔并不担心经不起刚开始的考验，她所担心的是一旦得到那份工作之后可能面临的失败。

（2）消除恐惧。

南茜担心如果自己挣钱比丈夫多，会令他产生危机感。对于她而言，解决问题的唯一办法就是与丈夫开诚布公地商量这件事。

（3）凡事先做最坏打算。

问一下自己，“最坏的结果是什么？”对杰夫来说，他担心调入计算机部门。而最坏的结果不过是他不得不回到自己原来的岗位或者另找一份新工作罢了。

失败会给人生带来破坏性的影响，但它也可以转化成为有益的经验。把失败当做经验，俗话说得好：“不吃一堑，难长一智。”

在生活中，失败是催化剂，催促着我们使各种计划更完善。比如你正在实施一项减肥计划。成功促使你不断地坚持下去。在最初的两个月里，你平均每周能减轻两磅。可后来情况发生了变化。你又反弹了一磅。这一小小的倒退是帮你完善你的减肥计划的重要一环。只要你从此更加注意自己的热量摄入，坚持锻炼，你的体重会再次下降的。

事业发展和个人进步是和失败、风险和变革相伴随的。如果不冒风险，那你永远都不会前进。

莎莉在一家小批发公司工作。当公司的办公室经理一职空缺时，她跟老板就这个职位交换了意见。她很高兴谋得了这个职位。莎莉在工作的各方面都很出色，但因为害怕失败她不敢承担风险。而老板需要的是一个敢负责、能决断的人，哪怕有偶尔的决策失误。所以她最后还是丢掉了这份工作。

所有的人都会有失败的时候，重要的是犯了错误的时候，应及时承认错误并且想办法去弥补它。不要被失败所困，花点时间找出失败的原因，并从中汲取教训。如果你不能摆脱失败的影响，你将裹足不前。

不要太在意失败，一次失败，并不意味着你一生失败，一件事情上的失败绝不意味着你的整个人生都是失败的，失败只是暂时的受挫，不要把它当成生死攸关的问题。永远保持积极的心态，你将离成功更近一些。

2. 心态与命运

一个人的命运与他的心态有着很大的关系，心态影响命运，如果我们内心思考快乐，则我们将乐观看待事情，乐观对待命运，如果我们思考悲伤，则我们对待命运的方式也会悲伤。

我们的命运，完全决定于我们的心态。爱默生说：“一个人就是他整天所想的那些。”

你我面对的最大问题也是我们需要应付的唯一问题就是如何选择正确的思想。如果我们能做到这一点，就可以解决所有的问题。

如果我们思索快乐，我们就能快乐；如果我们思索悲伤，我们就会悲伤；如果我们思索可怕的情况，我们就会害怕；如果我们思索不好的念头，我们恐怕就不会安心了；如果我们思索失败，我们就会失败；如果我们沉浸在自怜里，大家都会有意躲开我们。

这么说并不是暗示对于所有的困难，我们都应该用习惯性的乐天态度去对待。生命不会这么单纯。不过，大家应选择正面的态度，而不要采取反面的态度。换句话说，我们必须关切我们的问题，但是不能忧虑。关切和忧虑之间的分别是什么呢？关切的意思就是要了解问题在哪里，然后很镇定地采取各种步骤去加以解决，而忧虑却是发疯似的在小圈子里打转。

罗维尔·汤马斯曾主演一部关于艾伦贝和劳伦斯在第一次世界大战中出征的著名影片。

他和几名助手在好几处战事前线拍摄了战争的镜头，用影片记录了劳伦斯和他那支多彩多姿的阿拉伯军队，也记录了艾伦贝征服圣地的经过。他那个穿插在电影中的演讲——“巴勒斯坦的艾伦贝与阿拉伯的劳伦斯”，在伦敦和全世界都大为轰动。在伦敦取得盛大成功之后，他又很成功地周游了好几个国家。然后他花了两年的时间，准备拍摄一部在印度和阿富汗生活的记录片。当罗维尔·汤马斯面临庞大的债务以及极度失望的时候，他并不忧虑。他知道，如果他被霉运弄得垂头丧气的话，他在人们眼里就一钱不值了，尤其是他们的债权人。所以，他每天早上出去办事之前，都要买一朵花，插在衣襟上，然后昂首走上牛津街。他的思想很积极，没有被挫折击倒。对他来说，挫折是整个事情的一部分，是你要达到事业高峰所必须经过的有益训练。他的心理素质是非常坚强的，经过一番奋斗，他终于摆脱了困境。

可见，心态与命运具有很大关系，心态的力量可能是我们想都想不到的。所以，我们不能忽视心态力量，应正视心态与命运的关系，培养好心态，筹建好命运。

3. 行为从于心态

当上帝对你说不的时候，同时也给予你最好的时机，聪明人仍然会从不幸的人生中获得一点益处，而愚蠢的人即使人生多么幸福，也总是感到无限悲伤，如果整天担心这个，担心那个，岂不太痛苦？当清晨来到时，就应迅速起床，告诉自己，这是一天的开始，我要好好珍惜。

在各个行业，各种环境下，都有取得成功的人。成功，说起来容易，要把它变成现实很难，上帝在很多时候对我们说不，还会在我们成功之前，把许多灾难强行推给我们，让我们在走向成功的路上总是多风多雨。

人只有在积极健康的心态下才能有正确的思考和正确的行为。同理，在消极不健康的心态下，就有错误的思考和错误的行为。下面两则相反的事例，将为你详细说明这个道理。

第一则事例：清朝有一位叫吴棠的人在江苏做知县，一天有人来报，说吴棠的一位世交过世，送丧的船就停泊在城外的运河上。吴棠就派差役送200两银子，并约改日有闲时再去吊唁。

差役送完银子回来，描述送银子时的情形，与吴棠的世交不相符，细问才知道送错了对象。吴棠为此很生气，立刻命令差役追回这200两银子。

身边的师爷思考了一下，就提醒吴棠，说送出去的礼再要回来，于知县情面有碍，不如做个顺水人情。吴棠想想也对，第二天还专门去船上吊唁。

原来，错送200两银子的船上也是一家送丧的，而且是两位满洲姐妹，因为家道中落，人情冷漠，才害得两个妇女亲自护柩北上。一路上孤苦伶仃，从无人上船问寒问暖，没想到却在这里遇到了父亲的故友旧交。

吴棠也不说破，在船上吊唁一番，又与两姐妹叙谈，殷殷关切之后，便起轿回衙了。

不曾想山不转水转，多年之后，两姐妹中的姐姐成了慈禧太后，并且垂帘听政，成了中国的最高统治者。

慈禧太后没有忘记当年的吴知县，在朝堂中多有垂询，大臣聪明，就找机会上折奖叙吴棠。吴棠官职一升再升，要不是自身才学平庸，太后巴不得把他提为一省的封疆大吏。吴棠最后做了巡抚，显赫一时。

设想一下，如果吴棠没有一个积极健康的心态，那么他可能有另一种行为，从而导致他另一种命运。假如吴棠听到把银子送错之后，发怒之时，以后悔的心态来处理这件事情，逼着差役去船上把银子索回，差役到姐妹的船上又以残酷、冷漠的心态，粗暴、野蛮的行为对姐妹二人进行恐吓甚至打骂，肯定能把银子要回来。但这件事情很快就会在市面上传开。千万别小看这200两银子，当时清政府官员薪水低廉，朝中一品大员年薪也不足200两，更何况区区一位知县。一个知县拿200两银子去吊唁，肯定是一位贪官。遇到哪一位多事的人，免不了招来弹劾，说不定丢了乌纱帽。

婚丧嫁娶是中国人的大事，送礼乃人之常情。送礼送错了，再索回，于面子不好。这事在市井传开了，肯定是流行一时的笑话。作为一县之长，办这样的糊涂事，实在可笑。

师爷以警惕的心态思考了这件事，劝吴棠将错就错，做一个顺水人情，失去的仅仅是200两银子，也没有什么。

吴棠也听取了师爷的意见，没有索回银两，接着到船上吊唁，以同情、宽容的心态与两姐妹叙谈，殷殷关切，让两姐妹感激涕零，没齿难忘。

假如吴棠不以积极的心态思考处理此事，结果有两种可能：第一种遭人笑话，面子无存，还有暴露财产来源不明之嫌；第二种就是遭到姐妹的忌恨。以慈禧的性格，不把他抄家问斩才怪呢？这样，他的命运走向就会因此急转直下，直至丢官丧命，殃及全族。

事实上，吴棠以积极的心态思考，并以积极的心态面对，以200两银子送了一个大人情，命运因此而转变，仕途一顺再顺，飞黄腾达，我们也应该从中有所领悟。

第二则事例：高明的父母都是一所著名大学里的教授，他们对高明这个唯一的孩子要求和教育都极为严格，他们要把孩子培养成一个比他们自己更有成就的人，但天不遂人愿，高明的成绩始终不是很好，考大学连考几年，都是名落孙山。高明失望了，但父母却不甘心，还仍旧坚持着让高明再复习。

强烈的自卑心理和多年来凡事父母做主的过分关爱与呵护，使高明的思维偏离了正常的轨道。在面对着比自己小好多的同学，高明根本无心学习。在压抑、苦闷、无奈、烦躁的心情之下，高明喜欢上了班级一个叫莎莎的女孩。可对方却并不喜欢他。高明苦苦地追求、哀求，莎莎才勉强同意同他一起到家里玩一趟。

高明高兴极了，可还没进家门，高明的母亲就把莎莎连打带骂地赶跑了，然后又训斥高明不知道好好学习，净搞这些乱七八糟的事情。

一贯逆来顺受的高明为了这件事与母亲发生了一场非常激烈的争吵，吵过以后，双方平静下来。可事情并没有到此为止，高明事后越想越觉得难过，在半夜里趁父母熟睡之机，拿起了厨房的菜刀把父母砍死。

高明自然难逃法网，在牢房里将度过自己的一生。

这是一个亲生儿子杀死自己亲生父母的悲剧，双方的命运同样惨烈，令人深思。

高明的父母没有以积极健康的心态来对待孩子成长、考大学、谈恋爱这些事情，而是以消极不健康的心态一意孤行，直至悲剧的发生。他们虽然是高级知识分子，才华横溢，但在对待子女教育上绝对不是善于思考的人。

假如高明的父母以理解、同情、宽容、自省的心态对待儿子考大学这件事，就不会逼着不爱读书的儿子去读书。

考大学可以说是每个父母都希望子女去做的事，确实考大学是重要的，但并不是必不可少的。人追求的应该是人生的成功，这与考上考不上大学无紧密关系。文凭并不代表着一个人的能力，更代表不了一个人的成功。

孩子考不上大学，并不是一次结束，而是一次开始。做父母的应该给孩子自信与勇气，去走一条更适合自己的路，去寻求人生的毕业合格而非大学合格。

落榜可以给孩子一次沮丧，但我们不能因此否定孩子的一生。

高明也许是个天才，但绝对不是读书学习考试的天才。通过高考来证明高明是个天才、人才是极大的错误，更何况要通过中国这套具有赌博性质的高考。

高明的父母若以积极的心态对待此事，对待高明的落榜，对待高明带女孩子回家，那么就会给高明提供更多的成才机会，让高明走更适合自己的路，遗憾的是高明的父母没有这样做，而是让忧虑、痛苦、虚荣、耻辱、羞愧的心态主宰了自己的行为，固执地让儿子走他已经厌倦的路。

同理，高明若是以积极健康的心态面对自己的考学，理解父母对自己的良苦用心，用功学习，考上大学或考上好大学，而满足和实现父母的希望，同时又给自己的前途增加一点光明。考大学，虽然不是一个人成功之必然条件，但是多学点知识还是有用的。高明没有这样做，也没有以自爱、自省、理解的心态对待这件事，而是以忧伤、痛苦、无奈、厌恶的心态对待，导致自己在考场上一次次的失败。

在与女同学谈恋爱遭到父母阻止时，高明又是以消极不健康的心态对待，让虚荣、耻辱、残酷、自卑等心态主导了自己的行为，对自己的父母下如此的狠心，结果两败俱伤。

这两个例子说明，以什么样的心态来主导自己的行为，是一种习惯。如果一个人经常以积极健康的心态主导自己的行为，那么无论这个人遇到什么困难，遭遇什么样的逆境，事情的发展都会转向良性方向。有积极健康的心态，才会有良好的事态。如果一个人总是以消极不健康的心态看人待事，觉得自己身边无比黑暗，脚下无路，危机四伏，自己很难被别人接受与认可，做事处处失败，失败反过来加强心态的消极，人生因此陷入恶性循环当中，失败也是必然了。

所以，我们要生存、要生活，就要以积极健康的心态来面对一切。这样于己于人都有利，积极健康的心态是一把万能的钥匙，它能打开成功路上所有关口的门，让你畅通无阻的前进。也许有时前进的速度快些，有时前进的速度慢些，但是结果总是在向你的目标靠近。消极不健康的心态是一张网、一个沼泽，一旦陷于其中，不下定决心努力走出来，只能是越挣扎勒得越紧，越挣扎陷得越深。

大家应建立积极健康的心态，远离消极不健康心态。

4. 心态关乎前途

一个人用何种心态看待世界，用何种态度来处事，往往决定了他一生的前途和命运。

一个朋友讲述了他所看到的心态与前途关系的故事：

三十多年前的一个冬天，一位从京城“下放”的老教授，携带全家来到他们村安家落户，接受贫下中农再教育，或者说劳动改造。老教授一家四口——夫妻俩及他们的小女儿和长孙。他们被安置在我家的后院里，而且一住就是十年多。在那特殊的年代里，他们一家人对老教授的态度是不一样的，尤其是他的两个叔叔。

二叔当时是村里的民兵连长，“思想觉悟”非常高，自以为爱憎分明，能随时划清“敌我”界线，对老教授一家视若仇敌，自动“肩负”起监视和“教育”老教授一家人的“义务”，常常对老教授横眉冷对，恶言恶语。有一次他奶奶实在看不下去了，就对二叔说：“人家是大地方来的，知书达理的，你何必这样对待人家呀……要落报应的。”二叔就大声嚷嚷：“什么大地方来的，不就是臭老九、走资派吗？我连野兽都不怕，还怕教授吗？”

而三叔则恰恰相反，当时还在读中学的他，对老教授一家视若亲人，对知识渊博的老教授更是毕恭毕敬、非常崇拜，在攀谈求教的同时，还经常帮老教授一家挑水磨面干杂活。老教授特别喜欢他三叔，常和他有说有笑，甚至彻夜长谈。后来，他还送给三叔许多书。

1977年恢复高考时，已辍学三四年的三叔，在老教授的鼓励和指导下，以全县第一名的优异成绩考入清华大学。同时考上清华大学的还有老教授的小女儿——后来，成了他的三婶。

第二年，老教授夫妇和他们的孙子被专车接回北京。如今，他三叔、三婶也早已是才华横溢的博士生导师，成了国家的栋梁。

而他的二叔就不同了，他至今生活在农村，毫无作为，继续耕种他的一亩三分地。新时期的改革大潮和党的富民政策也没能改变他的处境。他在家乡富饶的土地上依然过着贫困的生活，走着自己苍白的人生之路。

一个人的世界观和处世态度，也就是我们常说的心态，往往决定了他一生的前途和命运。

5. 越浮躁，失去越多

这个社会，充斥着浮躁心态，大学生浮躁，用人单位浮躁，几乎所有人都被这个浮躁的社会所感染，可是在这种浮躁的背后，有谁知道我们又失去了什么?

有这样一则消息：在一次招聘会上，一个单位招聘收到的84份大学毕业生自荐表中，发现有5人同时为同一学校的学生会主席，6人同时为同校同班“品学兼优”的班长。走进大学校园里调查一下，发现有人把别人的英语等级考试证书、计算机等级考试证书、奖学金证书、优秀学生干部奖状以及发表过的文章，改头换面复印，就变成了自己的“辉煌经历”……有的大学毕业的女生为了吸引用人单位的注意，更是将自己的简历搞成了豪华本的艺术图片集。当用人单位在慨叹“现在的大学生真是浮躁”时，反过来想一想，用人单位何尝不浮躁，要人就要塔尖上的人才，要求一到单位就能文能武，十八般武艺样样能上……最好一挖就挖个宝，能够马上创造出效益，提那么高、那么偏的要求，那不是逼着求职者去涂脂擦粉，造假注水吗?

高考的题目是根据现实生活而定名的，它是比较能折射当今社会的普遍心态的。记得1999年高考命题作文就是《假如记忆可以移植》，这是当今社会很多年轻人的梦想，要是不用费劲就能一下子变聪明就好了，大家都忘记了从量变到质变的道理，宁愿相信立竿见影。他们甚至渴望科学家们能发明“知识注射液”，在数秒钟内使自己成为天才，这都源于焦灼与浮躁的驱动。

在社会生活中浮躁心态无时不在，无处不在，有精心制造“皇帝的新衣”的浮躁，有“移花接木”、“经济实惠”的浮躁，更有信手拈来、“一挥而就”的浮躁。投射到每个人身上不外乎是这样的表现，做事情三心二意、朝三暮四、浅尝辄止；或是东一榔头西一棒槌，既要鱼也要熊掌，或是这山望着那山高，静不下心来，耐不得寂寞，稍不如意就轻易放弃，从来不肯为一件事倾尽全力。但究其实质不外乎是急于求成、渴望结果的超常迫切心态。

今天的时代是一个诱惑的时代，香车美女、豪宅别墅、甚嚣尘上的社会，抵制诱惑需要非一般的定力，流光溢彩的大千世界，每个人似乎都难以抑制那颗驿动的心，它簇拥着你义无反顾地冲向前面不可名状的诱惑。这种种的诱惑中有虚无缥缈的名，有金光闪闪的利。这令人眼花缭乱的名利，是让人浮躁的根源。

我们都是平凡人，谁又能面对诱惑无动于衷呢？但是当我们真正要选择时，面对纷繁复杂的诱惑，我们是沦为名利的奴仆，还是面对真实的自我？如果我们头脑发热地被名利牵去，那我们会被浮躁锁住。另外是自身的原因。心理学家认为：焦灼与浮躁，通常是动机水平和焦虑程度过高的表现。图安逸，避劳神，敷衍塞责，惰性膨胀，怀着浮躁的心态走得远了，很容易导致理性的迷失，渐变为一种病态的人格。俗话说，欲速则不达。为此，心理学家一再告诫人们：成就某事的动机水平和焦虑程度以适度为宜。任何事情都有其规律和顺序。人生宏大的目标应当以累积诸多小目标为基础应当重视量的积累。当我们被烦恼困扰时，重要并且关键的是赶快地调整自己心灵的镜头焦点，排遣出心中的郁闷，让浮躁的沙砾沉淀下来。

现代化包括两个层次，一是物质现代化，二是精神现代化。现代人的标志，也绝不止于会英语、会驾车、能够在出国考试拿得高分，懂得网络技术，享受名牌服饰。没有对现代社会的冷静认识与思考，没有对个体人格的自觉完善以及对其他社会成员的道义关怀，也不过是个精神上的“现代贫民”而已。

所以，我们要拒绝浮躁，拒绝急于求成。即使在数字化生存的时代，你仍需要找准最初的那个点。这大概就是越来越多的学者提倡理性与人文精神的原因。

拒绝浮躁、克制浮躁，并不是要锁住我们奋发向上的雄心，而是要锁住我们永不满足的上进心；锁住浮躁，不是要锁住我们勇往直前的进取，而是要锁住我们投机取巧的钻营；锁住浮躁，不是要锁住我们挥汗如雨的努力，而是要锁住我们琐屑无聊的攀比。锁住浮躁，要靠一种竟成大事的决心和旷日持久的恒心，这是一种内心的修炼，更是一种定力，需要我们长久地磨炼。

在短短的人生之旅中，我们锁住了浮躁，就是战胜了人生路上的一大劲敌。以此作为一个基点，我们就将一路披荆斩棘，登上一个又一个人生的至高点。

6. 小心“大意”

人生路上处处是陷阱，如果我们想顺利通过就要仔细辨认出陷阱，躲避陷阱。所以要想在人生路上顺利通过，请你不要轻心大意。

最有可能让一个老练的人跌倒遭受挫折就是掉以轻心。曾经一位自认为是商场老将的前辈，转换事业经营后，以为用同样的经营策略、方法、手段一样能成功，很少采纳部属不同的意见，一意孤行，结果，新的事业在一年内就宣布关门。

掉以轻心的最突出表现，就是一意孤行，一副众人皆醉我独醒的样子。例如一位风度翩翩的公务员下台后，偶尔客串主持新闻性节目，录像作业照理说不应不熟悉，但是他的表现却差强人意，时间掌控都不甚良好，并且窘态屡现，连节目结束了都还说要“进广告，休息一下”呢！

这就是最常见的两种掉以轻心。前者以为成功一次，就保证次次成功，后者太相信个人魅力，缺乏成功人士该有的戒慎恐惧心态，缺乏预备和征询作业，尽管犯错后从容不迫、临危不乱，但是在公信力上还是大打折扣。

掉以轻心，其实也代表过度自信、姿态过高，以为“该注意的”都注意了，事实上正因为缺乏孔子“入太庙，每事问”的精神，你不主动请教别人，别人自然也不主动协助你了。

开车、做事熟练的人，想要维系平安与成功的状态，就要有“每一次仿佛都是第一次”的心态，切忌掉以轻心！人无千日好，花无百日红，正是此意。

7. 发挥你超乎寻常的能力

人生处处需要积极心态，不止是对你关注的事情保持积极心态，同时对于其他生活细节也需要保持这种心态，因为保持积极心态，可以激发无穷的潜能。保持积极心态是一个成功者必备的素质。

颇负盛名、人称传奇教练的伍登，执教全美篮球年赛十二年，替加州大学洛杉矶分校赢得十次全国总冠军。如此辉煌的成绩，使伍登成为大家公认的有史以来最受欢迎最称职的篮球教练之一。

曾经有记者问他：“伍登教练，请问你是如何保持这种积极的心态？”

伍登很愉快地回答：“每天我在睡觉以前，都会提起精神告诉自己：我今天的表现非常好，而且明天的表现会更好。”

“就只有这么简短的一句话吗？”记者有些不敢相信。

伍登坚定地回答：“简短的一句话？这句话我可是坚持了二十年之久！重点和简短与否没关系，关键是在于你有没有持续去做，如果无法持之以恒，就算是长篇大论也没有帮助。”

伍登具有超乎常人的积极性，不单只是对篮球的执著，对于其他的生活细节也是保持这种精神。记得在一本杂志上，还看到一篇这样的报道：有一次他与朋友井车到市中心，面对一辆接一辆，拥挤不堪的车潮，朋友感到不满，继而频频抱怨，但伍登却欣喜地说：“这里真是个热闹的城市。”

朋友好奇地问：“为什么你的想法总是异于常人？”

伍登回答说：“一点都不奇怪，我是用心里所想的事情来看待，不管是悲是喜，我的生活中永远都充满机会，这些机会的出现不会因为我的悲或喜而改变，只要不断地让自己保持积极的心态，我就可以掌握机会，激发更多的潜在力量。”

拥有积极的心态，是一个成功者必备的素质。积极的心态，能够使人上进，能够激发人潜在的力量。

8. 做命运的主人

命运并非天定，不是一切外部条件所决定，自己的命运需要自己不懈的努力去主宰。

李嘉诚是商业天才，这并非说他是天生幸运儿，也与他的祖上没有关系。

李嘉诚的祖上是个不折不扣的书香世家。据李氏族谱记载，明末清初，一世祖李明山，为避战乱，举家由福建莆田迁至潮州府海阳县（今潮州市）。家史再往前溯，李氏家族的祖先在中原。从一世祖李明山定居潮州，传至李嘉诚这一辈，正好第10世。

李氏家风，治学严谨，学识渊博。李嘉诚的曾祖父李鹏万，是清朝甄选的文官八贡之一。祖父李晓帆是清末秀才，未仕进，闲居村野。20世纪初，正值中国饱受列强欺辱、西学渐进的时代。饱读四书五经的李晓帆，毅然送儿子李云章、李云梯东渡扶桑留学，一个学商科，一个念师范，学成回国后，在潮州、汕头从事教育工作。

李嘉诚的父亲李云经，走的也是治学执教之路。李云经从小聪颖好学，孜孜不倦，每次考试，成绩总是名列前茅。1913年（15岁）以优异成绩考入省立金山中学，1917年毕业时成绩列全校第一名。时值家境衰微，无资供他升读大学，李云经受莲阳懋德学校之诚聘，开始了执教生涯。

数年之后，李云经弃教从商，远渡重洋，在爪哇国三宝垄一间潮商开办的裕合公司做店员。不久因时局动荡，李云经打道回府，在潮安城恒安银庄任司库与出纳。不久，又因时局动荡，银庄倒闭。

李云经经商失败，只好重返教坛，在隆都后沟学校做教书匠，直至潮州沦陷，举家辗转香港。仿佛他天生是个教书匠，重执教鞭后，因教学有方而声誉日隆，1935年春，被聘为庵埠宏安小学校长。不管时局如何动荡，商场如何险恶，他还是回到原点——重执教鞭。李云经或许接受了太多的传统道德，重义轻利，安贫乐道；或许更热衷教育事业，视教育为强国利民之本。

我们从李氏家教，找不出丝毫经商敛财的基因，李嘉诚成为一代商界天骄当属异数，而造就这个异数的，是基于他多灾多难的少年经历和他本人的志向、胆识、勇气和智能。

李嘉诚11岁随家人为逃避日军的侵略，辗转迁徙香港。

李嘉诚的父亲、满腹经纶的饱学之士李云经立即面对现实，携长子李嘉诚果决地走出象牙塔。他要求李嘉诚首先“学做香港人”。

做一个出色香港人，必须有高超的交际能力，必须有强有力的交际工具，在香港首要的交际工具是语言。

香港的大众语言是广州话。而广州话属粤方言，与李嘉诚潮汕话属闽南方言互不相通。

香港的官方语言是英语，这是香港社会的一种重要语言工具。

李云经要求李嘉诚必须攻克这两种语言。一来立根香港社会，二来可以直接从事国际交流。将来假若出人头地，还可以身登龙门，跻身香港上流社会。

李嘉诚遵秉父旨，勤学苦练。李嘉诚学英语，几乎到了走火入魔的地步，上学放学的路上，边走边背单词，夜深人静，他怕影响家人的睡眠，便独自跑到户外的路灯下练习口语。每日天刚蒙蒙亮，他就一骨碌爬起来，口中念念有词，苦练英语会话能力。

日复一日，即使后来因父亲过早病故，李嘉诚辍学到茶楼、到中南钟表公司当学徒，每天10多个小时的辛苦劳作后，他也从不间断学习英语。

功夫不负苦心人。几年后，李嘉诚熟练地掌握了这两门语言。

英语更给李嘉诚带来了无法估量的巨大财富。长江塑胶厂创业的过程中，李嘉诚就凭一口流利的英语与外商直接接洽，而赢得了使长江塑胶厂起飞的订单。而李嘉诚之所以成为世界首屈一指的“塑胶花大王”，其契机就源自李嘉诚从英文版的《塑胶》杂志获取了可贵的信息。至于李嘉诚后来大规模的跨国经营，就更离不开英语了。

李嘉诚假使只会说潮汕话，那他的商业活动就多只局限于潮籍人士。他即使成功，也很有限了，是不会成为今天的地产大王的。

与李嘉诚相似，何鸿燊因为港日之战爆发、香港沦陷而逃到澳门。何鸿燊出自名门之后，因其操得一口流利的英语得以到联昌公司任秘书之职。业务往来中，时常要跟葡商、日商打交道，何鸿燊深感仅懂英语会错过很多生意。于是，他白天上班，晚上到夜校补习日语和葡萄牙语。

李嘉诚从内地来到香港这个陌生之地，来到这个竞争异常激烈的商业社会，感觉一切都变了。这里拜金主义盛行，钱财成为衡量人的价值的唯一标准，这与内地人与人之间的关系有着天壤之别；这里“商场如战场”，即使有万贯家财，也不敢有丝毫的懈怠。一个满脑子诗书礼教的14岁少年，要在这样的环境里养活一家人，并创立一番事业，其难度可想而知。

李嘉诚曾这样描述他那时的心态：“小时候，我的家境虽不富裕，但生活基本上是安定的。我的先父、伯父、叔叔的教育程度很高，都是受人尊敬的读书人。抗日战争爆发后，我随先父来到香港，举目看到的世态炎凉、人情冷暖，就感到这个世界原来是这样的。因此在我的心里产生了很多感想，就这样，童年时五彩缤纷的梦想和天真都完全消失了。”

从李嘉诚的青少年时代的生活经历可以看出，环境的作用确实是巨大的，因此不断学习以适应环境，进而创造新的环境，是一种最重要的能力。李嘉诚开明识势，能够在艰辛的环境中勇敢面对现实，果断转变观念，懂得抛弃自己那些不合时宜的东西，吸收新环境中优秀的东西，这才适应了陌生的环境并在其中建功立业，在这个意义上，与其说香港改写了李嘉诚的人生之路，不如说是李嘉诚适应了香港、战胜了香港，主宰了自己命运，他是一个真正强大的人。

9. 一天一点发展起来

在人生的道路上，最大的敌人莫过于自己，坚强只需战胜自己的胆怯，勤奋只需战胜自己的懒惰，诚实只需战胜自己的虚伪，坚持良好的心态是人生成功的动力。

有一个故事：同一条古老的小街上有两个小贩，都是卖豆腐的。其中一个决心很大，一直希望通过诚实劳动改变自己的人生，让他的下一代不再像他那样卖豆腐。因此，这个人每天都不停地琢磨，怎样改进产品质量，怎样提高服务水平，于是这个人每天都可以比另一个多挣一点钱。经过十年努力，这个小贩成了百万富翁，掌握着上千万元资产的大公司。

而另一个人卖豆腐还是原来的老样子，真是“几十年如一日”，不同的是，他的儿子现在已经“子承父业”，可以帮父母卖豆腐了。

美国推销寿险的高手威廉·怀拉，年收入高达百万美元。他成功的秘诀在什么地方呢？就在于拥有一张令顾客无法抗拒的笑脸。他那张迷人的笑脸并不是天生的，而是长期苦练出来的。

威廉在40岁以前是全美家喻户晓的职业棒球明星。后来，因为体力减退而被迫退休。退休之后干什么呢？他决定去应征保险公司推销员。在他看来，凭自己的知名度，当个推销员是没有什么问题的。可是，出乎他的意料，他没有被录取。

人事经理告诉他：“保险公司推销员必须有一张迷人的笑脸。”

威廉是一个百折不挠的人，回到家里，每天都放声大笑百次，连邻居都以为他因失业而发神经了。为避免别人的误解，他经常躲在厕所里练习大笑。

经过一段时间的苦练，自我感觉不错，于是他又去见那位人事经理。

人事经理仍说：“还是不行。”

威廉是不会泄气的，不行，练练不就行了吗？笑还不会！他继续苦练。

为了上一个台阶，他搜集了许多公众人物迷人的笑脸照片，贴满屋子，随时进行观摩。

为了每天都进去对着镜子大笑，他买了一面与身体等高的大镜子摆在厕所里。过了一段时间，他又去见经理。

人事经理冷淡地说：“好一点了，不过还是不够吸引人。”

威廉是一个棒球运动员，认输不是运动员的个性，于是回家之后，比以前更努力练习。

有一天，他散步的时候碰到社区的管理员，在跟管理员打招呼的时候，很自然地笑了笑。管理员说：“怀拉先生，你看起来跟过去不大一样了。”

就是这句话鼓励的话，他的信心大增，立刻又跑去见经理。

人事经理对他说：“这回是有点味道了。不过，一个人的笑应该是发自内心的。”

这句话对威廉的启发很大，回家之后，又整整苦练几个月，最后终于悟出“发自内心如婴儿般天真无邪的笑容最迷人”的道理。这样他才当上推销员，才成就了那张价值百万美元的笑脸……

著名京剧大师梅兰芳也有相同的经历：他希望学京剧，就去拜师。

老师看看他，对他说：“京剧表演最重要的是眼神，很多内容都是通过眼神来表现的。可是，你的眼睛就像死鱼的眼睛，一点神气也没有，你缺乏学习京剧的天赋。”

梅兰芳回到家中，觉得老师的话很有道理。可是，自己就这样算了吗？不行，不就是眼睛没有神气吗？没有神气就不能练出神气？

从此，梅兰芳开始练习眼神。他看绿树，看蓝天，看飞禽，看走兽……

经过很长时间的苦练，他又去拜见老师。

老师一看，大惊失色，因为现在的梅兰芳已经练就了一双炯炯有神的眼睛。

任何事情要想做成都非易事，同时做什么事情也都非易事。就看你有没有决心。这其间的奥秘就在于拥有一种什么样的心态。

十年磨一剑。只要善于积累，不愁办不成大事。这是向上的心态与保守的心态的区别。

10. 男人，你想成大事吗

想要成大事，就需要善始善终坚持到底的心态。在有些情况下，坚持到底意味着一条路走到黑，所以想成大事就要有能屈能伸的心态。

当你面对你不可回避的事件冲突时，是硬碰硬，是逃避还是屈服？对于成大事的男人，答案只有一个：大丈夫必须忍辱负重，能屈能伸，如若不屈，结果只有一种：以生命捍卫自己的原则。两相比较，孰轻孰重，一目了然。

世上有一种男人，孤高清傲，不同流俗。坚持原则而不能屈伸，志向常常难以实现。当年楚国的屈原，他纯洁忠贞而缺乏弹性，最后投江自杀身亡。他是一个才华横溢的诗人，但作为一个政治改革者，他是失败的。不为“五斗米”折腰的陶渊明隐居山野，终生不仕。看起来洒脱，实则满腹心酸。豪放不羁的李白，不向权贵低头，得罪当权人物，使“壮志终不能酬”。其实他们都是失败者。

世上还有一种男人，以“大丈夫能屈能伸”为借口，逢迎拍马，见风转舵，同流合污，为谋得一官半职而沾沾自喜。到底一个人要能屈能伸到什么程度？在哪一方面能屈能伸，才算真的大丈夫？春秋时期，齐桓公的谋臣管仲就很好地把握了能屈能伸的度。

管仲，生于世风日下的东周末期（春秋时代），他不得志时，曾参加三次战役都败北而逃，和朋友鲍叔牙一同经商，常多取一份利益，他的朋友鲍叔牙并未因此看轻他，知道他家贫，要留下性命做大事。后他见齐桓公，齐桓公问他富国强兵之道，他开口就说：“礼义廉耻，国之四维，四维不张，国乃灭亡。”

其实管仲心中藏有很大的原则、很高的见识。后来他辅佐齐桓公九合诸侯一匡天下，多用权术。后来，齐桓公生活越来越奢侈，他也跟着越来越奢侈，意思是要为主公“分谤”，不能让老百姓都只责备齐桓公。

齐桓公亲近易牙、竖刁、开方三个小人，每日沉溺女乐，管仲也不谏阻。他说，人君大权在握，难免要图些享受，势难阻止，只要在施政方面还能照顾人民，也能信任臣下去做，其个人的沉溺不必太去干涉，免得君臣之间闹僵了，反而坏了事情。

管仲到快死的时候，才劝齐桓公要远离那三个小人。齐桓公问他为何从前没说。管仲说，我知主公喜欢他们，只要我在，那三个人大概也不会作乱，所以我也不必禁止主公亲近他们。但我快要死了，主公宜自己小心。

而另一位重量级的把握分寸的人则属神探狄仁杰了。

唐朝名相狄仁杰，他在女主武则天下面做事，不亢不卑，却能审察形势，提出照顾百姓的建议。有一次高宗皇帝尚在位时将到汾阳宫，路上须经过妒女祠前。风俗认为妒女祠前走过会有灾祸，于是另修道路。狄仁杰闻之，说："天子之行，千乘万骑，风伯清尘，雨师洒道，何妒女之害耶？"下令停工。高宗听到了也赞他"真大丈夫也！"

狄仁杰的意思无非要省下另修道路的民工，但必须说出一套"风伯清尘"之类让皇帝高兴的话，才能不另修道路。体恤民力，是他的原则，说些貌似逢迎的话，是他的能屈能伸。

看到没有？成大事的男人，这种能伸能屈的心态是必不可少的，如果你想成大事，但还没有这种心态，那还等什么呀？赶快培养吧！

11. 控制你自己，成就你一生

心态会影响你的前途、地位、名誉等各个方面，所以我们说心态影响你的生活，再者心态进而可能会影响你的成功，影响你的命运，所以控制你的心态，成就你一生。

人生有自由，但并非完全自由，不受任何约束的自由，我们控制自己需要自制力，自制是成大事者必备的素质。你想，你连自己都控制不住，怎么能约束别人呢？

自制也是适应能力的一部分，是成大事的不可缺少的素质。自制，就是要克服欲望，不要因为有点压力就心里浮躁，遇到一点不称心的事就大发脾气。七情六欲，乃人之常情。但人也有些想法超出了自身条件所许可的范围。

人的一生要想成就一番事业，应该面临许许多多的压力，才能锻炼自己，才能有所得，务必戒奢克俭，节制欲望。只有有所弃，才能有所得。所以，人必须学会自制，才能更好地适应环境。

第一，控制他人，先控制自己。

周末下午，小王来到办公室刚要坐下，电灯灭了。小王跳了起来，奔到楼下锅炉房。管理员正若无其事地边吹口哨边铲煤添煤。小王破口大骂，一口气骂了六七分钟，最后实在找不到什么骂人的词儿了，只好放慢了速度。这时候，管理员站直身体，转过头来，脸上露出开朗的微笑。他用一种充满镇静与自制力的声调说道："呀，你今天晚上有点儿激动吧？"

你完全可以想象小王当时是一种什么感觉。面前的这个人是一位文盲，有这样那样的缺点，但他却在这场战斗中打败了小王这样一位高层管理人员。

小王非常沮丧，甚至恨这位管理员恨得咬牙切齿。但是没用，回到办公室后，他好好反省了一下，觉得唯一的办法就是向那人道歉。

小王又回到锅炉旁。这回轮到那位管理员吃惊了："你有什么事？"小王说："我来向你道歉，不管怎么说，我不该开口骂你。"这话显然起了作用，那位管理员不好意思起来："不用向我道歉，刚才我并没有听见你的话。况且我这么做，只是泄泄私愤，对你这个人我并无恶感。"你听，他居然说出对小王并无恶感这样的话来。这让小王非常感动，两人就那么站着，一口气聊了一个多小时。

从那以后，两人居然成了好朋友。小王也从此下定决心，以后不管发生什么事，绝不再失去自制。因为一旦失去自制，另一个人——不管是一名目不识丁的管理员还是一名有教养的人——都能轻易将他打败。

这件事告诉我们，一个人只有控制了自己，才能控制别人。自制不仅仅是人的一种美德，在一个人成大事的过程中，自制也可助其一臂之力，因为只有自制能力出色，才能更好地适应现实。

第二，一步一步往上爬。“成功比失败来得容易”。管理顾问陈安之指出，一个人要有成大事的目标，知道自己想要的，然后采取行动，告诉自己绝对不要放弃，成功只是时间早晚而已。他解释，一个人只要下定决心，奋斗十年、二十年，便可以成功；但一个不成功的人，却要下定一辈子的决心，花一生的时间让自己不成功，不是要比成功者需要更大的勇气?

例如，国际巨星史泰龙，在未成名之前十分落魄，身上只有100美金，甚至连房子都租不起，每天睡在车里。当时，他立志要当演员，充满自信地跑到纽约的电影公司应征，都因为外貌不出众以及说话咬字不清而遭拒绝。在被拒绝了1500次以后，他写了《洛基》剧本，并且拿着剧本四处推荐，又被拒绝了1800次，但是他不灰心，终于遇到一名肯接纳他的老板，坚持到底的史泰龙如愿以偿，成为闻名国际影坛的超级巨星。

坏运气是不会管你是谁的，它总是存在我们生活中的。史泰龙在经历了那么多次被拒绝后，如果还不能被接纳，我们该如何评说呢?

所有的完美都是在特定时刻才出现，任何事情都需要一定契机才表现完美。有些日子，事情变得不顺心；而别的日子，不用特别努力便会事事如意。与其说这是命运无常，还不如说这是命运对我们忍耐力的持久考验。

如果通往成功的电梯出了故障，请你走楼梯，一步一步来。只要有楼梯，或是任何梯子，通往你想去的地方，电梯有没有故障都是无关紧要的了，重要的是你不断地一步一步往上爬。

恒心是有代价的。当你在向目标挺进的时候，千万别被别人嘲弄的声音、讽刺的话语、卑鄙的评论所吓倒，只有堵上你的耳朵，别去理睬他们，继续前进。

假使你在途中遇上了麻烦或阻碍，你就去面对它、解决它；然后再继续前进，这样问题才不会愈积愈多。有时当你解决了一个问题，其他问题有时也自动消失了。时间能消除许多问题。你只有坚持到底，一个一个来，不要操之过急，也不要全都放弃。

很快地，你就会发现自己有了很大的转变，干劲十足，自信心也提高了，你会感到一种前所未有的快活，你的工作也比过去做得更多更好，你的人际关系也朝着好的方向转变。

你在一步步向上爬时，千万别对自己说“不”，因为“不”也许导致你决心的动摇，使你目标放弃，从而返身走下楼梯，前功尽弃。所以在成功的路上，自制力是相当重要的。下面向你介绍三种提高自制能力的方法:

一是旷野吐郁法。

此法适用于性格内向者的积郁外泄。当你处于一种无名的烦恼之中心情压抑而又不愿找人诉说，你可独自一人到空旷的野外，向着大自然发出内心的呼喊。呼喊时要像舞台表演那样，充分进入角色并尽可能地吐露出平日感到压抑的东西，这种吐露越真实、越彻底，驱除烦恼的效果越好。一位自述胸口发闷、心情压抑的妇女在咨询人员的指导下做了数次旷野吐郁，精神状态大为改观。她体会到：旷野呼喊好像一种“吐故纳新”，长期积压的烦恼痛苦随着声声呼喊离人远去，一种置身于大自然的清新愉快之情油然而生。

二是想象发泄法。

此法适用人际扰乱时的怒气疏泄。当你与某人发生人际冲突，心中怒火难以控制又不便当面发作时，你可寻找一个僻静之所，面前放置一把椅子，对着想象中的“椅中人”尽情发泄，发泄中。你应历数对方过错，充分表白自己的委屈，说到激愤之处即伴以表情动作。有一位专家曾指导一些失恋者用空椅技术发泄胸中愤懑，收到较好疗效。

三是自我揭示法。

此法适用于自卑心态的自我调整。当你面对竞争情境自信心不足或明显下降时，你可用书写形式进行自我质辩。质辩时要充分揭露自己潜意识中的消极成分，切实阐明由此带来的危害，并表明今后的态度。

人的性格就是像上面所说的那样进行适应的。通过对各种性格行为的机制进行的深入研究，我们就能找到讨人喜欢或惹人生厌的原因，并找到端正自己性格的方法。

人一方面在性格上进行着适应；另一方面又保持着自己的特点。促使人进行上述适应的直接原因，有冲动、本能、欲求或需要等多种。

其一，生理需要。要求具备有对身体来说不可缺少的物质条件，要求劳逸结合，在生理上要求过性生活等。

其二，社会需要。既要求被其他人所爱，也要求爱他人；要求从属于某个集体，从事与他人类似的工作。

其三，自然需要。要求获得事实、进行说明、形成组织、建立秩序、使目标和各种重要因素相互建立联系等。

需要受到阻碍或得不到满足，就称作“需要受阻”。

心理学家们仔细地描述了需要受阻的状态：“学习停顿，找不到其他适应方法的异乎寻常的状态，有时甚至出现没有目的的行为；出现一成不变，不可通融，非建设性而带有破坏性的，或丧失理智的行为。同时也是目标前面横着障碍使你无法接近，来自身后的压力使你无法逃离现场，可是又不能确立另一个目标取而代之的深刻状态。”

由于需要受阻，人的内心就会产生紧张，情绪就会变得烦躁不安起来，对此自己能进行抑制，或者能根据判断加以合理解决的话，既能够做到不感情用事，而又能理智地进行思考，并对实际情况进行调查，然后采用有效的、被周围人所认可的方法加以解决的话，就称之为忍耐度高或忍耐性好。这种忍耐度因人的性格而不同。例如：忍耐度高的人，其生活史上有对付各种各样的需要受阻的方法。他们就像通常所说的“备尝艰辛，老于世故”的人一样，性格宽容而有耐心。另外，从幼儿期起就很少产生不满情绪，即使产生了不满情绪，也能受到父母的适当教育的人，长大成人后其性格的忍耐度就比较高。这种忍耐度高的人，由于适应性强，所以大都能受到周围人的喜欢。不过，在父母亲的溺爱中长大、没有学会解决需要受阻的相应方法的人，或者屡屡经历需要受阻、在学会处理方法之前又频频出现需要受阻、因而经常处于不安定状态的人，其性格的忍耐度一般较低。正因为如此，他们不能很好地适应社会，即不能很好地与环境保持圆满、和谐的关系，他们的性格就不为周围人喜欢，有的甚至还要惹周围人生厌。

当需要受阻时，对于阻止需要的人、物、制度和环境等，人们就会采取攻击性态度，以消除心理上的紧张。这种时候，往往伴有恐惧和愤怒的情绪，甚至会攻击那些与阻止需要毫不相干的东西，攻击有两种：一种是从正面积极地、公然地进行的，另一种是从侧面消极地进行的。倔头倔脑、歇斯底里、神经质型的愤怒等即属于攻击。攻击既不是合一的反应，也不是有目的的行为，因为并不能解决问题。

自制也是分为物质上的自制与精神上的自制。衣食住行等物质上的东西毕竟是身外之物，不少人都能成功地得到，可以尽善尽美地克制。但精神上、意志力上的自制却非人人都能做到。

对诸如此类的问题，若在纸面上回答，答案一目了然。但放在现实中，让你身在其中，自己去考问自己，恐怕也不会回答得太利索了。因为他们不只是简单地回答这些问题，必须是行为上的自制力。

一个人成功的最大障碍不是来自于外界，而是自身。除了力所不能及的事情之外，做不好能做的事，那就是自身的问题，是自制力的问题。所以我们要经常锻炼自己，面临的压力不管大小，我们都要有自控能力。只有控制住自己，才能控制住压力，让压力在你面前屈服。试想，如果没有压力，你就没有创造奇迹的机会，又怎么能成大事呢？自我控制体现一个人的教养，更是一种美德，与你的适应能力息息相关。

12. 这就是成功的心态

在日常生活中大多数心态是在不经意间产生的，人们不仅没有想到去改变它，而且觉得它很正常。

例如，在司机开车的时候，如果发现前面堵车了，很多司机会开车从其他的地方绕过去。当绕过这段堵车的地方后，大多数的司机都会回头看一看原来堵车的那个地方是不是还在堵着，如果还在堵的话，司机的心里会想，还好我过来了，不然还堵在那里；如果那里已经通了的话，大多数司机都会说：哎！白跑了！

又如，很多人正在一家饭店吃饭。突然一下停电了，这时客人都会大叫老板，于是老板也会很着急。老板的第一个反应就是马上走出去，看一下周围的店铺是不是有电，如果别人有的话，他一定会暴跳如雷，马上叫来服务员，“你们是怎么搞的，别人都有电，就我们没电……”但如果发现周围都没有电，他就会笑嘻嘻地跑回店里，对客人说，“对不起，周围也都没电了，可能不会多久就会来电的。”而他的心里会想：“我做不了生意，你们也别想做”。

这些可能是大多数人的想法。可能很多人没有想到，你的店里没有电，客人心里就会不舒服，不管是什么原因造成，也不管别的店里有没有电。现在的服务都是以顾客满意为标准的，所以一切都要以顾客满意为标准。要以一个成功的心态，面对每一天，每一件事。

（1）良好心态需要良好环境与大家的帮助。

1994年秋，美国普林斯顿大学数学家纳希博士成为当年诺贝尔经济学奖的获得者。这位经济数学学者在1955年前后正是出成果的黄金时期，不幸产生了严重的心理障碍，刚满30岁时就被送进了精神病院。在以后的十多年中，他的病情反反复复，成了这家医院的常客。他常在校园中徘徊游荡，烦躁地在图书馆中出出进进，在黑板上莫名其妙地涂写一些数学公式，成了学校中孤独的“幽灵”。

纳希在严重的心理困顿中得到了周围群体的热情关照和呵护。学校的亲朋与同事们常热情邀请他参加听讲座、研讨会等学术活动。人们对他亲善，友好，一点都不歧视他，这使他逐渐远离孤独。

纳希感到自己被承认，是“社会的人”。他从自我抑郁的阴影中走了出来，开始主动与同事和学生们接触交谈了。他社交面越来越广，对事业的倾注之情越来越深。他的郁闷之心渐渐被化解，能正常地投入科研活动中。他在电脑的操作中，学会了编程等复杂的方法。周围人热情地关心他对工作的迷恋，使他增强了生活的信心和勇气，他的心理障碍渐渐被排除了。

诺贝尔奖的获奖成果，必须要有该领域中的积极支持者、推荐者。当该奖评委会调查时，库思教授高度肯定了纳希的成果，而且认为若因其患有心理障碍而剥夺了他获奖的机会，那是极为不公的。

纳希走向诺贝尔奖殿堂的经历启迪我们：心理病症患者所在单位、集体和友人的“爱心”，是治疗这种疾病的“特效药”；周边良好的“心理生态环境”，是心理康复导向事业成功的保证。

（2）让心情做适当的休息。

一个发条永远上得十足的表不见得会走得久，一个马力经常加到极限的车不见得会刹得住，一个绷得过紧的琴弦不见得不易断，一个心情日夜紧张的人不见得不生病。所以善用表的人永不把发条上得过足，善驾车的人永不把车开得过快，善操琴的人永不把琴弦绷得过紧，善养生的人永不使心情日夜紧张。

第二次世界大战时，丘吉尔与蒙哥马利闲谈时，蒙哥马利说：“我不喝酒，不抽烟，到晚上十点钟准睡觉，所以我现在还是百分之百的健康。”丘吉尔却说：“我刚巧跟你相反，既抽烟，又喝酒，而且从不准时睡觉，但我现在却百分之二百的健康。”很多人都引为怪事，以丘吉尔这样一位身负两次大战重任，工作最为紧张的政治家，生活这样没有规律，何以百分之二百的健康呢？这是因为他有永恒的锻炼与轻松的心情。他既抽烟，又喝酒，且不准时睡觉则不足为奇。你没见他在战事最紧张的周末还去游泳吗？没见他在选举战白热化的时候还去垂钓吗？没见他刚一卸任就去画画吗？没见他那微皱起的嘴边上斜插着一支雪茄的轻松心情吗？

使心情轻松的第一要道是“知道停止”。“知道停止”于是而心定，定而后能静，静而后能安，静而且安，心情还有什么不轻松的吗？

使心情轻松的第二要道是“先计划，后行动”。做任何事情，要先有个周密的安排，安排既定，然后按部就班地去做，自能应付。在这瞬息万变的社会里，当然免不了偶发事件，此时更要沉住气，详细地安排。事事都要谋定后而动，一定像谢安那样在淝水之战最紧张时还能有闲情逸致下棋。

使心情轻松的第三要道是量力而行事。《史记》的《酷吏列传》里有“胜任愉快”一词，合理至切。假如你身兼八职，顾此失彼；或用非所长，心余力细，心情又安能轻松呢？

使心情轻松的第四要道是“把握好‘拿’与‘放’的学问”。对任何事都不可一天24小时地念念不忘，否则，不仅于身有害，且于事无补。

使心情轻松的第五要道是用轻松心情作紧张工作。工作尽可紧张，但心情须轻松。在你肩负重担的时候，千万记住要哼几句轻松的小曲。在你写文章写累了的时候，不妨高歌两曲。要知道心情越紧张，工作越做不好。

一个口吃的人，在他悠闲自在地唱歌时，绝不会口吃；一个上台演讲就脸红的人，在他与爱人谈心时一定会娓娓动听。要打算使身体好，工作好，一定要在轻松的心情下工作。

使心情轻松的第六要道是把自用表拨快一点儿。好多使我们心情紧张的事，都因为时间短促，怕耽误事。若每一样事都多打出些时间来，则定可不慌不忙，从容不迫了。时时刻刻用表面上的时间警惕自己，如此则既不误事，又可轻松。

13. 告别昨天，今天就是上帝送你最好的礼物

告别昨天，把握今天，告别昔日的痛苦、软弱与忧愁，把握好今天这个美好时光，因为今天是上帝送你最好的礼物。

昨天不过是一场梦，生活在今天，能使昨天是快乐的梦，生命正以令人难以置信的速度飞快地溜过。今天才是最值得我们珍视的唯一的时间。

1871年春天，一个年轻人，作为一名蒙特瑞综合医院的医科学生，他在生活中充满了忧虑：怎样才能通过期末考试？该做些什么事情？该到什么地方去？怎样才能开业？怎样才能谋生？他拿起一本书，看到了对他的前途有着很大影响的24个字。

这24个字使这位年轻的医科学生成为当时最著名的医学家。他创建了闻名全球的约翰·霍普金斯医学院，成为牛津大学医学院的钦定客座教授——这是英国医学界所能得到的最高荣誉——他还被英王封为爵士。死后，记述他一生经历的两大卷书，原书达1466页。

他就是威廉·奥斯勒爵士。1871年春天他所看到的那24个字帮助他度过了无忧无虑的一生。这24个字就是：“最重要的是不要去看远处模糊的，而要去做手边清楚的事。”是汤姆斯·卡莱里所写的。

42年之后的一个温暖的春夜里，在开满郁金香的校园中，威廉·奥斯

勒爵士向耶鲁大学的学生发表了讲演。他对那些耶鲁大学的学生们说，像他这样一个人，曾经在四所大学里当过教授，写过一本很受欢迎的书，似乎应该具有“特殊的头脑”，其实不然。他的一些好朋友都说，他的脑筋其实是“普普通通”的。

那么，他成功的秘诀是什么呢？他认为是由于他生活在“一个完全独立的今天”里。

“一个完全独立的今天”，这句话是什么意思呢？在去耶鲁演讲的几个月以前，他曾乘一艘很大的海轮横渡大西洋。他看见船长站在驾驶室里按了一个按钮，在一阵机器运转的响声后，船的几个部分就立刻彼此隔绝开了——隔成几个防水的隔舱。奥斯勒博士对那些耶鲁的学生说：“你们每一个人的构成都要比那条大海轮精美得多，而且要走的航程也遥远得多。我想奉劝诸位：你们也应该学会控制自己的一切。只有活在一个‘完全独立的今天’中，才能在航行中确保安全。在驾驶室中，你会发现那些大隔舱都各有用处。按下一个按钮，注意观察你生活中的每一个侧面，用铁门把过去隔断——隔断那些已经逝去的昨天；按下另一个按钮，用铁门把未来也隔断——隔断那些尚未诞生的明天。然后你就保险了——你拥有所有的今天……切断过去。埋葬已经逝去的过去，切断那些会把傻子引上死亡之路的昨天……昨天的重担，必将成为今天的最大障碍。精力的浪费、精神的苦闷，都会紧紧伴随一个为未来担忧的人……那么，把船前船后的船舱都隔断吧。准备养成一个良好的心态。生活在‘完全独立的今天’里。”

奥斯勒爵士鼓励那些耶鲁大学的学生们在每天开始的时候，吟诵下面这句祝词：“在这一天我们将得到今天的面包。”

记住，这句祝词中仅仅要求今天的面包，并没有抱怨昨天我们吃的酸面包。也没有说：“噢，天哪，麦田里最近很干枯，我们可能又遇到一次旱灾。我们到秋天还能吃上面包吗？或者，万一我失业了——那时我又怎样弄到面包呢？”

这句祝词告诉我们只可要求今天的面包，而且我们可能吃到的面包也只有今天的面包。

最近，一位朋友很荣幸地拜访了亚瑟·苏兹柏格，他是世界上著名的《纽约时报》的发行人。苏兹柏格先生告诉他，当第二次世界大战的战火蔓延到欧洲时，他感到非常吃惊。对前途的忧虑使他彻夜难眠。他常常半夜从床上爬起来，拿着画布和颜料，照看镜子，想画一张自画像。他对绘画一无所知。但为了使自已不再担心，他还是画着。最后，他用一首赞美诗中的七个字作为他的座右铭，最终消除了忧虑，得到了平安。这七个字就是："只要一步就好了"。

指引我，仁慈的灯光……
让你常在我脚旁，
我并不想看到远方的风景，
只要一步就好了。

让我们用一个每天能产生快乐而富建设性思想的计划，来为我们的快乐而奋斗吧。下面就是这种计划，名字叫做"只为今天"。我认为这种计划非常有效，这是36年前已故的西贝儿·派屈吉所写的。如果我们能够照着做，我们就能消除大部分的忧虑，而大量地增加"生活上的快乐"。

（1）只为今天，我要很快乐。假如林肯所说的"大部分人只要下定决心都能很快乐"这句话是对的，那么快乐是来自内心，而不是来自于外在。

（2）只为今天，我要让自已适应一切，而不去试着调整一切来适应我的欲望。我要以这种态度接受我的家庭、我的事业和我的运气。

（3）只为今天，我要爱护我的身体。我要多运动、善自照顾、善自珍惜；不损伤它、不忽视它；使它能成为我争取成功的好基础。

（4）只为今天，我要加强我的思想。我要学一些有用的东西，我不要做一个胡思乱想的人。我要看一些需要思考、更需要集中精神才能看的书。

(5) 只为今天，我要用三件事来净化我的灵魂：我要为别人做一件好事，但不要让人家知道；我还要做两件我并不想做的事，而这就像威廉·詹姆斯所建议的，只是为了锻炼。

(6) 只为今天，我要做个讨人喜欢的人，外表要尽量修饰，衣着要尽量得体，说话低声，行动优雅，丝毫不在乎别人的毁誉。对任何事都不挑毛病，也不干涉或教训别人。

(7) 只为今天，我要试着只考虑怎么度过今天，而不期望我一生的问题一次就解决。因为，我虽能连续十二个钟头做一件事，但若要我一辈子都这样做下去的话，就会吓坏了我。

(8) 只为今天，我要订下一个计划。我要写下每个钟头该做些什么事；也许我不会完全照着做，但还是要制订这个计划；这样至少可以免除两种缺点——过分仓促和犹豫不决。

(9) 只为今天，我要为自己留下安静的半个钟头，轻松一番。在这半个钟头里，我要想到神，使我的生命更充满希望。

(10) 只为今天，我要心中毫无惧怕。尤其是，我不要怕快乐，我要去欣赏美的一切，去爱，去相信我爱的那些人会爱我。

如果我们想培养平安和快乐的心境，请记住这条规则：“有了快乐的思想和行为，你就能感到快乐。”

有时间的话，思考一下下面的问题，保证使你受益匪浅。

一、我是否忘了生活在今天?

二、我是不是常为往事后悔，让今天过得更难受?

三、我早晨起来的时候，是不是决定“抓住这24小时”？

四、如果“活在完全独立的今天”，是否能使我从生命中得到更多?

五、我什么时候应该开始这么做? 下星期……明天……还是今天?

我们应该忘记昨天、忘记昔日的痛苦，抓住今天这个上帝送给我们的礼物，努力生活得快快乐乐。

第三章

抛弃自卑，自信面对人生

平凡弱小有可能是人们自卑的理由，但在茫茫人海中，并非每个平凡弱小者都孤独、毁灭，只有在强烈的自卑的心理压力下的人，在自己的周围竖起一道道坚实的墙壁，把别人拒之墙外，把自己关在墙内，一事无成。所以，劝自卑者抛弃自卑，自信面对人生，重拾成功的人生。

1. 小心陷阱

自卑是自信的天敌，自卑是人生的陷阱，如果你已陷入其中，请你重拾自信，从自设陷阱里走出来，潇洒走进人群享受人生。

李白的《将进酒》中有句千古流传的佳句："天生我材必有用！"这是何等豪迈的气势！心理学家读到此句的时候，肯定还会再加上一句：这是何等的自信！现代人周围充满竞争，眼前常有机遇，"尝试"成了现代人相当时髦的人生信条。人们坚持相信天生我材必有用，这次胜利非我莫属！但是，在人生舞台上，有些人却低低哀叹：天生我材……没用。这种自卑的"自白"与自信者产生了强烈的反差：自信者相信自己的力量，竭力去做人生舞台上的主角；自卑者则认为自己没有能力，只适合当观众。自卑是个人由于某些生理缺陷或心理缺陷及其他原因而产生轻视自己，认为自己在某个方面或其他各方面不如他人的情绪体验，表现在交往活动中就是缺乏自信，想象失败的体验多。自卑成为阻碍一个人走向群体，去与其他人交往的重要因素。

一个人由于缺乏成功的经验，缺乏客观的期望和评价，同时消极的自我暗示又抑制了自信心，加上生理或心理上的缺陷、恶劣的生活境遇等等原因导致了自卑心理的产生。这种心理常表现为抑郁、悲观、孤僻。如果任其发展，便会成为人的性格的一部分，难以改变，严重影响人的社会交往，抑制人的能力发展。

由于某人存在着某些生理缺陷或心理缺陷，而产生自卑，特别是由于无能而产生的一种不能胜任的心理感受。那么，交往中的自卑者是不是存在着某种缺陷呢？很显然，除了极少数人有些生理缺陷外，绝大多数人与常人毫无两样。但是，他们却有着比有缺陷者还要严重的自卑心理，这又从何谈起呢？也许下面一句话可以对其做出很好的解释：人自认为是怎样一个人比他真正是怎样一个人更为重要，因为每个人都是按他认为自己是怎样一个人而行动的。自卑者认为自己能力差，从而表现出更多的自卑心理，产生自卑感。

自我认识不足和过低的期望是形成自卑心理的最主要原因。自卑者在认识自己时，通常都是建立在不正确的比较上，他们习惯于拿自己的短处与他人的长处比，或者是与某方面的“显要”人物去比，这样比当然是越比越觉得不如别人，越比越泄气，就会形成自卑心理。自卑者在活动中对自己的期望也过低，在任何活动之前，由于认识不足，他们常有一种“我很难成功”的消极自我暗示，因此对自己的期望不高。这种自我损害的倾向使他们不相信自己的力量，抑制了能力的正常发挥，结果造成活动的失败。而活动的失败又恰恰验证了他们的自我认识和期望，从而强化了他们的自我认识，使他们的自卑感加强。此外，期望不高，还使得他们一直将自己的交往局限在旧有的交往范围内，不敢涉足新的交往情境，从而他们的交往水平很难提高，这又使他们降低了对自己交往能力的评价，变得更加自卑。

内向的性格是形成自卑心理的又一个重要原因。性格内向者多愁善感、忸忸怩怩，见人便害羞、语塞，看到别人善于交际，更是自惭形秽。这种人还特别敏感，总觉得别人瞧不起自己，所以事事退缩、处处回避，结果本来就很少的交往活动变得更少，使他们对人生的重要活动——交往，只能以忧虑和恐惧相待。这些情绪一经产生，如果再得到强化，那么离自卑就只有一步之遥了。所以性格内向者如果不敢交往、害怕交往，不去掌握基本的交往技能和技巧，是很容易形成自卑心理的。

挫折的经历和不恰当的原因也会导致自卑心理的形成。人的交往活动很需要积极的反馈和成功的经验，它有利于一个人的自我肯定和自信心的建立。但是，事与愿违，有些人在交往中屡战屡败，得到的尽是消极的反馈，挫伤了他们交往的锐气，使他们在冷淡和嘲笑中变得苍白无力，渐渐地便会导致其自卑心理的形成。例如，尝试一种新的活动没有成功，应该说原因是多种多样的，可能是活动难度过大或外界条件不完善，也可能是缺少必需的技能或运气不佳，应该说各种原因都有一定的可能，可是有些人却抱定“缺乏能力”一项不放，不去作其他原因的解释了。这样会使得一个人从此不再相信自己的能力，限制了原有能力和潜力的发挥，并且不再期望以后活动会成功。单单一个挫折因素已经足以让人抬不起头了，不恰当的原因则更加快了一个人自卑心理形成。

一个人的自卑心理对他的生活的各个方面都有影响，一旦自卑心理形成，不仅会严重地阻碍他的交往生活，使他孤独、离群，而且还会抑制他的自信心和荣誉感的发展，抑制他的能力的发挥和潜能的挖掘。特别是当他的某种能力缺陷或失败的交往活动被周围人轻视、嘲笑或侮辱时，这种自卑心理会大大加强，甚至以嫉妒、暴怒、自欺欺人等畸形的方式表现出来，给自己、他人和社会造成一定的危害和损失。由于这种自卑心理对交往和个人发展的危害性，我们应当采取适当的措施去克服它，让自卑者从自设的陷阱里走出来，潇洒地走进人群，享受人际交往的乐趣。

现在，让我们大声喊出来：“自卑，走开！灾难和挫折没什么大不了。”别让灾难和挫折把你打败，只要我们在困难与挫折面前相信自己，沉住气，一定会想出办法。

2. 沉住气不要怕

没有人能逃脱灾难和挫折的追随，我们都要面对自身的困难与挑战，以及找寻走出困厄的勇气。

一位很自信很勇敢的朋友说，他最初的挣脱困厄的勇气来自于他的父母。

他还记得母亲很早以前的一次教诲。他当时大约4岁，他们家刚搬到芝加哥近郊。他非常想结交新朋友，但随即发现这并非易事。每当他出门玩耍，附近的孩子就会嘲弄他，威吓他，有时推他或把他击倒。他每次碰到这种事，就会哭着跑回家。

他母亲观察这个情况长达数周。一天，她站在大门口，等待哭着飞奔回家的他经过时，按着他的双肩，告诉他家里容不下胆小鬼，然后将他推出门，要他去面对那些折磨他的小孩。他惊骇地站在门外，欺负他的孩子也大为诧异，怎么也想不到他会这么快就回来。

下一次他们要欺负他时，他便坚持伫立原地不动，因而为自已赢得几个新朋友。他妈很久以后才向他坦白，她当时躲在窗帘后看着他的一举一动，很担心他会发生什么事。

他父亲也给他一些重要的教诲。当他带着优异的成绩单回家时，他的反应却是：“嗯，他上的这所学校一定不够严格。”并非所有小孩都能接受这种鼓励，但他却学到做人不应该过于卑微或骄傲的道理。这种不卑不亢在他成年后更显得重要与无价，特别是他在从事竞选活动时，听到下流抹黑或过分夸大赞美之际。

基本上，他并不理会贬或褒的两极化评论，他重视批评，但不为批评所役。毕竟，牢记自身目标与如何达成目标的重要性，远胜于浪费时间回答非正式或遭扭曲的批评，或是沉溺于过于夸大的赞颂。

3. 看重自我

一个人不应该受别人的评价影响，最重要的应该是看重自我，同时也应尊重别人，因为荣誉、名誉是自己的事和别人没关系，只有既重视自我又尊重别人的人才是重视荣誉的人。

在犹太人中流传着一个这样的故事：

一个陌生人来到小镇，他拦住集市上的每一个犹太人问道：“先生您能否告诉我，教堂的主持瑞伯·扬科住在哪里？”

“哦，”一人回答道，“你说的大概是那个哑巴瑞伯·扬科吧，他的父亲是瑞伯·艾瑞莫，一个老湿疹……他住在离教堂稍远的地方。”

当陌生人到了教堂，他问一个过路人，“您能告诉我瑞伯·扬科住在哪里么？”

“哦，你说的是瑞伯·扬科啊，那个脾气暴躁，爱打老婆的家伙？”过路人说道，“他已经埋掉了三个老婆了。你到那边能找到他。”

陌生人继续往前走，他相信自己没走错，但为了确保无误，他还是停下来问了一个店铺老板：“您能告诉我瑞伯·扬科住在哪里吗？”

“哦，瑞伯·扬科！”店主答道，“你是说瑞伯·扬科·高尼夫，每过一年就要破产一次的那位！他就在那里！”

陌生人向瑞伯·扬科走去，向他问道，“请告诉我，瑞伯·扬科，您究竟为什么不愿做这个镇的主持呢？”

“因为不幸太多！”

“那么为什么你又要做呢？”

“问得好！我这样做是出于荣誉！”

众所周知，犹太人非常重视个人的荣誉。因为在犹太人的心目中，真正能保持高度荣耀、重视荣誉的人，才能在社会上有地位，才能受到别人的信赖。

但是，对于荣誉，犹太民族又有自己独到的看法。犹太民族的荣誉和荣耀都要发自个人的内心，绝对不是可以透过别人眼光来衡量的东西。因为一个人必须要有某种不可动摇的立场，才能证明人格的尊严。

因此，对于犹太人来说，一个人的精神支柱在于信念，不具信念的人，同时也欠缺说服力。自信是犹太人荣誉的源泉。

犹太人认为，一个人愿意信赖你时，他所想依靠的就是你的信誉。在犹太人眼中，一个人为了自己的信誉，即使必须付出生命，也应该紧紧地把守住它。虽然，“荣誉”是虚假的，但是，每一个人都必须要有荣誉心。

“神是神，只有神才是神”这是犹太人在漫长历史中，屹立不倒的一句话。这是为什么呢？因为神有它的荣誉。

在社会里，“荣誉”代表着社会上的好评。“荣誉”也是代表自己的信誉。所以，犹太人认为一个人是否能保存自己的荣誉，完全在于自己，和别人一点关系也没有。因此，荣誉也好，信誉也好，首先是个人内心的问题，再次它又是社会的。因此，既重视自我又重视别人的人，才是重视荣誉的人。

对于荣誉的独到理解，使犹太人能够辩证地处理好个人行为与别人看法的关系，这是一种成功的处世智能。

听了这个故事，自卑者们，你们有什么感受，是否可以从自卑中走出来？

4. 大声说“我能行”

人生在世，或多或少都会遇到困难，遭遇困难，要敢说一声“我能行”。

大家都说小王的口头语就是“不行不行，我不行”，是因为小王害羞，胆小，不自信，每逢老师或同学让他做什么事时，他总是不好意思地说：“不行不行，我不行。”

后来小王下定决心：明天一定要以一副新的面貌出现在大家面前。但到了第二天，却总是又恢复了老模样。小王明白了一个道理：在一个熟悉的环境中要改变自己是不容易的，它需要很大的勇气。但在当时小王恰恰缺乏这一勇气，所以小王那种不自信的样子一直持续到高中毕业。

上大学后，小王来到了一个全新的环境中，于是小王要建立自信的勇气与日俱增。小王每天都面带微笑，精神饱满，干劲冲天。小王在心里暗暗为自己加油，暗示自己“我能行”！后来，小王班里成立了篮球队，因为小王个头高，尽管不会打，也入选了，从此小王就向同学学习关于篮球的知识和技术，每天都抱着篮球到操场练一会儿。几个月下来，小王由篮球的“门外汉”变成了一名篮球队的主力。

同样是在篮球上赢得自信的，还有美国NBA联赛，经常在NBA联赛中出场的有个夏洛特黄蜂队，黄蜂队有一位身高仅1．60米的运动员，他就是博格斯，NBA最矮的球星。博格斯这么矮，怎么能在巨人如林的篮球场上竞技，并且跻身大名鼎鼎的NBA球星之列呢？这是因为博格斯的自信。

博格斯从小就喜爱篮球，可因长得矮小，伙伴们瞧不起他。有一天，他很伤心地问妈妈："妈妈，我还能长高吗？"妈妈鼓励他："孩子，你能长高，长得很高很高，会成为人人都知道的大球星。"从此，长高的梦像天上的云在他心里飘动着，每时每刻都在闪烁希望的火花。

"业余球星"的生活即将结束了，博格斯面临着更严峻的考验——1.60米的身高能打好职业赛吗?

博格斯横下一条心，要靠1．60米的身高闯天下。"别人说我矮，反而成了我的动力，我偏要证明矮个子也能做大事情。"在威克．福莱斯特大学和华盛顿子弹队的赛场上，人们看到蒂尼·博格斯简直就是个"地滚虎"，从下方来的球百分之九十都被他收走，他越是个儿矮越是飞速地低运球过人……

后来，博格斯进入了夏洛特黄蜂队（当时名列NBA第三），在他的一份技术分析表上写着：投篮命中率50%，罚球命中率90%……

一份杂志专门为他撰文，说他个人技术好，发挥了矮个子重心低的特长，成为一名使对手害怕的断球能手。"夏洛特黄蜂队的成功在于博格斯的矮"，不知是谁喊出了这样的口号，许多人都赞同这一说法，许多广告商也推出了"矮球星"的照片，上面是博格斯纯朴的微笑。

如今的博格斯已与夏洛特黄蜂队接连签过7个赛季的合同，最后一个赛季一签就是5年，总薪水750万美金。他曾多次被评为该队的最佳球员。

博格斯至今还记得当年他妈妈鼓励他的话，虽然他没有长得很高很高，但可以告慰妈妈的是，他已经成为人人都知道的大明星了。

前不久，这位矮星说，他要写一本传记，主要是想告诉人们："要相信自己，只有相信自己，才能成功。"

每个人都祈求成功，但是最终只有对自己充满自信的人，才能有幸到达成功的彼岸。没有自信，毛泽东不可能写出"到中流击水，浪遏飞舟"的豪迈诗句；没有自信，罗斯福不可能以残疾之躯，带领美国人民走出"大萧条"的阴影；没有自信，许海峰不可能在奥运会上一枪打出中国人的荣耀……

其实，自信一方面需要培养，一方面也要依赖知识、体能、技能的储备。但在具体做时，要注意以下两点。

一要经常暗示自己行。“暗示”是一个心理学名词，主要指人的主观感受、主观意识对人的行为的一种引导、控制作用。很多人都有这种体会：当一个人生病时，亲人、朋友总要关切地告诉他，要打起精神，振作起来，或者是好好休息，安心静养；谚语中也有“心病要用心药治”的说法，这些都是“暗示”在社会生活中的应用。我在每次考试前或比赛前，总要在心中默念：“我能考好”或“我能行”之类的话，这样可使自己从心理上放松，久而久之也逐渐地培养了自信的品质。

二从行为上让他人认为你能行。行为方式是人的思想品质的外在体现，如果行动上躲躲藏藏，或者不知所措，很难令人把你同自信联系起来。每当我和人谈话时，我都要看着对方的眼睛（当然不能死死地盯着），不去躲避对方的目光；说话时要尽量清晰而有条理地表达，不让声音憋在嗓子里。有时我对要表述的内容心中没底，就预演一番，这样心里就有把握了。

面对困难，我们应大声地对自己说：“我能行！”

5. 自信帮你从困境出来

有时我们会陷入困境中不能自拔，因为我们放弃了努力，于是越陷越深，要想从困境中脱颖而出，就要拥有自信。

成长环境与性格生成有关。成长的环境当然包括家庭环境和社会环境。

在一个人的童年时期，如果父母一直在提醒他：你是天下最优秀的，你的失败是暂时的，再做一次肯定会成功的，在事实上也要求孩子做错了再做，直至成功，这无疑就培养了孩子的自信心。

作为一个人，我们没有理由不自信。在从母体中出来前，我们已同亿万个“兄妹”打过仗了，并且我们在这个世界上再也找不出任何一个和我们一模一样的人，我们是独一无二地存在着。

父母在培养孩子自信心方面具有关键的作用。孩子做事、学习，无论成功还是失败，都需要父母的肯定。取得成绩的时候，应给予表扬和鼓励；即使孩子失败，也要承认孩子的付出和努力，并且鼓励他再做一遍。失败对任何人来说都是一种打击。在遭遇失败的时候，孩子首先失去的就是自信，他会觉得自己没有成功，而认定自己是个弱者，这时，父母就应该帮他重建自信心。这样一而再，再而三，孩子就有了自信心，就会很坦然地面对一切。

当一个人成年，参加工作，每个人都需要别人的支持和鼓励，特别是上司和同事的支持和鼓励，但是，这时我们不再是个孩子，我们自己也需要动脑分析解决问题。我们相信自己会做得更好，但我们需要允许自己失败。

这里有一个离我们很近的明星的例子：

在一次“亚洲十强赛”中，中国足球队的范志毅，在他生日那天射失了一个至关重要的点球，使中国队丧失了进军法兰西的机会。事后人们怨声载道地责怪教练戚务生。戚教练说：“谁都不敢踢，是小范主动要求踢的，不让他踢又让谁踢呢？谁又有把握一定踢进去呢？”“亚洲十强赛”失败所带来的痛苦和阴影还没有完全消散，中国队便又在霍顿的带领下，参加了“东亚四强赛”，可在这期间，范志毅又射失了一个至关重要的点球，使中国队失去了获得“东亚四强赛”第一名的机会。

有人痛骂范志毅是个无能者，连个点球也踢不进去。但请那些骂人者想想，无论是什么球，任意球也好，点球也罢，不踢是进不了大门的。范志毅能站出来，他就是自信的人。

尽管把球踢飞了，被别人认为是“废物”，但是，范志毅自己却明白了自己为什么把球踢飞，自己还缺什么。在当时他不自信一定把球踢进，但他肯定会把第二个球踢进。

1999年1月8日，《解放日报》刊出记者采访在水晶宫队踢球的范志毅的文章《伦敦访范志毅》中写道：

……范志毅现在的位置总算是定了，司职后腰。

“我现在寻找一切机会进球，主动要求踢定位球，罚点球我也不会放弃。”范志毅自信地说。

2001年“亚洲十强赛”，在吴承瑛抢先罚定位球犯规被罚下，又是范志毅站在球前，一脚大力抽射，球越过人墙应声入网，为中国队进入世界杯再一次吹响了前进的号角。

所以，一个人性格的形成，有先天的成分，但起决定性的作用还在于后天的培养，外因的诱导与内因的作用，促成一种性格的定位。无论怎样，总之与这个人接触的环境有关。

在顺境中可以让人自信，自信的人相信自己的能力——承受能力、应变能力、把握能力。这种自信应该是理智而不盲从，胆大而不冒失，对成功有足够的策略，对失败有足够的准备。

在逆境中依然可以让人自信。自信的人在逆境中乐观、豁达，坦然地面对坎坷和困难，并为解决困难做不懈地努力，他相信一切困难都是暂时的，光明一定会照在自己的头上。

亲爱的朋友，请你记住，无论你身处顺境与逆境都要相信自己，坚持到底。

6. 弱者战胜强者

在村子西边，有一片不太大的树林，以前，林中鸟鹊众多，鼠兔出没。可是近一个时期树林里忽然安静下来，有人说：“林中飞来了一只黑鹰，小动物大概被吓跑了。”

金秋季节，天高云淡。那天我坐在林中的大树下歇息，朦胧之中忽听见不远处传来一阵“沙沙”的响声。我警觉地睁开眼，观察四周却什么也没有。然而就在昏然欲睡的时候，响声再次传来。听动静似乎已来到了附近。我强忍瞌睡睁眼一看，哟，原来是一只肥硕的野兔正蠕动着三瓣嘴蹲在不远的地方望着我。

看着野兔那可爱的样子，我无意伤它，任由它蹦跳着跑向菜田。突然，地上忽然掠过一片阴影，我本能地抬头，呀！是那只传说中的黑鹰出现了。天空中，它张开巨大的翅膀，不停地转动着脑袋，无声地在空中滑翔。

发现空中的猛禽，野兔一蹦八个垄地往树林里跑。可是没等它钻进树林，鹰已朝它猛扑下去。见此情景，我想这下兔子完了，奇怪的是鹰扑下去以后很快地又飞了起来。它两爪空空，什么也没抓着。看着飞远的鹰，我不禁纳起闷儿来，野兔在哪？就在我的目光在地里寻觅的时候，兔子却从一根涵管里钻出来。

空中没了天敌，野兔又蹦跳着跑回菜田，但这次它没敢跑远，而是选择离树林最近的地方觅食。就在兔子进食的时候，那只恶鹰不知从哪儿又飞了回来。这回它一不盘旋，二不张望，瞄准目标径直地朝野兔俯冲下去。野兔刚一抬头，鹰已来到头顶。可是这只野兔显然是个老兔子，它不是站在那儿白白等死，而是在鹰爪快抓到它时猛地打了一个滚，使鹰的双爪擦着兔身抓空了。巨大的俯冲力使鹰在地上打了个趔趄。野兔趁机纵身跃起，没命地朝树林里跑去。但是长腿的毕竟跑不过带翅膀的，野兔刚钻进树林，后背就让赶上来的鹰爪抓住了。到这为止，事情本该结束了，可是野兔好像并不认命，它头也不回地驮着鹰专往林中的酸枣棵子和蒺藜狗子里钻，哪儿树枝密它往哪儿跑，哪儿刺多它往哪儿钻，它不停地在荆棘丛中来回跑，玩命地用背上的枣刺和蒺藜刺把鹰挂得毛飞皮破，血肉模糊，疼得它一阵乱叫。眼前的窘境迫使它不得不松开抓兔，试图从酸枣丛里钻出来。可是由于枣刺和蒺藜刺已大量地扎进它的身体，所以它越挣扎刺就扎得越多，越扑腾翅膀被树枝缠得就越紧，到最后，任凭它怎样努力，也无法从浓密的树棵子丛中脱出来，挂在荆棘丛里不动了。

而野兔则蹲在荆棘丛外，一边舔着受伤的身体，一边蠕动着三瓣嘴看着死鹰。

事实又一次证明，弱者能战胜强者。所以不要在乎抓到手的是什么样的牌，关键是出好牌。

7. 自信的网络英雄——张朝阳

与金钱、权力、出身、亲友相比，自信是更有力量的东西，是人们从事任何事业最可靠的资本，有自信就能排除各种障碍，克服种种困难，能使事业获得完美的成功。

搜狐公司CEO张朝阳1964年生于西安，1986年毕业于清华大学物理系，后考取李政道奖学金赴美留学。1993年获得美国麻省理工学院博士学位，同年任麻省理工学院亚太地区中国联络负责人。1995年回国，任Internet Securities（ISI）驻中国首席代表。1996年创办了中国第一家以风险资金建立的互联网公司ITC（爱特信）。1998年2月，爱特信引入英特尔和IGD（国际资料集团）等国际公司的220万风险投资资金，在比索创办了一个大型网上中文分类搜索引擎“搜狐”（SOHU），成为中国第一家全中文、最受中国网民喜爱的网上引擎。同年张朝阳被美国《时代》周刊评为全球计算机数字化领域的50名“风云人物”之一。张朝阳把搜狐打造成为“中文世界进入互联网的一个必经之路、中国互联网的中枢和中国人的网络神探”。

张朝阳属于敢想敢做的人，他总是按照自己的生活方式去思考，实现自己的人生目标。究其背后的原因，是因为他一直保持着自信的心态。

自信不等于自大，自信也不等于轻视困难，而是面对逆境的一种良好心态。很多人就因为在逆境下未能坚持过来而变得平庸。一个人在年轻时，他的才学和未来看起来不错，但后来经历一系列变故之后，原本对生活一腔火焰般的热情往往就被熄灭了，人就是这样未老而先衰的。反过来，如果能在逆境中存活下来，人的心理承受力就练出来了，自信也随之而出。

然而压力毕竟是压力，是需要不断地磨炼意志去战胜压力的，张朝阳在清华的五年是艰苦的五年，也是磨炼意志的五年，在这五年中，他想尽各种方法去战胜压力，学会在逆境中生存。

到了美国，这种压力也慢慢随之而去。因为美国文化不会过分强调谁是最重要的，不会引起学生间的竞争和伤害，评优秀生也不只看分数。同学都不知道彼此的学习情况，分数是绝对不公布的，只有老师知道你的研究成果，每个人的发展方向也是多种多样。这样又给了张朝阳一个轻松施展才能、专注自己事业的宽松环境，那时的他有了面对逆境的本事，又寻找到了自己的发展目标。

1993年毕业后，张朝阳留在了美国，任麻省理工学院（MIT）亚太地区中国联络负责人。1995年7月，他陪同MIT校长访问中国，安排他们跟朱镕基副总理见面。回到美国后，他就决定三个月内一定要回去，因为回国的经历让他感受到一个中国人生活在自己的文化里是多么幸福、多么充实。

回国以后，检验他的时刻到了，他靠着长期形成的自信一次又一次克服困难。他找到了ISI，一个靠风险投资创办起来的很小的公司，它当时要做互联网，跟张朝阳想法一致。于是他就开始了艰苦的创业过程，这为他以后创立搜狐积累了相当的经验。

ISI公司的业务主要是跟各个信息提供者谈判，然后把信息形成一个数据库，将中国的商业信息整合起来。当时ISI整个公司才30个人，张朝阳做它在中国的首席代表，从雇一个人开始，经历整个创业的过程。当时创业是在万泉庄园，条件非常简陋：24平方米，没有热水，他工作、住宿都在那里，每天觉也睡不好。可是张朝阳终于克服各种困难，艰苦奋斗8个月，把ISI基本数据库建立起来了，并且先于任何其他国家，把关于中国的这一数据库传到了网上。

对于胸有大志的张朝阳，仅仅当ISI公司的首席中方代表，毕竟不是他的心愿，他早已萌发了创办公司的意图。这时他终于敲开了机会的大门，可以扬帆起航了。

1996年4月，他和MIT的教授爱德华·罗伯特进行接触，他自信地告诉他自己的想法。最后罗伯特不得不说，张朝阳说服力很强，他愿意找到其他人一起投资。

从此以后，张朝阳踏上了他的说服历程，正是他的自信表现让他的投资人一个个心甘情愿地支持他的想法和创意。他每做一件事情，都特别的真诚，因为先说服自己才能说服别人，这样哪怕是特别难的事情，别人也能感受到你的自信。

张朝阳自信而真诚地向他的投资人介绍他在融资过程中对中国互联网

的一些理解，谈如何在中国开展常规的业务，谈中国ISP巨大的市场机会。最后爱德华·罗伯特和一个崇拜罗伯特的麻省理工学生——Bralntbinder承诺投资，这样张朝阳有了第一笔风险基金。有了第一次的经历，他的第二次融资就相对更加充分。他从容应对人与人的交锋，同时还充分准备很多文件和商业计划的发展，这样融资的第二笔基金又到手了。

张朝阳的自信并非盲目，他时刻都在检验自己。他认为，只有诚惶诚恐者才能生存，不管公司发展如何，你必须考虑下一个战役在哪里，否则是生存不下去的，做人应做长远打算。

搜狐的成长不是一蹴而就的，搜狐和张朝阳都经历了很多的考验，在一次次的考验中，张朝阳走到了这一步。其实他刚开始做公司时，到底怎么做和要做什么，他也很模糊。因为国内的ISP概念很广，实际上它只是一个接入的概念，经过一段时间的摸索和思考，张朝阳终于认为，搜狐重要的不是做内容，而是做搜索和分类，1998年2月份终于有了搜狐的真正存在。在这个过程中，他也才开始真正了解互联网。

如今的搜狐，张朝阳仍在摸索，他总是非常自信地面对媒体对他的每一次报道，他从容处理着由于公司成长太快，带来的一些成长的烦恼与弊端。他思索着搜狐的文化，一步步把搜狐带向专业化。

张朝阳是一个自信的人，他自己曾说过："讨厌中国人在西方人面前的自卑感，他希望，也力图让自己自信。"

另外，勤于思考也是使人自信的一个原因，往往能使一个人变得更加睿智和自信。张朝阳本人也说："一个人要有很强烈的成功愿望，除了奋斗之外，得不停息地去思考，忍受内心的炼狱和折磨，能够从灰烬中站起来，反败为胜。我走到今天这一步，并不是我念书念得有多好，虽然书我也念得不错，但我认为，事业的成功是应该首先归因于一个人心理上的自我观察和文化感受……，我喜欢从人的本原心理上去思考问题，这样能不断地医治自己心灵上的创伤，在内心深处做一个勇敢者，做一个成功的人，最后就会有许多机会向你走来。学会观照内心，独立思考，经常体会自己本原的东西是什么，学会以第三只眼睛看自己，通过每件事情来了解内心。每一个关隘的越过，生活中每一件事情都使我磨炼内心。”

自信来自于对自己事业的一种理想追求。胸有大志的张朝阳认为，做企业必须专心致志，为社会做好服务，把它作为最高理想，这样才能把企业做好，否则，只会做一些外面美丽其实内无实用的东西出来。因为做企业的出发点就是务实，如果每天想的不是如何把企业做大，而是为了天下更高远的理想，甚至忧国忧民，这些都没错，但如若太专注这些，等企业做到一定阶段，你就会重视名誉而不再像原先那样重视企业的运行。因此他对于自己的事业也就有了社会使命感，因此他也会更加认真走下去。

从张朝阳走过的路来看，成功并不是一件遥不可及的事情，完全是通过自己的努力、拼搏和勇气所达到的，这其中自信帮了他许多的忙，让他能够承受清华的压力，忍受创业的辛苦，从容应对融资人对他的考验以及面对创立搜狐后的种种困难和失败。张朝阳这样诠释自己的自信心态：“一个人想获得成功，首先要相信自己。世间的道理没有任何规矩可言，没有成套的既定的说法。也许某种既定的说法是对的，但未必适合你，一定要倾听自己内心深处的声音。你也许目前是弱小的，对某些事情内心感到很恐惧、很不安，没有信心，你会听到别人对你的评论和批评，但你必须告诉自己：你自己对你才是最重要的，相信你自己，一切从自己出发，这样你才能不断设计出一条适合你自己的道路。从客观实际上来说，你必须多参加各种活动，不只是念书。在参加社会实践的过程中观察自己内心的成长，做一个内心成功的人、内心的勇敢者。与任何人的交往都是你成长的部分，你要加大你每天事情发生的频率。必须牢记，重要的是去做，只有做才能带来某种真实，如果只是在思想里打转，你就永远跳不出自己潜意识的圈子。让事情发生，让单位时间里事情的发生频率加大，这样，机会就会加大。这里面，做是最重要的，再从做里悟出很多道理来。”

张朝阳就是凭着他的自信，坚持自己的理想，并且战胜困难，一直在向前走。

8. 女州长的超越

“过去不等于未来”，说的是我们要用发眼的眼光看待自己，看待成功与失败，过去的成功与失败都已经过去，是不能主宰我们自己目前的状态的，我们应摆脱过去对我们的影响，从现在出发来思索我们的未来。

在美国，有一个很著名的故事，故事的主人公曾经担任美国田纳西州州长；届满谢任之后，弃政从商，成为世界500家最大企业之一的公司总裁，成为全球赫赫有名的成功人物。可是她小时候的遭遇却是不堪回首：1920年，她出生在美国田纳西州的一个小镇上，是一个私生女，妈妈给她取了个小名叫小芳——按照美国人的习惯，一个人不仅要有名，还必须有姓，可是她没有父亲，所以只有小名。小芳慢慢懂事了，发现自己与其他孩子不一样，她没有爸爸。

虽然在21世纪的今天，未婚妈妈及私生子在美国是很平常的事，但是在当时，还是有不少人对她投来歧视的目光，小伙伴们也不愿意跟她一起玩。她不知道这是为什么，感到十分迷茫——她是无辜的，而世俗却是严酷的。

小芳不知道自己的父亲是谁，一直跟妈妈相依为命。上小学以后，她受到的歧视并没有因此而减少，很多人都还是用冰冷、鄙夷的眼光看她，认为她是没有教养的孩子。

在别人的心理暗示下，她自己也不断地对自己进行心理暗示，因而变得越来越懦弱，自我封闭，逃避现实，不愿意与人接触，变得越来越孤独。

小芳最不愿意跟随妈妈去集市买东西，因为她总能感到有人在背后指指戳戳，窃窃私语：“就是她，那个没有父亲，没有教养的孩子！”

13岁那年，镇上来了一个牧师，就是因为牧师的到来，她的一生从此开始改变了。

小芳总是听母亲说这个牧师是个好人，她看着别的孩子跟着父母，手牵手地走进教堂去时她很羡慕，就无数次躲在教堂的远处，看着这些人高高兴兴地从教堂里出来，而她只能通过聆听教堂庄严神圣的钟声和偷看人们面部表情去想象神奇教堂里发生的事情。

一天，等其他人都进入教堂以后，她终于鼓起勇气，偷偷地溜了进去，坐在最后一排偷听。

这位牧师正在说：过去不等于未来：如果过去成功了，并不等于未来还能成功；如果过去失败了，也不等于未来还要失败。过去的成功或失败，都只是过去的事情，未来只能靠现在来决定。每个人都应该面对现实，重视现在。现在干什么，选择什么，就决定了我们的未来是什么！失败了不要气馁，要挣扎着再向成功冲刺，成功了也不要骄傲，要想想后面还有更多困难在等待。成功和失败都不是最终结果，都只是人生过程的一个事件，一段经历，一朵浪花。在这个世界上，不会有永恒成功，也没有永远失败。

小芳的悟性很强，她渴望情感，牧师的话深深地震动了她，她感到一股暖流在温暖着她那冷漠、孤寂的心。但是她马上提醒自己：“我必须马上离开，趁别人还没有发现自己的时候，赶快走。”

有了第一次，就会有第二次、第三次、第四次、第五次去教堂听牧师讲话，这就是她最喜欢干的事情。

她每次都是偷听，尽管牧师的话是很激动人心的，但还是很难阻止别人的冷眼，因为她懦弱、胆怯、自卑，认为自己没有资格进教堂，认为自己跟别人不一样。

有一次，她又偷偷地溜进了教堂，听得入了迷，居然忘记了时间，忘记了自卑和胆怯，直到教堂的钟声清脆地敲响，她才惊醒过来，可是已经来不及抢先“逃”走了。

先离开教堂的人们堵住了她迅速出逃的路！她低着头，尾随人群，慢慢朝门外移动，眼看快到门口时一只手搭在她的肩上，她惊惶地顺着这只手臂望上去，此人正是牧师。牧师温和地问：“你是谁家的孩子？”。

这是小芳十多年来最害怕听到的话，这句话就像通红的烙铁，直直地戳在她流着血的幼小心灵上。

牧师的声音不大，却具有很强的洞穿力，这是作为一位牧师多年锻炼出来的。人们停止了走动，几百双眼睛一齐注视着小芳，教堂里显得异常安静。

小芳被完全惊呆了，不知所措，眼里噙着快要掉下来的泪水。这个牧师见此情景，脸上立即浮起慈祥的笑容，说：“噢！我知道了，我已经知道你是谁家的孩子了，你是上帝的孩子。”

他抚摸着小芳的头，发表了一篇简短的演说：这里的人和你一样，都是上帝的孩子！过去不等于未来，不论你过去怎么不幸，这都不重要。重要的是你对未来必须充满希望。你现在就可以做决定，做你想做的人。孩子，人生最重要的不是你从哪里来，而是你要到哪里去。只要你对未来充满希望，你现在就会充满力量。不管你过去怎样，那都已经过去了。只要你调整好心态，明确自己的目标，积极地去行动，那么成功就是属于你的。

牧师的话激起了教堂里热烈的掌声。虽然那些平时瞧不起小芳的人没有对小芳说一句话抱歉的话，掌声就是理解，就是歉意，就是承认，就是欢迎！

压抑在小芳心灵上整整13年的陈年冰封被“博爱”瞬间融化……她终于抑制不住内心的喜怒哀乐，眼泪夺眶而出。

小芳的心态从此发生了巨大的变化。

67岁的时候，她出版了自己的回忆录《攀越巅峰》，在书的扉页上写下了这样一句话：过去不等于未来！

是的，站在现在，只能回忆过去，展望未来，而能够把握的只有现在。“过去不等于未来”，就是要求我们用发展的眼光看待自己，看待成功和失败，这些都不能构成主宰自己目前的心态。过去的都过去了，未来的还没有到来。只有现在是最现实的。过去决定了现在，而不能决定未来，只有现在的作为及选择才能决定未来，这就是我们拥有积极思维的关键所在。

9. 人不可貌相

相貌是天生的，遗传的，容不得你选择，但是心态是可以选择，可以调整的。摆正心态，靠着你相貌以外的美丽来赚取你的成功，所以，貌不佳者请你要抬起头来。

人们常说：“人不可貌相，海水不可斗量。”又说“鸟美在羽毛上，人美在心灵上。”可是，在实际生活中，“美貌效应”的现象却极为突出：人们见到长相俊俏的孩子，会由衷地喜爱，赞不绝口，亲切热情。孩子的父母更是喜不自胜，恩宠有加。相反，人们对相貌一般的孩子，尤其是长相丑陋的孩子，则缺乏热情，甚至冷淡、歧视、挖苦。人们对待孩子尚且如此，更不用说成人之间了。相貌漂亮的人，尤其是年轻的女子，会在人际交往、婚姻等事情上博得他人的青睐，激起他人的热心，事情往往很好办。相比之下，相貌不佳者就没那么幸运了，他们甚至会处处碰壁，心灰意冷，苦恼不堪，羞于见人，自卑心理严重。那么貌不佳者要通过什么办法来摆正自己的心态呢？下面有几种方式不妨试一下。

（1）要勇于坦然面对现实，寻找自己的“闪光点”。相貌来源于遗传，是天生的，容不得个人选择。它虽然会给自己的生活带来很多不便和不快，但为此而深陷于苦恼中却是双倍的不幸。要相信，上帝既然没给你美丽的外貌，那么他一定赐给你别的美丽，因为上帝是公平的。

欧洲有句名言：“不要为打翻的牛奶而哭泣。”这句话含有深刻的哲理。面对既成事实，明智之举不应是叹息、苦恼，而应努力从自己的天赋中寻找“闪光点”。自己很可能拥有一颗聪慧的大脑，灵巧的双手，健美的双腿、强壮的体魄……有人曾戏谑地说，当代中国艺坛上有四件“宝贝”：潘长江的“个”，梁天的“眼”，陈佩斯的“脑袋”，葛优的“脸”。可以说，这四个人相貌的独特之处，正是他们之所以成为“笑星”的一个极其重要的因素。其实，仔细发掘，上帝造人是公平的，世上没有十全十美的人，赐给每个人的美丽是相等的，每个人总会有这样或那样的缺陷。但他们又都有自己的闪亮之处，要善于发现和发扬自己的闪光点，以己之长补己之短，变不利为有利。

（2）要懂得利用辩证原理，辩证地看待美貌。常言道：“自古红颜多薄命。”自古以来，一些姿色出众的美女，往往为政治家、军事家、商人所威逼和利诱，成为他们争权夺利、尔虞我诈的工具，最终会因他们的阴谋败露而使自己身首异处；一些美貌女子在如花似玉之时，会成为一些寻花问柳者寻欢作乐、发泄私欲的“玩物”，待她们人老珠黄时，则又会被一脚踢开，在孤独、悲愤中走完自己的一生。有些相貌漂亮的人，会在人们的赞扬声中长大，她们难免自我陶醉，久而久之，便滋生傲气或娇气，盛气凌人，为人霸道，不讲道理，自私自利，动不动就发脾气，“不知天高地厚”，做事十分任性。她们思考问题总是以“我”为中心，患得患失，从不顾忌他人，即所谓的“有美貌而无美德”。而且，由于生来一帆风顺，娇生惯养，很多人缺乏吃苦精神，不思进取，不学无术，投机取巧，自以为是，即所谓“容貌出众，头脑简单”。

（3）要懂得迁移、原则，“以才补貌”。有道是：失之东隅，收之桑榆。自己相貌不佳，是一个“弱项”，完全可以“化不利为有利”，力争从才华、事业、财富等方面弥补自己的不足。读过伟人传记的人都有这样的感受：许许多多的伟人相貌并不很好，甚至有严重的生理缺陷。他们也有人曾为自己的相貌或生理缺陷而苦恼，自惭形秽，但是他们并没有因此背上沉重的包袱，沉陷于自卑的泥潭。反而是相貌不佳或生理缺陷激发了他们的奋斗精神，让他们全身心地投入到事业中去，最终创造了辉煌业绩，赢得了自信和自尊。比如像历史上的一些著名人物，亚历山大、拿破仑、纳尔逊、罗慕洛、晏婴（中国春秋时期人）、康德、贝多芬、济慈，他们生来身材矮小，相貌上也“差人一等”，但是他们最终却成为伟大的军事家、外交家、哲学家、音乐家和诗人。他们的形象顶天立地，他们的英明流传千古。

美国成功学大师戴尔·卡耐基说过：“一种缺陷，如果生在一个庸人身上，他会把它看做是一个千载难逢的借口，竭力利用它来偷懒、求恕、懦弱。但如果生在一个有作为的人身上，他不仅会用种种方法来将它克服，还会利用它干出一番不平凡的事业来。”看完以上的文字，相貌不佳者，你们学会了什么？懂得怎么抬起头来了吗？

10. 用补偿心理超越自卑

自卑是人成功的大敌，自信是成功的力量，自信的秘诀就是让信仰的力量和心安的感觉充满心中，补偿心理帮你转移自卑，发展自信，让你感到心安。

何为补偿心理？

从广义上说，补偿心理是一种心理适应机制，个体在适应社会的过程中总有一些偏差，需要得到补偿。从心理学上看，这种补偿，其实是一种“移位”，即为克服自己生理上的缺陷或心理上的自卑，而发展自己其他方面的长处，优势，赶上或超过他人的一种心理适应机制。正是这一心理机制的作用，自卑感就成了许多成功人士成功的动力，成了他们超越自我的“涡轮增压”，而“生理缺陷”愈大的人，他们的自卑感也愈强，寻求补偿的愿望就愈大，成就大业的本钱就愈多。

例如，解放黑奴的美国总统林肯，不仅是私生子，出身卑贱，且相貌丑陋，言谈举止缺乏风度，他对自己的这些缺陷十分敏感。为了补偿这些缺陷，他力求从教育方面来汲取力量，拼命通过自修克服早期的知识贫乏和孤陋寡闻。他在烛光、灯光、水光前读书，尽管眼眶越陷越深，但知识的营养却对自身的缺陷作了全面补偿。他最终摆脱了自卑，并成为有杰出贡献的美国总统。再如，伟大音乐家贝多芬从小听觉有缺陷，耳朵全聋后还克服困难写出了优美的《第九交响曲》，他的名言：“人啊，你当自助！”成为许多自强不息者的座右铭。

如果你具有补偿心理，那么自卑可以激发你前进。由于自卑，人们会清楚甚至过分地意识到自己的不足，这就促使其努力学习别人的长处，弥补自己的不足，从而使其性格受到磨砺，而坚强的性格正是获取成功的心理基础。

自卑通过补偿能促使人走向成功。人道主义者威特·波库指出，在每个人的内心深处都有一种灵性，凭借这一灵性，人们得以完成许多丰功伟业。这种灵性是潜在于每个人内心深处的一股力量，即维持个性，对抗外来侵犯的力量。它就是人的尊严和人格。人们为了维护自己的尊严和人格，就要求自己克服自卑，战胜自我。因此，令人难堪的种种因素往往可以成为发展自己，实现自我价值的跳板。一个人的真正价值、道德取决于能否从自我设置的陷阱里超越出来，而真正能够解救我们的，只有我们自己，即所谓“上帝只帮助那些能够自救的人”。

强者并非天生，弱者并非命定，强者也有软弱时，强者之所以成为强者，在于他善于战胜自己的软弱。

一代球王贝利最初也并非十分自信，初到巴西最有名气的桑托斯足球队时，他害怕那些大球星瞧不起自己，竟紧张得一夜未眠，他本是球场上的佼佼者，但却无端地怀疑自己，恐惧他人。后来他设法在球场上忘掉自我，专注踢球，保持一种平常心态，从此便以锐不可当之势进了一千多个球。球王贝利战胜自卑的过程告诉我们：不要怀疑自己、贬低自己，只要勇往直前，付诸行动，就一定能走向成功。久而久之，就会从紧张、恐惧、自卑中解脱出来。因此，不甘自卑，发愤图强，积极补偿，是医治自卑的良药。

心理补偿需要我们不可好高骛远，追求不可能实现的补偿目标，要平衡自己情绪，因为只有在积极的心理补偿下，才能激励自己达到最高目标。

11. 超越自卑，完善自己

每个人都想完善自己，完善自己需要超越自卑赢得自信，我们只有正确认识自己，了解自己才能找到自信，战胜自卑。

完善自己，就需要超越自己，超越自卑。下面的这个故事，对你应该有所启迪：

这个故事是由小芳自述的，她现在回想起往事，说："高中三年的自卑情形至今历历在目，当然现在看起来似乎有些可悲可笑。这一段痛苦的经历使我深深地体会到，自卑是阻碍前进的大敌，是走向成功的绊脚石。

它是一味腐蚀剂，麻醉人的意志，瓦解人的斗志，让人不战自溃，无心进取。但有意思的是，无论是在初中、高中还是大专，我都遇到过有自卑情绪的同学和朋友，有的因学习成绩不理想而抬不起头，心情压抑；有的为生活条件不如人而觉得低人一等；有的为自己外貌上的缺陷而伤心；如果不正视自卑情绪，并努力战胜和克服它，要想做出一番事业，顺利到达成功的彼岸是很难的。”

大专的三年，是小芳克服自卑、超越自卑的三年。她说：“这期间，我有意识地解析自己的性格特点，有针对性地采取措施克服自卑的灰暗心理，强化自己的自尊心和自信心，树立积极进取的健康心态，逐渐找回了失去的自我。因为克服了自卑心理，这世界重新对我绽开了笑脸。”超越自卑要做到以下几点：

（1）超越自卑，首先要正确地认识自己和评价自己。“尺有所短，寸有所长”，每个人都是既有优点，又有缺点的。自卑者要学会正确看待自己的优缺点，努力发现自己的可爱之处，学会欣赏自己的优点和长处。我们班的小海同学原来总因自己太普通、不受重视而自卑。有一天，学校组织为一个身患绝症的同学募捐，小海毫不犹豫地走上前去，倾其所有，引来同学们又惊讶又敬佩的目光，大家好像是第一次认识他。小海回到宿舍哭了。他后来告诉我，他根本没想过要表现自己，却意外地发现了连自己也不曾注意到的闪光点。他逐渐明白了，要想得到别人的青睐和欣赏，首先要发现自己；要想走出平庸和自卑，首先要肯定自己。凭着这种悟性，他走出了自卑的怪圈，学习成绩不断提高，进而赢得了老师和同学们的喜欢。

（2）超越自卑，要扎根于现实土壤，确立合适的奋斗目标。如果你一向不善言谈，而期望自己明天在辩论会上成为一个巧舌如簧的雄辩家；你生性腼腆，却期望自己在周末的文艺晚会上一鸣惊人，那你注定要饱尝受挫的滋味。

上大专之初，我也曾犯过这样的毛病。后来我针对自己生性腼腆的弱点，下定决心改掉它，向老师主动要求在班会时承担为全班同学读报的任务。要知道，跨出这一步多么不容易，原来我可是个和别人说话就脸红、非常自卑的女孩子啊！我第一次上讲台的时候，同学们都诧异地看着我，待明白了老师的意图后，都对我投以信任和鼓励的目光。虽然最初也不免慌张，但时间一长，我慢慢就习惯了。同学们都说我变化太大了。我也发现这对于我树立自信心，改变原有的自卑心理大有裨益。就是凭这一次次小小的成功，我最终战胜了自己。

（3）超越自卑，还要学会科学的比较。人人都是喜欢比较的，尤其是我发现自卑的同学更喜欢把自己和他人比较，这本来无可厚非，但关键是要学会掌握正确的比较方法，建立合适的参照系。习惯于用自己的缺点与别人的优点比，肯定只会长他人志气，灭自己的威风，最终落进自卑的泥潭，失去前进的动力。当然，也不能从一个极端走向另一个极端，老是用自己的长处去比别人的短处，这样容易唯我独尊，总觉得你比别人高出一筹，产生洋洋自得、不可一世的心理。这两种情况都是阻碍成功的大敌，需要我们在成长的过程中予以重视。既不要因与他人比较而失去信心，也不要因此而沾沾自喜。通过科学的比较，要能发现自身的长处，明白自身的欠缺与不足，比出信心，比出勇气，为自己的成功增添动力。

（4）超越自卑，就要根据自己的欠缺与不足，有意识地加以改进，努力使自己成为一个全面发展的人。大凡在事业上做出突出成绩的人，在这方面都是做得很好的。日本前首相田中角荣天资聪颖，但中学时患有口吃的毛病，给他带来巨大的苦恼，他因此变得自卑、羞怯和孤僻。有一次上课，他的同桌捣乱，教师误以为是田中干的，当田中站起来辩解时，竟面红耳赤说不清楚，老师更加认定是他做错了又不承认，别的同学也嘲笑起来。这件事对田中刺激很大，他回到家，分析自己口吃的原因主要还是源于个人的自卑。从此，他时时刻刻鼓励自己在公共场合发言，主动要求参加话剧演出，并经常练习，终于克服了口吃的毛病，为他走上职业政治家的道路奠定了基础。

清醒地认识自己，保持一份不满足感，别把时间浪费在自卑的嗟叹中，而致力于完善自我、不断前进的努力中，这样，我们就会感到：自卑并非不可战胜。

女孩的这番自述，说明了自卑是可以战胜、可以超越的，我们只有正确地认识了自己，了解了自己，才能找到自信，战胜自卑。

自卑的你，还在等什么呀？赶快照着以上几点行动起来吧！找回以前那个自信的你。

12. 自强不息，制胜人生

自强不息是催人奋进和获取成功的法宝，因为有了自强不息的精神，就会产生信心，有了成功的信心，就会设法发挥自己潜在的力量，有了这种力量就可排除万难，勇于面对现实，坚持下去，最终获得成功。

“世上无难事，只怕有心人。”世间没有不能成功的事,只有不愿意走向成功的人。

犹太民族的自强不息优良传统，使得他们可以战胜困难和挫折，面对迫害和残杀永不畏惧。从罗马帝国时起，犹太民族家园被侵占，大部分犹太人被迫离开故土，流亡天涯。在漫长的流亡漂泊岁月中，犹太民族虽然灾难迭起，几乎遭到灭族之灾。但人们发现，今天的犹太民族的特性、宗教、语言、文化、文学、传统、历法、习俗和勤劳智能的资质没有因这1900多年的悲惨民族史而分崩离析，他们至今仍保持着自己的特色和民族凝聚力。尽管他们长期来遭受到大放逐、大迁移、大捕杀，但他们仍做出种种惊天动地的伟业。千百年来人才辈出，精英遍布世界。处境恶劣与成果产出形成强烈的反差现象，这是因为这个民族的旺盛生命意识和自强不息的进取精神为他们赢得的成功。

下面的人物经历，为你更好的展示民族特性。

人物一，世界连锁店先驱卢宾，是1849年出生于俄国的犹太人。他随父母生活在俄国，受到歧视，不得不迁居到英国，在那里生活了两年，由于温饱无保，又不得不迁居到美国纽约。由于没有条件读书，他16岁那年随淘金潮流到了加州去淘金。由于黄金没有淘着，他开始另谋生路，从摆摊卖小日用品开始，逐步发展成大商店，最后创造出连锁商店经营模式，成为大富豪。卢宾的成功，在于在淘不着黄金的情况下，没有因几经波折而气馁。动脑筋，想办法，从千千万万的淘金者身上打主意，想到他们在矿场上需要各种日用必需品，就从这点作为突破口，走上规模经营和连锁销售的发迹之路。

人物二，诺贝尔奖获得者巴拉尼是个犹太人的儿子，年幼时患了骨结核病，由于家境不富裕，无法医治好。他的膝关节永久性僵硬了。但是，他没有因此丧失生活的信心。相反却加强了生存下去和创大业的决心。他立志学习医学，历尽艰苦，终于学有所成，对医学研究精深，特别对耳科绝症有独到研究。他一生发表了184篇医学科研论文和两本很有研究价值的论著《半规管的生理学与病理学》、《前庭器的机能试验》。由于科研成果卓著，他受到了所在国奥地利皇家授予爵位,于1914年获得诺贝尔生理学及医学奖。可以说，这些荣誉和奖励是对他的自强不息精神的一种报酬。

让我们再从以色列国看看犹太人的自强不息精神。这个国家以犹太民族占主导地位，犹太人占全国人口的83%以上。历尽人间沧桑的犹太人于1948年才在亚洲西部，地中海东岸的约2万平方公里面积上建立起以色列国。这个国家不但建立较晚，面积狭小，而且土地贫瘠，自然条件极为恶劣。全国国土有80%~90%是沙漠和荒丘，几乎是“不毛之地”。全国资源贫乏，淡水奇缺，不论是天时、地理或时间对以色列都是不利的。但以色列的犹太人自强不息，靠其民族的顽强生存意识和智能，经过四十多年的建国创业，使这块土地出现了举世瞩目的奇迹，“不毛之地”长出了丰硕的庄稼。农业不仅使以色列国民自足自给，并成为该国出口创汇的重要组成部分。他们把荒丘和沙漠改造成良田。1949年到1984年间，共改造和开发出27.2万公顷可耕土地。缺少农业用水，用挖掘地下水或远地引排的方法解决，使全国农业用水量从1949年的2.57亿立方米，增加到1984年的13亿立方米。气候条件不利，他们以科学调节。这样，使其农业大大发展了。今天，以色列人口是建国初期的8倍多，该国的农业产量却比建国初期增长了16倍多。

以色列不但在农业方面取得了巨大成就，工业和其他行业同样也取得了显著发展。现在，以色列的国民生产总值已人均年超10000美元了，进入世界经济先进行列。

可见，自强不息精神是催人奋进和获取成功的法宝，是犹太人的一种制胜术。因为有了自强不息的精神，就会产生信心，有了成功的信心，就会设法发挥自己潜在的力量，这种力量用于自己的奋斗目标上，就可以排除万难，敢于面对现实，坚持下去，最终获得成功，这就是俗语所说的“精诚所至，金石为开。”相反，没有自强不息精神的人，会轻易自认不能，妄自菲薄。压抑自我发展的想法和潜力，成功会对其敬而远之。

13. 自信从行动做起

自信其实是由于习惯而形成的思想意念，如果我们经常存在失败的念头，那我们便输了一大截，如果我们光说建立自信，不付诸行动那我们将一败涂地。

要想征服畏惧，战胜自卑必须付诸实践赶快行动，而不应夸夸其谈只说不做。下面教你几种具体方法帮你如何取得成功。

（1）要注意突出自己，挑前面的位子坐。

大家可能都已经发现在各种形式的聚会中，在各种类型的课堂上，后面的座位总是先被人坐满，大部分占据后排座位的人，都希望自己不会“太显眼”，而他们怕受人瞩目的原因就是缺乏信心。

坐在前面能建立信心。因为敢为人先，敢上人前，敢于将自己置于众目睽睽之下，就必须有足够的勇气和胆量。久而久之，这种行为就成了习惯，自卑也就在潜移默化中变为自信。另外，坐在显眼的位置，就会放大自己在领导及老师视野中的比例，增强反复出现的频率，起到强化自己的作用。如果你是坐在后面座位众多人中的之一，那么把这当做一个规则试试看，从现在开始就尽量往前坐。虽然坐前面会比较显眼，但要记住，有关成功的一切都是显眼的。

（2）要记得睁大眼睛，正视别人。

俗话说得好“眼睛是心灵的窗口”，一个人的眼神可以折射出性格，透露出情感，传递出微妙的信息。不敢正视别人，意味着自卑、胆怯、恐惧；躲避别人的眼神，则折射出阴暗、不坦荡的心态。正视别人等于告诉对方：“我是诚实的，光明正大的；我非常尊重你，喜欢你。”因此，正视别人，是积极心态的反映，是自信的象征，更是个人魅力的展示。

（3）要时刻昂首挺胸，快步行走。

许多心理学家认为，人们行走的姿势、步伐与其心理状态有一定关系。懒散的姿势、缓慢的步伐是情绪低落的表现，是对自己、对工作以及对别人不愉快感受的反映。倘若仔细观察就会发现，身体的动作是心灵活动的结果。那些遭受打击、被排斥的人，走路都拖拖拉拉，缺乏自信。反过来，通过改变行走的姿势与速度，有助于心境的调整。要表现出超凡的信心，走起路来应比一般人快。将走路速度加快，就仿佛告诉整个世界：“我要到一个重要的地方，去做很重要的事情。”步伐轻快敏捷，身姿昂首挺胸，会给人带来明朗的心境，会使自卑逃遁，自信滋生。

(4) 只要有机会就要练习当众发言。

面对大庭广众讲话，需要巨大的勇气和胆量，这是培养和锻炼自信的重要途径。所以一有机会，就要上台演讲，在我们周围，有很多思路敏锐、天资颇高的人，却无法发挥他们的长处参与讨论。并不是他们不想参与，而是缺乏信心。

在公众场合，沉默寡言的人都认为："我的意见可能没有价值，如果说出来，别人可能会觉得很愚蠢，我最好什么也别说，而且，其他人可能都比我懂得多，我并不想让他们知道我是这么无知。"这些人常常会对自己许下渺茫的诺言："等下一次再发言。"可是他们很清楚自己是无法实现这个诺言的。每次的沉默寡言，都是又中了一次缺乏信心的毒素，他会越来越丧失自信。

从积极的角度来看，如果尽量发言，就会增加信心。不论是参加什么性质的会议，每次都要主动发言。有许多原本木讷或者口吃的人，都是通过练习当众讲话而变得自信起来的，如萧伯纳、田中角荣、德谟斯梯尼等。因此，当众发言是信心的"维生素"。

(5) 学会微笑。

大部分人都知道笑能给人自信，它是医治信心不足的良药。但是仍有许多人对此持怀疑态度，因为在他们恐惧时，从不试着笑一下。

真正的笑可以治愈你的不良情绪，可以帮你化解与他人的冲突，更重要的是当你笑对一个人的时候，他会对你产生好感。而这种好感，可使你充满自信，赶快笑一笑吧！

14. 自信的心态和性格怎样成就你的一生

自信的心态、自信的性格决定你一生。富人因为自信越来越富，穷人因为自卑而越来越穷。

一般人划分穷人和富人是从金钱的拥有量上来划分，但我们今天的划分，则是仅仅在于心态和性格上面。

（1）穷人为什么穷？

所有的穷人都一样，对贫穷有着无比的厌倦，对富有有着无限的渴望。渴望成为富人是天下所有穷人的心愿，为实现这一心愿，穷人的确做了各种尝试和突破。

由穷人变成富人，是一个过程。很多穷人都曾经站在这个过程的起点，但他们没有自信，或根本不自信，压根就不相信自己能从这一点走到那一点。

也正因为没有自信心，在心态上就起伏不定，在行动上就犹豫不决，最终他们还是退缩了，没有向前跨一步。因为这一步跨出去，比他们过着一成不变的生活难受得多，于是找出各种理由为自己解脱，把自己的命运交与上帝去安排。上帝非常忙，根本不可能去安排这些连自己都不相信又习惯走老路的穷人。所以这些人无论怎么样，依然贫穷，为温饱操劳一生。

有的穷人跨出了第一步，甚至走了好几步，但是他们都没有坚持走下去，还是因为没有足够的自信。他们的生活因为这几步改变了，他们不像穷人那样穷，也不像富人那样富，比上不足比下有余。他们拥有舒适的工作环境，过着体面的生活，看上去很美，其实则不然。由于没有自信，自己无法主宰自己的命运，习惯于从别人手中赚钞票，永远都有付不完的账单。

穷人没有自信，总是抱怨命运，总结出一句话便是：人之命天注定，胡思乱想没有用。他们说：我们少年无知，青年无助，中年无钱，老年无奈。下乡时吃苦受累，下海时亏本赔钱，下岗时找借无门。命运如此安排，还要我们怎么样？其实很简单，去过穷日子吧，踏实地做你的穷人。

穷人没有自信，所以穷人是恋旧的，特别是留恋旧的生活方式，旧的生存环境，因为他们早已习惯而且适应。这样的生活方式生存环境哪怕一无是处，但只要他们还能在这样的环境中以这样的方式生存下去，他们是不会也不敢去考虑其他的东西，除非迫不得已。

穷人没有自信，所以穷人是经不起第二次打击的，特别是令自己无法左右的打击。他们可能因此感到无奈，甚至失望和绝望，就会觉得苍天与自己作对，自己无法与命运抗衡，就此罢手，甚至一辈子再也不染指这个行业。

（2）富人为什么富？

谁都不是天生就是富人，有的人跨越了穷人和富人的临界点，成为真正的富人。这些人真正地完成了由穷人变成富人的过程。这不能说他们比穷人更幸运，而是他们比穷人更自信。

生活是一笔财富，规则是一种秩序，但它同时是沉重而可怕的束缚。自信的富人打破一切常规，摆脱一些束缚，挣开了世俗的僵局，拥有了财富。他们的腰包里装着财富，大脑里更是财富。所以他们用自信换来了一生的财富。

富人因为自信，总是在不断地尝试着新的生存环境。他们相信只有在新的环境里，才会有新的想法，新的思维，才会重新审视自己，审视时代，才会知道时代需要什么，自己应该做什么。

富人因为自信．所以做事是有目标的，为了实现这个目标，他们去科学地使用各种手段，合理安排人选，全身心投入，做不懈的努力，并且认为出现任何结果都是正常的，都以平常的心态去接受。胜不骄，败不馁，直到实现目标为止。他们认为做得最好的永远是下一次。

富人也会摔跟头，因为自信，头脑会被摔清醒的，明白自己为什么要摔这个跟头，是什么东西把自己绊倒。把痛留在心中，吸取教训，总结经验，爬起来，掸掉身上的尘土，还人生一个微笑，继续前行。他们的路在脚下，更在心中。

富人也会面对无奈的时局选择退缩和等待，但由于自信，他们不会放弃。在适当的时候他们还会站出来，他们需要时机，更需要环境，他们永远都知道自己在等待什么，也相信自己等待的东西在不久的将来会很快出现。

自信的心态、自信的性格决定你的一生，你想成为富人，就勇敢接受挑战、坦然面对现实，做一个自信的人。而若你面对困难感到无奈，甚至失望和绝望，在挑战面前选择逃避，那么你是一个真正的穷人，富人与穷人看你怎么选择了？

第四章

摆脱消极心态，永远向上

劳埃尔·皮科克说："成功人士的首要标志就是他们看待问题的方法，一个人如果经常进行积极思维，他就具有了积极心态，就喜欢接受挑战和应付各种麻烦事情，那成功就已经开始了，而如果一个人消极，经常用消极思维思考问题，那么，他会对挑战俯首称臣，离成功总是差很大一截。"

1. 消极心态要不得

有什么样的心态，就会有什么样的思想，从而就会有什么样的行动，产生什么样后果，积极的心态产生积极的思想做出积极行动，产生积极后果，相反，消极心态则会产生消极的后果。

我们每个人身上都带有一个这样的法宝，这个法宝的一边装饰着四个字——积极心态，另一边也装饰着四个字——消极心态。

这一法宝会让你的生活绚丽多彩，也可让你的生活黯然失色。在这两种力量中，前者——积极心态——可以使你达到人生的顶峰，并让你尽享人生的快乐与美好；后者——消极心态——则可使你在整个一生中都处于一种底层的地位，困苦与不幸一直缠身。还有一种情况，当某些人已经到达顶峰的时候，也许会让后者将他们从顶峰拖滑而下，跌入低谷。

因此，对一个人的生活和事业的成功来说，心态真可谓太重要了。如果你保持积极的心态，掌握了自己的思想，并引导它为你明确的生活目标服务的话，你就能享受到下列良好的结果：

（1）为你带来成功环境的成功意识；

（2）生理和心理的健康；

（3）独立的经济；

（4）出于爱心而又能表达自我的工作；

（5）内心的平静；

（6）没有恐惧的自信心；

（7）长久的友谊；

(8) 长寿而且各方面都能取得平衡的生活；

(9) 免于自我设限；

(10) 了解自己和他人的智慧。

相反，如果你抱着一种消极心态，而又使之渗透到你的思想之中，影响你的工作和生活，你将会尝到下列后果：

(1) 贫穷与凄惨的生活；

(2) 生理和心理的疾病；

(3) 使你变得平庸的自我设限；

(4) 恐惧以及其他破坏性的结果；

(5) 限制你帮助自己的方法；

(6) 敌人多，朋友少；

(7) 产生人类所知的各种烦恼；

(8) 成为所有负面影响的牺牲品；

(9) 屈服在他人的意志之下；

(10) 过着一种毫无意义的颓废生活。

既然如此，那么你是选择积极的还是消极的心态？如果你不选择前者，并且紧紧地抓住它的话，后者就会自动送上门来，两者之间没有任何折中和妥协。那么，你必须在两者中选择其一。

也许有人会反驳说：“事实果真如此吗？我一生中就碰到过许多困难与挫折，每当这些时候，我也读过不少关于积极心态的书，可是仍解决不了问题。”也许还有人会说：“是的，我也认为那一套没用。我的事业正陷入低潮，我也试过积极心态这一招，但我的生意依旧毫无起色。积极思想无法改变事实，要不然我怎么还会遇到失败呢？如果你不承认这一点，那你就像鸵鸟一样，只顾把头埋在沙堆里，不肯面对现实罢了！”

如果你也如此认为，如果你也对积极心态的力量持一种否定与排斥的想法，那说明一点，你并不完全真正了解积极心态力量的本质。一个积极心态的人并不会否认消极因素的存在，他只是学会不让自己沉溺其中。积极心态要求你在生活中的一时一事中学会积极的思想，积极思想是一种思维模式，它使我们在面临恶劣的情形时仍能寻求最好的、最有利的结果。换句话说，在追求某种目标时，即使举步维艰，仍有所指望。事实也证明，当你往好的一面看时，你可能获得成功。积极思想是一种深思熟虑的过程，也是一种主观的选择。那么，什么是积极的心态呢？看看老鼠的心态吧！

约翰·霍普金斯大学的库尔特·理克特博士，曾用两只老鼠做了一个实验：先把一只老鼠紧紧抓在手里，老鼠用尽力气也逃不出去。这只老鼠挣扎一段时间之后，不再抵抗，几乎一动也不动了。这时把它放到一盆水里，它立刻沉了底，根本没有试图游水逃生。再把第二只老鼠不经过手捏直接放到水里，它很快就游到了安全的地方。

这项实验的结论是：第一只老鼠已经知道要改变处境是没有希望的，不管使出多大气力也无济于事，所以它无论采取什么行动都要落空。而第二只老鼠没有经过那样处理，不知道挣扎与尝试是无效的，不知道它所处的环境是绝望的，所以，当它面临必须立刻做出反应的危机时，能够立即采取行动自救。

哈佛大学的丹尼斯·威特勒教授在对那些成功的人们包括奥林匹克的运动员、商业界总经理、太空人、政府领导人等进行了多年调查研究之后，也得出结论说："成功的关键是态度。"他说："在他们和其他人之间有着一条明显的界线，我称其为成功的边缘。这个边缘并非特别环境或具有高智商的结果，也不是优等教育或超人天赋的产物，更是不靠时来运转。成功者的关键，我已发现了——是态度。"

确实，态度可能是决定你取得成功的能力大小的最重要因素之一。自己觉得自己能力不大，成功没有希望，就不但会失去开发自己能力的欲望，而且会抵消你的精力，降低应付环境的本领，从而失去成功的机会。

积极心态并非具有神奇魔力，可以给人凭空变出一份工作。积极心态是靠自己改变心态而产生的，这也就是说走出了消极心态，一个人拥有积极心态，难道还不会成功吗？

2. 积极的态度为你赢得工作

现在大学生就业难，已经成为一个普遍的社会问题了，大学生已经不再是香饽饽了，面对着四处无门、求职难的困境，大学生应该保持积极的心态，面对无奈的现实，这样是可以缓解自身压力的。

现在，随着社会不断发展，高校不断扩招，对于大学生来说就业也是一次智能的大考验。这里不需要眼泪，不需要感情用事，需要的是正确思维，调整心态，智能应对。讲究思维策略，就能够把失败转化为成功。大学毕业生在初次求职面试时，不可能一帆风顺，一路绿灯。被用人单位拒聘，遭遇红灯是常有的事。作为初次应聘求职的大学生，在遭遇“红灯”时该采取什么对策，怎样才能让应聘求职由“山重水复疑无路”，转变为“柳暗花明又一村”，进而使求职获得成功呢？

首先，大学生要学会以一颗平常心态坦然面对暂时失利。初次求职就出师不利，遭到用人单位的拒聘，对求职者来说无疑是一件令人不愉快的事，但作为一个思想上成熟的大学生，在精神上应对此有所准备。如今的就业，是一种双向选择，一厢情愿是不现实的，谁也没把握一炮打响。大学生对初次求职的失利，应抱着一颗平常心，坦然面对首次求职失利的现实，不要与自己过不去，感到泄气和不服气，更不要有这样那样的想法。爱因斯坦大学毕业求职时，为了找一份工作，他曾经写了数十封求职信，寄到各地的中学，向用人单位推荐自己，可这些信最后都石沉大海。寻找工作的艰难和毕业即失业的痛苦，并没有使爱因斯坦的意志消沉，几经周折，后来他在一位同学的父亲的帮助下，终于在瑞士伯尔尼专利局找到了一份小职员的平凡工作。大学生只要相信“自己天生我材必有用”，就会有机会获得自己的职业。

其次，面对拒绝要有一种锲而不舍、知难而进的精神。初次求职就遇到“红灯”，吃了闭门羹，这无疑是对你思想和心理的一大考验。俗话说得好：宁可在一个点上打井，不可随处挖坑。如果你认为此单位是你首选的最佳供职去处，那么你不妨千方百计地去做一番努力，而不要轻易放弃。

有一年春季，在一次毕业生“双选”会上，各方面素质不错的女大学生小杜曾被某著名大油田拒聘，但小杜并不气馁也不怨恨，只是说声谢谢，就礼貌地离开了这个油田的招聘台，又排到了此单位应聘队伍的末尾，继续参加应聘。第二次她又遭到拒聘，可她仍不甘心，又一次礼貌地离开了招聘台，排到应聘队伍的后面。她在这家招聘单位前排了七次，竟一连碰了七次“红灯”，当她第八次来到该油田的招聘台前时，经过多次见面，对她已有所了解的招聘负责人，被她的执著感动了，不等她开口就爽快地说：“我看你这位同学基本素质不错，而且对我们企业情有独钟，我们就签约吧。”“功夫不负有心人”，小杜终于靠自己的不懈努力，找到了一个理想的工作单位。古人云：识时务者为俊杰。当初次求职遭遇“红灯”时，如供职与求职双方的条件差距太大，作为求职者要有自知之明，当机立断，毅然放弃，没有必要恋战。俗话说得好：东方不亮西方亮，山不转水转。我们在求职过程中不妨借用一下。当一次求职没有成功，你就应该考虑再更换一个求职应聘的目标。每一个求职者只要坚信：“留得青山在，不怕没柴烧”；“是金子总会发光的”；经过自己的积极争取和热心推销，一定能够找到一个称心如意的工作。

再者，面对初次求职遇到“红灯”，求职者要善于运用自己的智能和恰到好处的语言，强化彼此之间的沟通，来打动招聘者。这是因为酒逢知己千杯少，话不投机半句多。当年毛遂在向平原君推荐自己的时候，只是一个普通的门客，没有什么显赫的功名，因平原君对他不甚了解而遭到拒绝。但毛遂并不罢休，他解释说：“假如我是一把锋利的锥子，但您不曾把它装进口袋里，又怎样显露出其锋芒呢？”言外之意他是颇有一定才华潜能的，只不过没有表现的机会罢了。平原君听了觉得此话很有道理，就放弃成见，决定允许毛遂跟随自己出使楚国。在谈判不顺利的关键时刻，毛遂挺身而出，发挥了过人的智能和才华，力挽狂澜，说服了狂妄自大的楚王，使其发兵救赵，挽救了国家的安危，名垂青史。某校一位大学生在求职时，其他素质不错，因英语没有通过四级而被拒聘，但这位学生非常机智而诚恳地说：“目前我虽然没通过英语四级，但上次考试我考了58分，毕业前还有一次考试的机会，请相信我有能力通过四级英语考试。如果考不过，你们可以解除我的合同，我甘愿受罚。”招聘者听了这位同学颇有道理的话语，消除了原有的顾虑，遂与之签订了聘用合同。由此看来，关键时刻的一句充满智能的、有分量的、颇能打动人心的语言，也会起到意想不到和一锤定音的效果。由此可见，随机应变也是求职成功不可缺少的一种智能。

最后，降低条件，以退为进，立足之后求发展。当你碰了钉子后，应想想是否因为求职条件太高，如果是应降低自己求职的标准，这无疑是明智的选择。我从某杂志上看到这样一个给人启发的故事：一位留美的计算机博士，毕业后在美国找工作，好多家公司都不录用他。后来，他干脆收起学历证明，以一种“最低身份”去求职，不久一家程序公司录用他为程序输入员。他不嫌弃，工作干得有板有眼。不久，老板发现他能看出程序设计中的错误，非一般程序输入人员可比，这时他拿出学士证书，老板给他换了个与大学毕业生相当的工作。过了一段时间，老板又发现他时常能提出许多独到的有价值的建议，此时他又拿出了硕士证书，老板又提升了他。再过一段时间，老板觉得他的业务非同一般，遂“刨根问底”，对他进行“质询”，此时他又拿出博士证书。老板对他的能力已有全面的认识，毫不犹豫地重用了他。常言说得好，高处不胜寒。不怕别人看低，怕的是人家把你看高了。被人看低了，你寻找机会去展现自己的才华，让别人对你刮目相看，你的形象就逐渐高大起来。与此相反，如果被人看高了，刚开始让人觉得你多么了不起，对你寄予厚望，可你随后的工作表现却让人感到失望。俗话说，退一步海阔天空。作为初次求职就遇到拒绝的大学毕业生，在再次求职应聘时，采取以退为进，从基础做起的策略，不失为一种明智之举。

如果你现在正面临就业问题，不妨按这些建议行动吧！

3. 怀有积极心态，赢得智能

无论动物或人，如果有积极心态，认准明确目标，不断往前走，即使前面困难重重，也会积极应付，克服困难，直到成功。

还记得《西游记》中被小白龙吃掉的那匹马吗？实际上唐僧取回真经自始至终都是骑着这匹马，小白龙只是吴承恩虚构的。唐太宗贞观年间，在长安城西的一家磨坊里有一匹马和一头驴子。它们是好朋友，经常在一起谈心。马的工作是在外面拉车，驴子的工作是在屋里推磨。而这匹马就是那匹小白马。

贞观四年，这匹马接受了一项艰巨的任务，被玄奘大师选中，驮着唐僧去天竺国大雷音寺取三藏真经。十三年后，这匹马跟着唐僧经历了千辛万苦，驮着佛经回到长安。唐僧受到重赏，而马不是人，不可能受赏，所以又回老地方重操旧业。

朋友见面，老马跟驴子谈起了旅途的经历。

驴子听马讲了很多见闻：浩瀚无边的沙漠、高入云霄的峻岭、火焰山的热浪、流沙河的黑水……

神话般的故事，驴子听了大为惊异！

驴子惊叹说：“马大哥，你的知识多么丰富呀！那么遥远的路程，那种神奇的景色，我连想都不敢想。”

老马说：“我们走过的路程是差不多的。”

驴子不理解：“哪里？我的确一点儿见识都没有长！”

马说：“你想，我往西不断走的时候，你不是一天也没有停止拉磨吗？不同的是，我同玄奘大师有一个遥远而明确的目标，始终按照预定的方向前进，我采用积极心态，不把沿途的困难当成困难，只当是沿途中的趣闻。所以我们开了眼界，而你却被人蒙住了眼睛，一生就围着磨盘盲目地打转，所以永远也走不出这个狭隘的天地。”

古人说，读万卷书，行万里路，看来是有道理的。如果一个人一辈子就读一本书，即使把这本书都背下来了。不用积极心态接触更多的书，更多有用的东西，眼界当然很狭窄的。“半部《论语》治天下”的奇谈是在读了很多书以后的事情，而不是一辈子只读半部《论语》。

所以，一个人有了明确的目标，不断地往前走，即使遇到艰难险阻，只要有积极心态，心情也是愉快的。

4. 积极态度创造奇迹

我们常说积极的心态可以帮你赢得成功，但是我们更应该知道积极的心态可以使人更上一层楼，赢得你意想不到的成功，创造奇迹。

积极心态可以创造奇迹是因为生活是由思想造成的。詹姆士·艾伦曾写过《人的思想》一书，下面是书里的一段：“一个人会发现，当他改变对事物和其他人的看法时，事物和其他人对他来说就会发生改变——要是一个人把他的思想朝向光明，他就会很吃惊地发现，他的生活受到很大的影响。……一个人所能得到的，正是他们自己思想的直接结果……有了奋发向上的思想之后，一个人才能兴奋、征服，并能有所成就。如果他不能奋起他的思想，他就永远只能衰弱愁苦。”

怎样才能用积极的态度创造奇迹呢?

(1) 对你设定的目标，有所期待，相信自己必定能够达成目标。

前美国国务卿柯林·鲍威尔，是牙买加移民的儿子，他从布龙克斯的街巷里走出来，最终成长为参谋长联席会议主席和在美国最受人尊敬的人物之一。在他的畅销书《美国之路》中，他列举了30条他严格恪守的生活准则，其中有不少体现了乐观主义的基本价值。它们包括:

千万不要把事情想象得那么糟，也许明天早晨它就会有转机。

这事儿能做!

不要让任何不利的事实来妨碍你做出一个好的决定。

不要向自己的恐惧退让，也不要轻易向对手妥协。

永远的乐观主义，是力量的加倍器。

像鲍威尔这样的乐观主义者，总是相信权力和控制欲出自自身。

(2) 成功在于不断的坚持

安琪儿·沃伦德童年过的是一种“寄养生活”。动荡的生活使她变成了十足的流浪儿，并且养成了酗酒和吸毒的恶习，然而，悲惨的境遇并没有改变她乐观自信的性格，她经受住了磨难和艰辛，努力改变自己的生活，并在一家冰淇淋店里找到了一份固定的工作。后来，她嫁给了著名的高空杂技表演世家子弟史蒂夫·沃伦德。

婚后不久，他俩去加利福尼亚州演出，以后又去群山中的大贝尔城。史蒂夫在那儿打算训练安琪儿掌握走钢丝技巧，使她成为当之无愧的沃伦德家成员。

安琪儿在3米高处学会了一切必备的技巧之后，史蒂夫便把钢丝绳升到了10米。对安琪儿来说，这简直意味着重新开始。当她从高处往下望时，吓得几乎忘记了学过的一切。她曾经十次从绳上摔下来，幸亏每次都用手抓住了钢丝绳。

训练虽然艰苦，安琪儿却充满幸福感，她说：“每天都要学高难动作。我爱新的技巧，我爱一切。”

随着训练强度的增加，安琪儿右脚踝部的老伤也严重起来——早在安琪儿11岁时，有一天突然踝部剧痛，此后，这个部位受到碰撞，就会疼痛。她的脚踝上方可以明显摸到一个橡胶质般的肿块。

安琪儿还经常咳血，X光拍片显示，肺和脚踝均无异常。医生们仔细查阅了她的病史，对她的踝部进行切片检查，报告出来了，诊断结果残酷之极：恶性平滑肌肉瘤，一种极为罕见的细胞癌！她被安排在希望城国家治疗中心动手术。1987年8月下旬，安琪儿的右腿从膝盖以下被截去了。

在谈及有关将来的安排时，医生劝告安琪儿别指望重返钢丝绳了，许多亲友也反对她再冒险上台演出。

但是，安琪儿顽强地站起来了。动手术后没多久，她先是靠双拐，后来靠手仗，最后靠假肢学会了走路。

截肢4个月后，安琪儿出院了，她着手从事“不可能”的事——重返舞台。

史蒂夫站在钢丝绳下面，密切注视着她的全部动作——她慢慢爬上钢索，全神贯注地迈出假肢，她得用眼而不是用腿去判断位置，还要显出轻松自如的样子，这是多么不容易！而她竟然做到了，史蒂夫欢呼了起来。

然而就在当晚，安琪儿突然感到胸部剧痛，几乎难以呼吸。就医的诊断结果是她已经肺衰竭。

接着她被确诊为患了肺癌。外科医生为她切去了左肺的三分之二。3个月后，又动了一次手术，她的右肺也被部分切除了。身心的一切痛苦，她都用难以想象的意志在克服。

在钢索上，安琪儿天天都感到胸肌像裂开似的疼痛。医生说，那是因为胸骨切开部分的肌肉还没完全长好。事实上，她还不能将手举过头。她还常常感到胸中空荡荡的。

经过了几百个小时的艰苦训练之后，安琪儿又登台表演了，她登上了长35米的钢索，高度为离地14米。就在起步的一刹那，恐惧第一次涌上了安琪儿的心头：身体能行么？我会摔死么？会摔成终生瘫痪么？整整两个小时，她待在台上没有动静。她努力使自己镇静下来，终于踩上了钢绳。她感到35磅的平衡杆越来越重。她花了25分钟才走完35米。

这次表演极大地增强了她的信心。当她体力稍稍恢复之后，就高兴地说道："我干得太精彩了，我有把握重新上台！"

安琪儿重新登台7个月后的一天，一阵熟悉的剧痛又在胸中绞起，她又咳出了血痰。经仔细检测，医生确定：肺癌复发。

宾夕法尼亚州的外科医生与希望城治疗中心的专家一致认为，必须再一次施行切肺手术，他们说："你得作好思想准备——这以后，你就只好永远依附于一台供氧机器为生了。"安琪儿回答说："至少我还可能得救。我知道，只要我活着，即使我的大部分器官被切除了，我还要让生命发出一点光。"

然而，在一系列病情检查之后，得到的结果是：无法动手术。癌已扩散至全肺，无法挽救了。

1990年10月，安琪儿随史蒂夫回到了宾夕法尼亚州阿勒格尼山上的老家。她立即帮助儿子——小史蒂夫拉起了训练用的钢索。她不止一次地向孩子解释：她将死去。

小史蒂夫显然渐渐懂得：没有什么能损毁妈妈的精神，但总有什么东西能损毁妈妈的身体。他焦急地问："妈妈，你死了以后，能重新生出一个身体来吗……"

妈妈笑着答道："我不是已生出了你么。"

安琪儿说："我能留给孩子什么呢？最重要的是：我一定要他记住，

要经常想到自己已有的东西，而别老是想自己没有的东西。一个人如果能充分地运用他所拥有的，那他一定能活得很好。”

海伦·凯勒说：“只要有一线希望，就应奋斗不止。但对无可挽回的事，就要想开点，不要强求不可能的结果。”

一个人想干成任何大事，都要能够坚持下去，坚持下去才能取得成功。说起来，一个人克服一点儿困难也许并不难，难的是能够持之以恒地做下去，直到最后成功。

记住：给自己设定目标，并且对自己所做的事充满自信，不畏艰难，坚持到底则不会有什么事可以打倒我们，只因我们拥有这些积极的态度。

5. 赶快行动

行动就有可能成功，只说不做，你将永远得不到你想要的成功。因此，你必须马上行动，不再犹豫，朝向目标勇往直前！

这个故事大家应该很久以前就听过了，但今天它仍然有讲出来的必要。

很久以前，一天早晨一位商人，他在市场上很快就把货物都卖出去了，兜肚里塞满了金子和银子。他决定马上回家，希望在天黑前赶到家。他把钱塞在背包里，放到马背上，然后骑着马回家。

赶了一大早路，中午，他和仆人来到一座小城，准备休息一会儿之后继续赶路。

这时，仆人把马牵到他的面前说：“主人，马的后掌蹄铁上掉了一只钉子，是不是找个人钉好了再走？”

商人却看都不看懒洋洋地说："随它去吧！我们只有六个小时的路程就到家了，这马蹄铁不会掉下来的，我急着赶路呢！"

下午，他们又休息时，仆人在喂马时发现马左后脚上的蹄铁丢了。

仆人回到房间里又对商人说："主人，马左后脚上的蹄铁已经掉了，我牵它去重新打个马掌吧？"

主人答："随它去吧！再过两个小时就到家，这马还能挺得住。我有急事呢！"

他催促着仆人继续赶路，没走多远，马便开始一拐一拐的，跛了起来。没过多久，马开始跌跌撞撞的了。没走一会儿，马终于跌下去，腿折断了。

没有办法，商人只好将马留下，把背包解下来，背在自己的肩上，一步一步地往家里赶。直到深夜，才回到家里。

他一跨进门就对仆人说："真是倒霉透了！就怪那只该死的钉子。"

我们还读过一个故事，说的也是商人。不过不是这个商人马的蹄铁少了一颗钉子，而是马驮子歪了。马背上驮着瓷器，有人对他说，他的马驮子歪了，应该尽快扶正。可是他一直说"等一会儿再说"，最后，驮子从马背上掉下来，全部瓷器都摔碎了。

中国有一句俗语："小时不补，大了要一尺五。"意思是说。衣服破了如果不尽快缝补，洞大了就要花更大的本钱。无论遇到什么事情，都应该防微杜渐，最好是防患于未然。特别是已经发现险情的时候，更要马上抢险，不要抱着侥幸的心理。很多事故之所以发生，都是这种无所谓的心理造成的。

遇到这种情况，没有什么好犹豫的，行动！行动就是一切！只有行动才会成功，只有行动才可能防止失败。最好别做亡羊补牢之事。

6. 红颜薄命

消极的心态有时会让你后退，有时会让你停止不前，总之这种消极的心态只是阻止你走向成功，是你成功的绊脚石，但是如若一个人过分消极，又找不到克服的方法，则会产生丢失性命的严重后果。

自古红颜多薄命，无论历史上的红颜，还是当代的红颜，好像都走不出这个怪圈似的，不是为情所困，就是为国献身。

闲下无聊，翻出多年以前的剪报夹，看到香港影星陈宝莲在上海跳楼自杀的消息。

陈宝莲的美，是大家一致认同的，这样红颜薄命的人固然让人无限同情、可怜。然而陈宝莲自杀与她的心态是很有关系的，她自己曾跟母亲说过，清醒的时候更难受。她没有很好的心态面对现实，她不能接受生活太多的打击，她只知道一味地沉沦，一味的消极，用酒精和药物麻痹自己，生存对她而言，只有太多的悲苦!

陈宝莲在这种消极情绪的引导下在众目睽睽之下一步步走向毁灭，在这个光怪陆离的世界上表演了一场让人不寒而栗的“真人秀”。她生命的最后几年，就像陷进了泥潭，她挣扎，沉沦，再挣扎，再沉沦，却始终无法自拔，也没有人来解救她。恐怖的前景让她绝望，让她疯狂，到最后，还是难逃一个灭顶之灾——失去性命。

陈宝莲生于1973年，被单亲妈妈养大，从小缺少父爱的她个性比较倔强，做事比较偏激。她天生丽质，15岁就当模特儿，1990年参选“亚洲小姐”进入演艺圈，“亚姐”出身的陈宝莲，拥有骄人身材，加上1.75米的模特儿身高，本来她可以有一个美好光明的前程。然而因为经受不住诱惑，再加上她的妈妈自作主张，一念之差主演《灯草和尚》，从此成为三级片女星，踏上一条走向毁灭的路。

陈宝莲的情路是导致她一味消沉的重要原因。从媒体报道，不管是陈宝莲大闹机场，大闹过去男友家，都是由于她心态没有摆正，爱情不顺，让她不能自拔，不能从自己失恋的世界走出来。陈宝莲是一个为情所困的人，她在失意的爱情里，看不到生活积极的一面，没有克服困难坚持走向光明。1997年她开始服食毒品及药物，1998年，她到台湾上电视综艺节目，传出疑她嗑药而在后台又哭又闹又睡觉的奇异行径。1999年，她曾经到黄任中家楼下大哭大闹，赖着不走。同年她大闹中正机场和香港机场，动用了两地的警察，陈宝莲在机场对着警方怒目而骂，甚至被警方拖着走。1999年12月她远走伦敦依旧出事，在伦敦酒吧出手打一名少女，成为新闻焦点人物。2000年，她在香港放火焚烧自己的住处，理由是要驱鬼。2002年2月，她应邀到台演出偶像剧《再见萤火虫》，只有几句的台词，却因为她恍惚的眼神和几乎丧失的背词能力而让剧组大伤脑筋。另外，她也曾被日本及台湾拒绝入境，在港入住酒店期间曾因为突然精神失常，大吵大闹，被警方列为失常人处理。

事发之前陈宝莲一直停留在上海，并于7月在上海产下一子，孩子出生后即消失。据悉，陈宝莲儿子的父亲是曾在台湾PUB担任DJ的一位25岁美籍华人，但陈宝莲怀孕后两人却分手了，后来陈宝莲身边也出现一位新男友，在上海陪着怀孕的陈宝莲。陈宝莲的母亲表示，陈宝莲产后有忧郁现象以及自杀的倾向。但其经纪人陈孝志透露，陈宝莲自生了儿子后，表现相当正常，丝毫不像过去那样的"恍惚"，他二人一直在商谈未来出书一事。可是没有想到，没有几天，陈宝莲就自杀了。

陈宝莲的一生，就像是一场大家看惯的电影一看开头就预先知道结局是"死亡"的戏。戏的开场，陈宝莲新鲜美艳，到后来精神恍惚、嗑药割腕、闹事出丑，大众通过媒体，"消费"了她的一个个死亡慢镜头，就像消费一种贴上了“恍神公主”标签的产品。陈宝莲后期每次出现在镜头上，都是丑陋失态的镜头，任人批评取笑。

一般观众对陈宝莲的关心与怜悯她是感受不到的，因为距离太远；而那些她最爱的人却没有把她从消极的陷阱中解救出来，才要负最大的责任，仅次于她自己要负的责任。她的母亲把不懂事的17岁女孩陈宝莲送上三级不归路，这可以说是她一生悲剧的开始。陈宝莲的“干爹”黄任中说，她不是一个聪明的女人，很多事她不会想；而作为三级片女星，对她来说更是复杂至极的习题，她始终解不开，终于陷入混乱。她自暴自弃的名言是：“我好不起，但傻得起，不是人人都有条件傻。”她行为反常的日子，产后情绪低落的日子，她的母亲又在哪里呢？女星薛家燕说，陈宝莲不让母亲帮她。

陈宝莲的一跃，结束了这场荒唐的戏，悲凉苦涩的滋味，却在她死后才慢慢散发出来，越捉摸苦味越浓。娱乐圈，不要再有这样的戏了。命运坎坷的陈宝莲终于以结束生命换取了永远的安宁，不免令人唏嘘，希望今后不会再有第二个、第三个陈宝莲了！陈宝莲这种消极处世的方式是不可取的，希望我们能够通过她的例子使得现在年轻人获得某些启示。

陈宝莲是一个鲜明的怀有消极心态生活的人。怀有消极心态生活，人生只有痛苦，结局也只有悲惨，所以我们应抛弃消极心态，积极向上。

7. 杰克的升职

当一个失业工人心中充斥着不满、怨气和仇恨时，他怎么可能尽心尽力去找工作呢？倘若他遇到朋友时，仍然怨天尤人、闪烁其词，你想他的朋友会认为他是一个适当的人选而大力向人推荐吗？所以要想改变自己的命运，就必须及时调整自己的心态，改变自己的思维方式和行为方式，积极面对生活。

杰克这一次可谓遭受重大挫折了，以前所培养起的威信因竞岗失败也丧失殆尽了，一切都得从头再来。

开始的几天，杰克心情低沉，整天无所事事，后来他找朋友大卫聊天，想办法去解脱自己的心情，杰克说："我想离开公司。"而大卫说："你以前可以干得很好，别因一次小失败而放弃，要抱有积极心态，勇敢向往。"

杰克相信大卫的话，不但没有离开这家公司，而且还更加爱岗敬业。抛弃那次竞争给他带来的影响就像那场竞争从没发生过一样，杰克兢兢业业，勤勤恳恳，分内的工作做到圆满，同事的工作也是能帮上忙就全力帮忙，对公司上下所有人都友好对待。杰克积极向上，不问结果，只求做到最好。

又是一年春季了，阳光明媚柔和。杰克像往常一样，穿着得体，步伐从容地拎着公文包去上班。

刚进办公室，总经理秘书打来电话，告诉他总经理要见他，杰克有些意外，这可是几百人的大公司，总经理召见一次可不是常见的。但杰克已经变得沉稳多了，不卑不亢、从从容容来到老总办公室。

"杰克，恭喜你。经过董事会一致通过，你被任命为总经理助理。如果你没什么问题，希望今天你就到新办公室上班。"总经理平静地对杰克说。

"什么？哦！对不起，总经理，我被提升为总经理助理吗？"杰克真不敢相信自己的耳朵。

"是的，杰克。"总经理亲切地笑着说，"千真万确。"

"谢谢，谢谢总经理……"杰克总算恢复了一点平静，"冒昧地问一句为什么提升我？并且又一下提的这么高——比部门经理还高一级。"

“是的，有很大的原因。”总经理解释道，“你被观察了几个月，你积极的人生态度决定了你的升职……”

杰克高兴得连怎么从总经理办公室出来的都不知道，在走廊里不停地有人恭喜他，他只想快回办公室，想快点让一个人跟他分享这份喜悦。当然，这个人就是大卫。

“嗨！大卫，我是杰克。听我说，我又发现成功的一个资本……对，一个重要的资本——积极的人生态度……”

积极的人生态度可以帮你摆脱昔日的痛苦、忧愁，正视生活现实，积极行事，甚至可以帮你创造你想都想不到的机会，助你取得成功，试想一下，杰克如果没有积极面对这次事，而是消极的选择离开，他现在说不定在另一个公司，在基层重复着相同的工作呢？

8. 永不停止的奋斗

比尔·盖茨是一个不断进取的人，他总是事先想好后面要走的许多步，而且想得很多，面对困难从不放弃，坚持永不停止的奋斗。在不断进取的路上，他学会了对商务的独到分析，培养了超然的态度。他清晰地知道在计算机这样一个瞬息万变的产业中不下决定才是最大的危险。他知道风险应与收获齐头并进，有多大的风险，就会有多大收获。

比尔·盖茨在接受一家经济杂志专访时谈到：“开创公司将花费你的许多精力，这时你最好克服自己在冒险的感觉。而且我也不赞同你在创业的开始就创办自己的公司，为别的公司工作，学习他们的经验，这十分重要。拿我们的公司举例，保罗·艾伦和我害怕别人会抢在我们前面而创建了公司，后来证实我们本来可以再等上一年的。事实上，开始创建时发展十分缓慢，但是从头做起对于我们来说也十分关键。我当时太兴奋了，根本没意识到这一切是在冒险。事实上我完全有破产的困难，但我拥有的几项技能使我还不至于失业，而且退一步想，即使失败我也满足了父母心愿，因为我的父母也要我回到哈佛大学完成学业。当我开始雇佣我的朋友并支付给他们薪水的时候，我开始感到害怕。后来我们也目睹了用户破产的经历，我们本以为他们会支撑过去。所以我自然而然地采取了极端保守的方法，即使我们没有一分钱入账，我还是想把够支付一年工资的钱存入银行。我几乎一直在这么做，我们现在账面上大约有100亿美元，这足够支付明年的薪水了。”

盖茨正是在这种不屈不挠精神的支持下一步一步发展建立了他的“软件王国”。身价已数百亿，他可以随时退休，然而他丝毫没有停下来的意思。

许多与盖茨同时创建公司的同龄人都已退出战场或是站到一旁。这其中包括他早期的伙伴保罗·艾伦（他由于患有霍奇金病而被迫离开微软）。尽管也有那么一两个当初的计算机天才小子试图回到这个产业中来（这其中包括史蒂夫·乔布斯，最近他返回苹果公司），但盖茨是一直坚守在阵地的斗士。

其他人或是出局去写书，开创新公司或者去享受生活，然而盖茨一面写书一面招架反垄断的诉讼，同时还要对信息高速公路作出反应。在最近一次被问到他将如何成为网络技术的主要玩家时，他回答说：“事实上，我们大多数的操作系统对手都已经筋疲力尽了。好啊，我们现在又有了新的对手，做落水狗的滋味也不错。”但是，一个不争的事实就是这只落水狗仍然犬牙锋利。

比尔·盖茨这样的人都还在不断奋斗，不断进取，而我们这些平凡人难道不应该为了自己的目标不断奋斗，不断进取吗？人应该完成一个目标之后再建立新的目标，再次奋斗，再次进取。应该是活到老，奋斗到老。

9. 消极心态，排斥财富

消极的心态是失败、颓废的源泉，它会使人失去希望，面对失败而哀叹，更会催化人的死亡，人要学会遏制消极心态，不让消极心态左右你，使你成为一个失败者。

积极的心态能吸引财富，但消极的心态只会离财富越来越远。只因有积极心态者，会不断地努力，直到取得了要寻找的财富。虽说你一开始就以积极心态出发，向前迈出你的第一步。但你随时可能受到消极心态的影响，当你距离到达你的目的地只不过一箭之遥时，你却停下来了。

这里有一个很好的例子：这个故事的主人公叫做奥斯卡。1929年下半年的某一天，他在美国中南部的俄克拉荷马州首府俄克拉何马城的火车站上打算搭乘火车往东边去。他在气温高达43℃的西部沙漠地区已经待了好几个月，他正在为一个东方的公司勘探石油。

奥斯卡毕业于麻省理工学院。据说他已把旧式探矿杖、电流计、磁力计、示波器、电子管和其他仪器结合成勘探石油的新式仪器。

但是现在奥斯卡得知，他所在的公司因无力偿付债务而破产了。他和他的工作伙伴都失业了，奥斯卡踏上了归途，前景相当暗淡。

这时消极的心态开始极大地影响了他。由于他必须在火车站等待几小时，他就决定在那儿架起他的探矿仪器用以消磨时间。仪器上的读数表明车站地下蕴藏有石油。但奥斯卡不相信这一切，他在盛怒中踢毁了那些仪器。“这里不可能有那么多石油！这里不可能有那么多石油！”他十分反感地反复叫着。

奥斯卡由于失业的挫折，受消极心态的影响。他一直寻找的机会就躺在他的脚下，但是由于消极心态的影响，他不肯承认它，不肯接受它。他对自己的创造力失去了信心。就这样，他失去了一次获得巨大财富的机会。

对自己充满信心，是成功的重要原则之一。检验你的信心如何，看看在你最需要的时候是否应用了它。

那天，奥斯卡在俄克拉何马城火车站登上火车前，把他用以勘探石油的新式仪器毁弃了，他也丢掉了一个全美最富饶的石油矿藏地。

不久之后，人们就发现俄克拉何马城地下埋有石油，甚至可以毫不夸张地说，这座城就浮在石油上。奥斯卡就成了这个原则的活生生的证明：积极的心态能吸引财富，消极的心态会排斥财富。

同时，消极的心态还会断绝生活的希望。没有希望，就激发不出希望的动力，消极心态会摧毁人们的信心，使希望泯灭。消极心态就像一剂慢性毒药，吃了一服药的人会慢慢变得意志消沉。失去任何动力，则成功就会离保持消极心态的人越来越远。

消极心态者，对将来总是感到失望，在他们的眼中，玻璃杯永远不是半满的，而是半空的。

结婚多年的夫妇行为逐渐变得一样，甚至连外貌也相似，而心态的同化是最明显不过的。跟消极心态者相处得久了，你就会受他的影响。接触消极心态者就像接触到原子辐射，如果辐射剂量小、时间短，你还能活，但持续辐射就会要命了。

有什么样的心态，就会有什么样的自我评价，消极心态者不但想到外部世界最坏的一面，而且总想到自己最坏的一面，他们不敢企求，所以往往收获更少，遇到一个新观念，他们的反映往往是：“这是行不通的，从前没有这么干过。没有这主意不也过得很好吗？这风险冒不得，现在条件还不成熟，这并非我们的责任。”

《圣经》里有句箴言说：“他的心怎样思量，他的为人就是怎样。”

换言之，人们相信会有什么结果，就可能有什么结果。人不相信他能达到的成就，他便不会去争取。当一个消极心态者对自己不抱很大期望时，他就会给自己取得成功的能力“膨”的一声封了顶，他成了自己潜能的最大敌人。

总之，你会失败、颓废是因为你有消极的心态，并用消极的眼光看待生活，如果你想成为一个成功者，快乐生活就需要遏制你的消极心态，别让它左右你一生。

10. 让心态随风而飞

一位伟人说：“要么是你去驾驭生命，要么是生命驾驭你，你的行为将决定：谁是坐骑，谁是骑师。”生命的意义在于不断的追求，不断的自我完善，只要我们具备了良好的心态、良好的习惯、完善的品性等作为一个伟人所必备的素质，从而我们就会有好的行为，好的作为。

成功人士善于控制心态。懂得心态是人情绪和意志的控制塔，是心态决定了行为的方向与质量。

做一个这样简单的实验。在一个大教室里，如果你周围有熟人、朋友，也有你不认识的人。当要求每一个人与四周的人握手致意时，人们将怎样想怎样做呢？有的热情，有的勉强，有的做得好，有的做得不好；有的就只找认识的人，否则就不愿做……

握手应该人人都会吧，既不需要知识、阅历，更与智商技能无关，而仍然质量参差，因人而异，就因为握手的对象不同时，你的心态不同。

心态就是一种内心的想法，是一种思维的习惯状态。荀子说：“心者，形之君也，而神明之主也。”意即“心”，是身体的主宰，是精神的领导。

心态不同对待性质一样的事，产生的观点也不一样。战国时卫国有一个叫弥子瑕的人，因为长得俊美而深得卫王宠爱，被任命为侍臣，随驾左右。一次，弥子瑕仅因为母亲生病，就私驾卫王的马车回家探视。按当时卫国的法律，私下使用大王车马者，当处以斩断双脚的刑罚。

卫王知道此事后，不但没有处罚弥子瑕，反而称赞他：“子瑕真孝顺啊！为了生母的病，竟然忘了刑律。”

又有一天，弥子瑕陪同卫王游果园，弥子瑕摘下一个桃子，吃了一半，另一半献给卫王。卫王高兴地说：“子瑕真爱我啊！好吃的桃子不愿独享，献给我吃。”

多年以后，弥子瑕年老色衰，卫王就不喜欢他了。有一次，弥子瑕因小事不慎，卫王就生气地说：“弥子瑕曾经私驾我的车，还拿吃剩的桃子给我吃。”在数落弥子瑕的罪状之后，就罢免了他。

卫王对弥子瑕同一桩事情前后的不同态度，就是因为卫王的心态不同了。“情人眼里出西施”、“爱屋及乌”，这些不平常的举动，就是由于与别人心态不同，对事物的评价也不同，心态在起作用。

古人说：“哀莫大于心死。”这是在强调心态的极端重要性。生活中随时可见不同的人对同样一件事持有不同的看法，并且都能成立，都合乎逻辑。比如同样是半杯水，有人说杯子是半空的，而另一个人则说杯子是半满的。水没有变，不同的只是心态。心态不同，观察和感知事物的侧重点就不同，对信息的选择就不同，因而环境与世界都不同。心态给人带上了有色眼镜和预定频段的耳机，人们于是只看到和听到他们“想”看和“想”听的。

从这个意义上说，我们的境遇并不完全是由周围的环境造成的。

犹太裔心理学家弗兰克在二战期间曾被关进奥斯维辛集中营三年，身心遭受极度摧残，境遇极其悲惨。他的家人几乎全部死于非命，而他自己也几次险遭毒气和其他惨杀。但他仍然坚持客观观察、研究着那些每日每时都可能面临死亡的人们，包括他自己。日后他据此写了《夜与雾》一书。在亲身体验的囚徒生活中，他还发现了弗洛伊德的错误。作为该学派的继承人，他反驳了自己的祖师爷。

弗洛伊德认为：人只有在健康的时候，心态和行为才千差万别；而当人们争夺食物的时候，他们就露出了动物的本性，所以行为显得几乎没有区别。

而弗兰克却说："在集中营中我所见到的人，完全与之相反。虽然所有的囚徒被抛入完全相同的环境，但有的人消沉颓废下去，有的人却如同圣人一般越站越高。"

同样是遭受牢狱之灾，民族英雄文天祥的遭遇和结果与弗兰克不同，但都能在一种稳定的心态下，死死地维护自己的人格。

文天祥被俘后，元朝统治者费尽心机劝降，均告失败。于是重枷大镣，把文天祥囚禁起来，企图通过肉体折磨使他屈服，一关就是四年。

文天祥所处的牢房，是一间低矮狭小、昏暗潮湿的小屋，老鼠成群，恶臭四溢；夏秋之际，度日尤为艰难。

但这种肌肤之痛，文天祥等闲视之，丝毫没有动摇报国的坚强意志。他在被囚中吟唱不绝，以诗歌作为斗争的武器，"如精钢之金，百炼而弥劲。"更是留下千古名句："人生自古谁无死，留取丹心照汗青。"

他向往屈原的九死无悔，嗟叹孔明的鞠躬尽瘁，最终视死如归，舍生取义。

文天祥作为民族英雄永留史册，在于他怀有"忠肝义胆不可状，要与人间留好样"的心态，所以如果想成大事，就要把握自己心态的方向，让心态随风而飞。

11. 积极进取不知满足

在这个高度文明的社会中，不管国家、民族、企业、个人都应积极进取，永不停留，这样才能避免在时代发展的潮流中被淘汰。

三国时期的曹操就用“人苦不知足，既得陇复望蜀”这么一句名言提示出了人不是没有知足的极限，而是不断谋求更大的发展。确实，在人类发展的进程中，如果知足不前，哪会有今天的高度文明的社会？不管是一个国家、一个民族、一个企业，抑或是个人，都应该具有积极进取、永不停留的精神，这样才能在时代发展的潮流中不被大浪淘沙，衰退落伍。

犹太人是具有积极进取精神的，他们无论何时何地都保持着寻求积极面的意识。当然，他们在正视积极面中，并不是忽视否定面，他们敢于面对现实，绝无畏缩或自我陶醉。犹太人凭着积极进取的精神，遇到困难总能设法把它转变为积极面，帮助其克服困难。

两千多年前犹太民族就丢失了自己的家园，在世界各地流浪，流散在世界各地，但他们没有因此丧失志气，丧失民族的凝聚力，而是一代代地传下来，要为犹太复国而世代奋斗，不屈不挠，终于在20世纪40年代中期建立起了以色列国。

犹太人对于个人的事业同样充满着积极进取精神，他们具有面对困难迎难而上的勇气，敢于向厄运挑战。正是这种精神，促使许许多多的犹太人在各个领域中出人头地，业绩卓著。

在商业领域，大财团罗思柴尔德是犹太商人的典型。罗思柴尔德的始祖名为梅耶·亚莫夏，少年时当学徒，由于积极进取，刻苦好学，自己开始经营古董商店，逐步积累资本。他利用欧洲工业革命的机遇，利用资金、情报及自己的智能融合，纵横于英国、法国等欧洲各地进行紧俏货物的买卖，不惜斥下巨资开设银行，开展股票业务，投资铁路、矿业，甚至把自己5个儿子分散在伦敦、维也纳、法兰克福、巴黎等5大城市开设公司，很快把罗思柴尔德家族办成一个跨国大财团。

类似罗思柴尔德的发财致富成功的犹太商人举不胜举，在世界许多地方都有，如连锁先驱卢宾，沙逊跨国集团，金兹堡金融家，报业奇才奥克斯，好莱坞老板高德温，地产大王里治曼等等，均是凭着一双空手，靠积极进取精神，创立他们的企业王国。

在科学技术方面，犹太人的伟大发明，也是举世闻名的。据历史记载，飞船的发明人是都柏林，但有人证实是犹太人大卫·舒华滋发明的。大卫·舒华滋自己建造飞船，经过数次试飞，在接近成功时，不幸猝死，因此，都柏林伯爵向舒华滋的未亡人买到了这一飞船的技术，完成了飞行而一举成名。

发明飞机的莱特兄弟能够名扬世界，在其背后也是有一位犹太人奥多·利安达替他们开飞机促成的。发明直升机的，是犹太人亨利·斐纳。

虽然我们很多人都知道，发明有线电话者为葛拉汉·贝尔。但在贝尔发明成功的1876年之前16年，已经有犹太人试制成电话机，该电话机被收藏在史密苏尼安博物馆展示。

此外，有近百名获得诺贝尔科学文艺奖的犹太人，如20世纪最伟大的科学家爱因斯坦，“氢弹之父”特勒，原子结构理论权威波尔，免疫学奠基人埃尔利希，化学名家赖希施泰因，著名化学家赫维西等等。

还有在文化领域杰出文艺专家有：世界著名画师毕加索，音乐大帅马勒，文学巨匠比亚利克，杰出女作家米林，魔术大师霍迪尼……

犹太人在政治领域也取得了很大的成就。

犹太人被世人称为最具有智慧的人，在生活的各个领域都可以出现犹太人的身影，他们都具有很高的地位，都是成功人士，这是因为他们具有一颗积极进取的心，靠自己的努力去面对现实，排除困难。

12. 抛弃消极，抓住今天

昨天，已经过去，今天还在，而未来也一定在你的计划中，所以如果你昨天消极，那么请你积极抓住今天，并在未来也一样维持积极，牢牢把未来规范在你的计划中。

虚度光阴，是对自己的一种犯罪，是对自己的一种惩罚。

这有一则寓意深刻的例子：

埃斯特·卡西拉买了一幢豪华的别墅后，他每天下班回来，总看见有个人从他的花园里扛走一只箱子，装上卡车拉走。

他还来不及叫喊，那人就走了。这一天他决定开车去追。那辆卡车走得很慢，最后停在城郊的峡谷旁。

卡西拉下山后，发现陌生人把箱子卸下来扔进了山谷。山谷里已经堆满了箱子，规格式样都差不多。

他走过去问：“刚才我看见您从我家扛走一只箱子，箱子里装的是什么？这一堆箱子又是干什么用的？”

那人打量了他一眼，微微一笑说：“您家还有许多箱子要运走，您不知道？这些箱子都是您虚度的日子。”

“什么日子？”

“您虚度的日子。”

“我虚度的日子？”

“对。您白白浪费掉的时光、虚度的年华。您曾盼望美好的时光，但美好时光到来后，您又干了些什么呢？您根本没有去珍惜，您过来瞧瞧，它们个个完美无缺，根本没有用过，不过现在……”

卡西拉走过来，顺手打开一个箱子。

箱子里有一条暮秋时节的道路。他的未婚妻格拉兹正在慢慢走着。

他打开第二个箱子，里面是一间病房。他弟弟约翰躺在病床上在等他归来。

他打开第三个箱子，原来是他那所老房子。他那条忠实的狗杜克卧在栅栏门口等他。它等了他两年，已经骨瘦如柴。

卡西拉感到心口被什么东西夹了一下，绞疼起来。陌生人像审判官一样，一动不动地站在一旁。

卡西拉说：“先生，请您让我取回这三只箱子，我求求您。起码还给我三天吧。我有钱，您要多少都行。”

陌生人做了个根本不可能的手势，意思是说，太迟了，已经无法挽回。说罢，那人和箱子一起消失了。

夜幕悄悄降临，把大地笼罩在黑暗之中。

时光如流水，匆匆而过，不会停留。回首匆匆而过的岁月，我们错失了多少美好时光，珍惜时间，保持积极进取心态，立刻行动起来，做你该做的事。

13. 冠军的战斗

每个人生下来就是冠军，因为你的出生就是一场战争，既然你是冠军，那么你就继续积极进取，克服障碍和困难。

问你一下：“你曾经考虑过你在诞生之前就赢得了许多战役吗？”

在整个世界，在世界的所有时间内包括过去、现在、将来你都是独一无二的，没有人和你一模一样。

有这样一幅情景，为了生下你，许多斗争发生了，这些斗争又必须以成功告终。想想这样一幅伟大的情景吧，多么的有意思。

数以亿计的精细胞积极参加了巨大的战斗，然而其中只有一个赢得了胜利——那就是构成你的那一个！

于是一个特殊的精虫——最快、最健康的优胜者——同等待着的卵子结合起来，就形成一个微小的活细胞，最重要的活人的生命已经开始，你生下来就成了一名冠军，这种情况你以后必定还要面临的。为了所有实际的目的，你已从过去巨大的积蓄中继承了你所需要的一切潜在的力量和能力，以便达到你的目的。

你生来便是一名冠军，现在无论有什么障碍和困难处在你的道路上，它们都不及你在成胎时所克服的障碍和困难的十分之一那么大！让我们看看伊尔文·本·库柏的情况吧。他是美国最受尊敬的法官之一，但这个形象与库柏年轻时自卑的形象大相径庭。

库柏在美国密苏里州圣约瑟夫城一个准贫民窟里长大。他的父亲是一个移民，以裁缝为生，收入微薄。为了家里取暖，库柏常常拿着一个煤桶，到附近的铁路去拾煤块。库柏因此常常感到困窘。他常常从后街溜出溜进，以免被放学的孩子们看见。

但是，那些孩子时常看见他。特别是有一伙孩子常埋伏在库柏从铁路回家的路上，袭击他，以此取乐。他们常把他的煤渣撒遍街上，使他流着泪回家。这样，库柏总是生活于或多或少的恐惧和自卑的状态中。

但是，很快库柏因为读了一本书，内心受到了鼓舞，从而在生活中采取了积极的行动。这本书是荷拉修·阿尔杰著的《罗伯特的奋斗》。

在这本书里，库柏读到了一个像他那样的少年奋斗的故事。那个少年遭遇了巨大的不幸，但是他以勇气和道德的力量战胜了这些不幸，库柏也希望具有这种勇气和力量。

库柏读了他所能借到的每一本荷拉修的书。当他读书的时候，他就进入了主人公的角色。整个冬天他都坐在寒冷的厨房里阅读勇敢和成功的故事，不知不觉地吸取了积极的心态。

在库柏读了第一本荷拉修的书之后几个月，他又到铁路去拣煤。隔开一段距离，他看见三个人影在一个房子的后面飞奔。他最初的想法是转身就跑，但很快他记起了他所钦佩的书中主人公的勇敢精神，于是他把煤桶握得更紧，一直向前大步走去，就像他是荷拉修书中的一个英雄。

这是一场恶战。三个男孩一起冲向库柏。库柏丢开铁桶，坚强地挥动双臂，进行抵抗，使得这三个恃强凌弱的孩子大吃一惊。库柏的右手猛击到一个孩子的唇和鼻子上，左手猛击到这个孩子的胃部。这个孩子便停止打架，转身溜跑了，这也使库柏大吃一惊。同时，另外两个孩子正在对他进行拳打脚踢。库柏设法推走了一个孩子，把另一个打倒，用膝部猛击他，而且发疯似的连击他的胃部和下颚。现在只剩下一个孩子了，他是领袖。他突然袭击库柏的头部。库柏设法站稳脚跟，把他拖到一边。这两个孩子站着，相互凝视了一会儿。

然后，这个领袖一点一点地向后退，也溜跑了。直到那时库柏才知道他的鼻子在流血，他的周身由于受到拳打脚踢，已变得青一块紫一块了。这是值得的啊！在库柏的一生中，这一天是一个重大的日子。那时他克服了恐惧。

库柏并不比一年前强壮了多少，攻击他的人也并不是不如以前那样强壮。前后不同的地方在于库柏自身的心态。他已经不顾恐惧，面对危险。他决定不再听凭那些恃强凌弱者的摆布。从现在起，他要改变他的世界了，他后来也的确是这样做的。

库柏给自己定下了一种身份。当他在街上痛打那三个恃强凌弱者的时候，他并不是作为受惊骇的、营养不良的库柏在战斗，而是作为荷拉修书中的人物罗伯特卡佛代尔那样的大胆而勇敢的英雄在战斗。

把自己想象成强者，有助于我们采取积极心态战胜消极心态，有助于形成坚强刚毅的性格，而这个强者，可以是你心中的任何一个有象征意义的人或动物。

14. 警惕消极话语

我们都在说："抵制消极心态。"但是又有谁发现生活中的一些常用语，一些习惯性的语言，都在反映着你的消极心态，并且有可能影响你保持积极进取心。

消极心态在生活中随处可见，消极话语，在日常交际中也是随时都出现的，所以，我们要在心理上设防，时刻保持积极进取心。

因此，你要时刻注意自己的言行和他人的建议，分辨出其中消极与积极的内容，对许多广为流行的消极话语，也要保持高度警觉，总之，你要戒绝下列各种言词或心态。

（1）"小心一点。"在此我们指出一个道理：凡事但求"小心一点"的人，绝对不可能有什么成就。小心谨慎并非处理问题的正确方式，反之，我们要敢作敢为，积极地驾驭问题。

（2）"别紧张嘛！"当然，我们遇到困难时应该沉着应战，而不是紧张兮兮或歇斯底里。但一般人常挂嘴边的"别紧张"，往往都是要我们故作轻松，这会松懈我们的斗志，使我们出现守株待兔的心态。切勿期待别人能完全替你解决问题，好像解决之道是从天而降似的。"别紧张嘛"的这种心态，不能帮你处理困难以获得真正的轻松，反而抑制了你的才智，扼杀了你主动创造和开发的能力。

(3) “绝不可能的！”这句话真不知道扼杀了多少积极观念！不要把它挂在嘴边，也不要让别人对你灌输这种消费的态度。实际上，只要我们愿意付出时间、精神与耐力，则任何事情都“可能”有解决之道。

(4) “马马虎虎。”你一定有这种经验：你好意问你的朋友最近过得怎样，但他们大都是说：“马马虎虎啦！”这是一句消极的话，虽然无伤大雅，却能在情绪上引起自觉平庸之感，久而久之，更减损了对生命的热爱和工作的干劲。

你要切记：虽然你不能控制环境，使它事事尽如你意，但你却可以控制自己的情绪。你要跟自己说，我过得很好。这不是要你像阿Q般自欺欺人，而是要你调适心态，以便创出一番局面。要知道，整个抱着“还可以”心态的人，是很难有什么“很好”的成就的。

(5) “这就是终局。”没有事情算是绝对的终点；任何事情都是过渡性的，意思是说，每个结束都是新的开始。不要为过程所困扰，因为过程不是终点，更不是绝对的终点。这即古人所云：“山重水复疑无路，柳暗花明又一村”。

总而言之，你要把心灵的频率调好，以聆听辨别出积极消极话语间的差异，进而把后者逐出心灵之外。因为任何难题之解答，总是生于积极进取心态中的。

积极一点吧！做自己的主人，主宰自己的命运，挣脱外在力量的束缚，有效地处理你的问题，虽然有可能不能彻底解决，但加以处理，是利大于弊的。

15. 培养积极心态十四点

消极心态是我们快乐、积极生活的大敌，我们应该摆脱消极心态，培养积极心态。

你必须培养积极心态，以使你的生命按照你的意思提供报酬，没有了积极心态就无法成就什么大事。

心态是你唯一能主宰的东西，主宰你的心态并且要用积极心态来引导它，需要注意以下14点:

（1）切断你与过去失败经验的所有关系，消除你脑海中和积极心态背道而驰的所有不良因素。

（2）找出你一生中最希望得到的东西，并立即着手去得到它，借着帮助他人得到同样好处的方法，去追寻你的目标，如此一来，你便可将多付出一点点的原则，应用到实际行动之中。

（3）确定你需要的资源之后，便制定得到这些资源的计划，然而所定的计划必须不要太过度，也不要太不足，别认为自己要求得太少，记住:贪婪是使野心家失败的最主要因素。

（4）培养每天说或做一些使他人舒服的话或事，你可以利用电话、明信片，或一些简单的善意动作达到此目的。例如给他人一本励志的书，就是为他带来一些可使他的生命充满奇迹的东西。日行一善，可永远保持无忧无虑的心情。

（5）使你自己了解打倒你的不是挫折，而是你面对挫折时所抱的心态，训练自己在每一次不如意中，都能发现和挫折等值的积极面。

(6) 务必使自己养成精益求精的习惯，并以你的爱心和热情发挥你的这项习惯，如果能使这种习惯变成一种嗜好那是最好不过的了。如果不能的话，至少你应记住：懒散的心态，很快就会变成消极的心态。

(7) 当你找不到解决问题的答案时，不妨帮助他人解决他的问题，并从中找寻你所需要的答案。在你帮助他人解决问题的同时，你也正在洞察解放自己的方法。

(8) 改掉你的坏习惯，连续一个月每天禁绝一项恶习，并在一周结束时反省一下成果。如果你需要顾问或帮助时，切勿让你的自尊心迫使你却步。

(9) 要知道自怜是独立精神的毁灭者，请相信你自己才是唯一可以随时依靠的人。

(10) 把你一生当中发生的所有事件，都看作是激励你上进而发生的事件，即使是最悲伤的经验，也会为你带来最多的财富。

(11) 放弃想要控制别人的念头，在这个念头摧毁你之前先摧毁它，把你的精力转而用来控制你自己。

(12) 把你的全部思想用来做你想做的事，而不要留半点思维空间给那些胡思乱想的念头。

(13) 使自己多活动以保持自己的健康状态，生理上的疾病很容易造成心理的失调，你的身体应和你的思想一样保持活动，以维持积极的行动。

(14) 增加自己的耐性，并以开阔的心胸包容所有事物，同时也应与不同种族和不同信仰的人多接触，学习接受他人的本性，而不要一味地要求他人照着你的意思行事。

注意以上14点，并且时刻记得用这14点来检查你的思想，坚持下去，时间一长你便会成为一个积极进取的人。

16. 积极心态帮你远离失败

你失败，可能会找出各种各样的借口，但是有一点是逃脱不了的，那就是你是用消极的心态来看待问题的，因为消极心态会使你失去自信，驻足不前。所以你想远离失败，那就保持积极心态。

在生活中，我们努力一段时间后，就会感到疲倦，然后就想半途而废。其实，上帝所赋予人的巨大精力绝不仅止于此。人只要多努力一点，就可以获取这些能量。只是我们多督促自己一些，便会发现自己潜藏着无限精力。一旦我们真正去推动自己，就能穿透疲乏的层面，发掘下面隐藏的潜力，必会得到惊人的效果。

全身心投入是我们推动自己，激发潜能的秘诀，但是我们很少全力以赴地去解决问题。通常只有到没有退路时才会全身心投入。如果你试着用全部心力去应付困难，你会对自身潜在的精神力量感到惊讶。

你真想去试试看吗？你真想要有战胜失败的力量吗？如果你真的去试，你就一定可以成功。

应把困难当做机遇。戴高乐曾经说过："困难，特别吸引坚强的人。因为他只有在拥抱困难时，才会真正认识自己。"这句话一点也没错。

你自己努力过吗？你愿意发挥你的能力吗？对于你所遭遇的困难，你愿意努力去尝试，而且不止一次地尝试吗？只试一次是绝对不够的，需要多次尝试。那样你会发现自己心中蕴藏着巨大能量。许多人之所以失败，只是因为未能竭尽所能去尝试，而这些努力正是成功的必备条件。仔细查看列出的失败清单，看看过去你是否已竭尽所能，像约翰·托马斯那样努力争取胜利！如果答案是否定的话，试试克服困难的第二个重要步骤是学会真正思考，认真积极地思考。我确信积极思维的力量是惊人的，任何失败均能通过积极思维来解决，你能以积极思维来解决任何问题。看一下这个故事吧！

有一个14岁的男孩在报上看到应征启事，正好是适合他的工作。第二天早上，当他准时前往应征地点时，发现应征队伍已排了20个男孩。

如果换成另一个意志薄弱、不太聪明的男孩，可能会因此而打退堂鼓。但是这个小伙子却完全不一样。他认为自己可以动脑筋，他不往消极面思考，而是认真用脑子去想，看看是否有办法解决。于是，一个绝妙方法便产生了！

他拿出一张纸，写了几行字，然后走出行列，并要求后面的男孩为他保留位子。他走到负责招聘的女秘书面前，很有礼貌地说："小姐，请你把这张便条交给老板，这件事很重要。谢谢你！"

这位秘书对他的印象很深刻。因为他看起来神情愉悦，文质彬彬。如果是别人，她可能不会放在心上，但是这个男孩不一样，他有一股强有力的吸引力，令人难以忘记。所以，她将这张纸条交给了老板。

老板打开纸条，看后笑笑交还给秘书，她也把上面的字看了一遍，同样笑了起来，上面是这样写的："先生，我是排在第21号的男孩。请不要在见到我之前做出任何决定。"

这么一个会思考的男孩，你认为他得到这份工作了吗？相信不告诉大家，大家肯定也猜出答案了。

实际上，你一生中会遇到很多诸如此类的问题。当你遇到问题时，一旦认真进行思考，便更容易找到解决办法。

当你思考问题时，一定要保持积极的思维，才会让每天都是愉快的，每件事都变好。

第五章

克制贪婪，知足常乐

古人云：“人心难满，欲壑难填”。贪婪是每人或多或少都有的弱点。贪婪使我们为获取一点蝇头小利而斤斤计较，甚至沾沾自喜；但更多的时候却使我们被内心的贪欲所蒙蔽、所困扰，使我们遭到更大的损失和承受更大的心理压力，人不能没有欲望，但人却不能只有欲望，如果过分纵欲而毫无节制，那必将作茧自缚。

1. 享乐与现实

人们都想满足自己的每一个愿望，弗洛伊德认为这就是享乐，但是却不得不面对现实的束缚。那到底什么是享乐，什么是现实呢?

人们都生活在现实生活中，受现实原则束缚，但同时又在不断追求，不断享受，下面我们就来讨论一下吧!

（1）“现实原则”是什么?

所谓“生活”，就是在我们能做的范围内调整我们愿意做的事的整个过程。

婴儿每次想得到别人的注意而总是哭喊时，他领悟到他的一切所求不被同样地考虑；成人想买件新衬衣，因为经济窘迫而只好作罢；所爱的女人不愿意和自己结婚，而法律又禁止自己强迫她……这些都是意识的愿望被外界环境否定的种种形式。潜意识心理，某些受享乐原则刺激而产生的欲念常遭到另一个相反的力量的监察。弗洛伊德称后者——相反的力量为“现实原则”。我们每个人都具有这个力量，以来统治我们的潜意识里那些无法无天的要求，并设法改造它们，使它同我们这个充满法律和责任的现实世界相适应。

“现实原则”的典型例子即是法律、命令以及一些外在的需求。它与享乐原则的关系就像坚决的双亲和任性的孩子一样。

（2）“享乐原则”是什么?

婴儿始终企图要满足他的每一个愿望。不管他是需要母亲的拥抱、吃的东西或除去潮湿的尿布，他总知道怎样让周围的人注意他，并了解他的需要。

弗洛伊德认为潜意识心理大体上也像婴儿一样，以相同的方式满足本身的需求——享乐。弗洛伊德所指的享乐并不是一般所谓“有限的个人享受”，他认为这个享乐包含了任何一种解脱的快感，如情绪痛苦以后的松弛或个人潜意识紧张的减除都是。

潜意识心里的愿望和需求像婴儿一样，对法律、伦理和禁忌也一无所知。生活世界里的“可以”与“不可以”对他没有任何意义，他只知道自己需要什么，可能是关爱、重视、力量或者其他的某些东西，若不设法得到是绝不甘休的。

这种冲动在每个人的心理深处造成一个“追求满足力的固定需要——这就是享乐原则”。弗洛伊德认为它是潜意识心理所奉行的“最高指南”。

通过上述的分析，看来现实原则是法律、命令以及一些外在的需求，而享乐原则是内心的需要。

2. 这是一种平常心

从某种角度来说，我们都是射手，都想在生活中一射而中，射手偶尔也会射飞，但是射手最难能可贵的是，他有一颗平常心，等他下次再射时，他可以射中红心。

成功的人士，他们具有野心、上进心，但最重要的是他们具有平常心。用平常心待人处事面对人生的大起大落，淡然视之。

徐相洛是一个值得钦佩的人，他有一颗平常人的心。因为有平常心，所以能够正确地看待自己的过去和现在，在发达时，不把自己看得不可一世、高人一等，在公司倒闭后不把自己看得一文不值、自暴自弃，而是在人生的大起大落面前能够自始至终保持平静的心态。

有一天，62岁的徐相洛穿着侍者的服装，在汉城市中心一家大酒店，学习如何端拿不锈钢盘子。他在那家酒店参加侍者课程培训并对自己能在经济艰难时期找到工作感到庆幸。徐相洛是三美集团前副主席，集团的主要公司三美钢铁是韩国最大的不锈钢厂家。

大公司的副主席做餐厅的侍者，而且还怡然自乐。这在我们看起来简直是不可思议的事情，过去关于公司老板经理在破产后跳楼自杀的事听过不少，而像徐相洛这样身份的人，在企业倒闭后竟快乐地做起侍者来还是第一次听说。面对生活的激流，他能进则进，能退则退，不因为自己过去曾居高位而不甘于低就，而是积极地面对自己的现状，重新做一个自食其力的普通劳动者。这倒应了孟子的一句名言：穷则独善其身，达则兼善天下。

徐相洛不怀念以前的财富，在破产之后可以平静面对生活，不因失去财产而悲伤，这充分说明了他的知足心态。而中国历史上贪恋权贵的李斯却因贪而送命。

李斯生于战国末期，是楚国上蔡人，家族祖辈当年也是宗室大户人家。先祖李属曾是蔡国上卿，统军上万，主理朝政，位居一人之下、万人之上，且家有食邑千户，奴婢无数，后来不知犯了何罪，突然被杀。好在蔡侯仁慈，没搞株连，家族才算留下一脉。族人对此事一向讳莫如深，靠小心谨慎，总算保住了贵族待遇。后来，蔡国亡败，宗族四散。到了祖父一代，早已多辈务农，成了一介草民。父亲早死，又因不是嫡出长子，家里连食田也未分得一分；待到他呱呱坠地之时，家道更为贫寒，好在他还算识文断字，才在郡府里谋了一个看管粮仓的差事。

他的生活总是和老鼠搅在一起。平时看管粮仓，除了记账外，就是与老鼠们搏斗。他如此辛苦地与鼠搏斗，倒并不是为了尽忠职守，管好公家的粮食，而是在捕杀这些老鼠时，有一种治理天下的快感。为了满足自己贪恋富贵的欲望，李斯思前想后，觉得自己该换一种活法了。第二日清早，李斯匆匆离开了上蔡。他决定去兰陵，求见一代儒学大师荀况。李斯这一走，终其一生，没有再回来过。

到兰陵不久，荀况决定收李斯为徒。后来，韩非亦投荀子门下，与李斯同窗数载，两人结为好友。虽说不上情同手足，却也志同道合，常常一同出城游玩。也在一起切磋学业，谈古论今，所谈无非是辅君之道、救国之策及御民之术。

两年之后，李斯学有所成，来到咸阳，恰逢秦王驾崩，13岁的嬴政即位，吕不韦出任丞相。李斯遂投奔吕丞相，在相府里做了一名小职员。后来，李斯因抄写《吕氏春秋》而深得丞相赏识，被吕不韦推荐做秦王的侍卫郎，李斯才得以接近秦王。嬴政也素闻荀况大名，一日突然心血来潮，让太监赵高宣荀况的弟子李斯进见。李斯等待这一天已多年，自然侃侃而谈。李斯向秦王献计，以重金贿赂六国权臣，不受贿赂者则刺杀之，以此拆散六国的合纵之谋。这一谋略卓有成效，李斯因而被封为客卿。李斯贪恋富贵之心终于有了一点点的安慰。

嬴政22岁那年，正式主理朝政，并铲灭了长信侯嫪毐。次年秋，秦王下发逐客令，驱逐在秦的各国说客，并下令免掉了吕不韦的丞相之职。李斯也在被逐之列，但他仍对仕途富贵不死心，决心写封“谏逐客书”，通过宦官赵高上呈给了秦王，秦王读后大受感动，命人追回李斯，不久即任命李斯出任廷尉，掌刑罚。历时一年多的“逐客运动”就此正式宣告结束。

公元前221年，秦王统一六国，他接受李斯的建议，自称始皇帝。秦即将灭六国之前，李斯开始考虑自己是否急流勇退，但其贪恋之心过重，回想起当年自己西入咸阳就算是白走了一趟。若因此惹恼秦王，发个全国通缉，被抓了回来，就更加得不偿失。再说，自己也无处可跑。天下虽大，已快莫非秦土了。最理想的退路，当然是像当年越国的范蠡那样，下海经商，赚足银两，且有美人相伴。思前想后，李斯还是不忍离去。谁知，秦统一六国之后，李斯因直谏废除分封制、推行郡县制而深得秦始皇信任，竟被拜为丞相，权倾朝野，其贪婪的欲望也得到了极大的满足。在李斯的建议下，秦始皇实行了“焚书”的政策，李斯还奉命亲自执行了“坑儒”的大杀戮。这一切举动，其实并不是李斯为秦国安定、秦始皇的皇位着想，而是出于保全自身的需要。

公元前210年，始皇帝出行巡游，中途驾崩，当时只有李斯和赵高在皇帝身边。始皇帝临终之时欲招长子扶苏回咸阳奔丧，并有意立其为一国之君。赵高为取得朝中大权，极力推举嬴政的二皇子胡亥即位，遂拉拢丞相李斯扣留秦始皇给扶苏的书信。在这种生死攸关的关头，李斯考虑到自己一生为了能有今天的荣华富贵，稍有疏忽便会功败垂成，遂接受了赵高的意见。二人假传圣旨，指斥扶苏“不孝”，大将军蒙恬“不忠”，令远在边关的二人自尽。后扶苏自杀身亡，大将蒙恬被囚，终服毒而亡。当年八月底，胡亥在骊山葬了父皇，便在咸阳即了位，人称秦二世。随后秦二世听信赵高谗言，以李斯谋反罪将其“具五刑”、“夷三族”，腰斩于咸阳。

可怜一代政治家、权谋家、学者的最后下场，竟是如此之惨。

正如荀况所讲，李斯成功在于自己的贪欲，位居秦朝丞相，一人之下、万人之上，荣耀一时，权倾朝野，却也死在了自己的贪欲上，终被奸臣赵高陷害，不但身首异处，而且三族性命不保。可惜的是，李斯真正幡然醒悟的时候，已是其跪立于刑场之上了。李斯贪婪之心太盛，以致连身家性命都赔进去了，这样的功名利禄不去追求也罢。

3. 大学生择业

大学生就业难是一个普遍的社会问题，大学生现在遍地都是，找工作是难上加难，而有些大学生却自我估计过高，总想挣大钱，实际上，大学生现在应降低标准，别贪图一时的好处。

在现代社会生活中，常出现这样的状况：有些工作大家争破了头，有些工作却乏人问津。导致大学生就业难的因素之一是毕业生就业期望值过高。其实，对自己过高的估计，会给自己造成一些人为的痛苦。

有一个毕业两年的大学生，直到现在还未定下工作。曾经有一家公司答应要他，可他没去。“那是个老国企，一个月才挣1000多块钱，在北京根本就不够花。”“北京实在留不下，就去上海、去广州，我绝不回老家。来北京念了四年书再回去，也未必能找到像样的工作。”抱有这种想法的学生不在少数。教育部的一项专门调查显示：32.37%的大学生将上海作为第一就业目标，其次是北京，占27.67%，再次是深圳，占12.13%，三者加在一起，达到了72.17%。

华南某大学的一位老师说：“学生们不愿下基层，看不上小企业。一些学生对蓝领工作不屑一顾，学机械的不愿下车间，学建筑的不愿跑工地，学管理的不愿跑市场，大家都想在大城市，在好单位，哪有那么多的好单位，好职位，这样不就造成就业难吗？”某轻工公司人事处栾处长说：“大学生不愿来我们这儿，嫌工资低。就是来了，也不安心。我们每年招百十来名大学生，能留下50%就不错了。”

在新出台的就业政策中，有一条是未找到工作的学生户口可在原校保留两年。因此，一些原本打算与单位签约的毕业生，开始准备另谋高就。据报道，复旦大学一位姓黄的同学已与一家公司达成意向，但因嫌公司规模不大而犹豫不决。考虑到毕业前找不到工作，户口和档案就要被打回河北老家，又不得不签。当听说了这条新政策，小黄便立即取消了签约。对于此种现象，一些负责毕业生工作的老师认为，今年找不到满意的工作，明年有可能更难。所以劝毕业生们一定要抓住机会，过了这个“村”，未必就有好“店”。

学生就业首选大城市、大单位，这是人之常情。但是，如果找不到自己理想中的工作呢？毕竟，人人都满意的“好工作”是有限的。学生们在上学期间，就应对将来的就业有心理准备。不能抱着昨天的就业观念，站在今天就业市场。因此，要根据今后面临的情况调整就业期望值和学习内容。

现在，一个人在一个单位终老的情况已成为过去，因此要提倡先就业，后择业，树立终身学习的观念。这样有助于找准自己在社会中的位置，同时也为今后的发展积累经验。

现在很多毕业生跟随西部的号召，纷纷走入农村，是因为随着我国经济结构的调整和西部大开发、农村城镇化战略的实施，越来越多的毕业生渐渐醒悟，让自己去掉“孩子气”，到基层中去“摔打一番”。于是，选择到西部、到基层、到中小企业去就业的大学生多了。兰州大学新闻系学生周某说：“不管东部还是西部，个人的成长主要靠自己。虽然这里经济状况相对落后，但在这片熟悉的土地上，有我施展才华的机遇。”

“并不是只有大城市、好单位才能施展才华，小地方也能提供机遇。关键是看自己，如果没有真本领，即便到了一个好单位，也随时有被淘汰的危险。”正是因为有了这样的认识，在贵州、山东等地的部分高校，一些学生大学毕业后，主动放下大学生的“架子”，到中专、技校去学习实用技能。

现在绝大多数毕业生在择业中更看重发展空间和机会，而把经济利益放在了后面。北京邮电大学的一位女生说：“我选择单位，关键是看是否有利于能力的发挥，并不在乎给我多少钱。”

在京城有一家非常有名的中外合资公司，前往求职的人如过江之鲫，但其用人条件极为苛刻，有幸被录用的比例很小。

而有这么一位大学生他利用一个很特殊的方式进入该公司，并且坚持自己的提议，而最终也是由于他的提议，他赢得了更大的成功。

这个大学生从某名牌高校毕业，非常渴望进入该公司。于是，他给公司总经理寄去一封短信。很快他就被录用了，原来打动该公司老总的不是他的学历，而是他那特别的求职条件——请求随便给他安排一份工作，无论多苦多累，他只拿同样工作的其他员工五分之四的薪水，但保证工作做得比别人还要优秀。进入公司后，他果然干得很出色，公司主动提出给他满薪，他却始终坚持最初的承诺，比做同样工作的员工少拿五分之一的薪水。

后来，因受所隶属的集团经营决策失误影响，公司要裁减部分员工。很多员工无奈地失业了，他非但没有下岗，反而被提升为部门的经理。这时，他仍主动提出少拿五分之一的薪水，并且他工作依然兢兢业业，做着公司业绩最突出的部门经理。

后来，公司准备给他升职，并明确表示不让他再少拿五分之一薪水，还允诺给他相当诱人的奖金。面对如此优厚的待遇，他没有受宠若惊，反而出乎所有人的意料地提出了辞呈，加盟了各方面条件均很一般的另一家公司。

不久，他就凭着自己非凡的经营才干，赢得了新加盟的公司上下一致信赖，被推选为公司总经理，当之无愧地拿到了一份远远高于那家合资公司许诺的报酬。

当有记者追问他当年为何坚持少拿五分之一的薪水，他微笑道：“其实我并没有少拿一分的薪水，我只不过是先付了一点儿学费而已。我今天的成功，很大程度上取决于在那家公司里学到的经验……”

听到这里，大家悟出一点道理了吧！那就是为了以后的更大收获，在当下舍弃一下小利又有何不可呢？

4. 平衡心态，知足常乐

人们都说："知足常乐。"但是真正能做到知足常乐的人又有几个，应该是少之甚少，这是因为人们都有欲望，所以我们应该摆平心态，知足常乐。

知足常乐是一好心态，但是怎样做到知足常乐呢？首先要使自己的心理保持平衡。心理平衡了，自然会不被各种烦恼所缠绕。美国心理卫生学会提出了心理平衡的10条要诀，值得我们借鉴。你不妨看一下，试一试。

（1）不苛求自己。人人都有抱负，但有的人能实现，而有的人却不能实现，这是因为有些人把自己的目标定得太高，根本实现不了，于是终日抑郁不欢，这实际上是自寻烦恼；有些人对自己所做的事情要求十全十美，有时近乎苛刻，往往因为小的瑕疵而自责，结果受害者还是自己。为了避免挫折感，应该把目标和要求定在自己能力范围之内，懂得欣赏自己已取得的成就，心情就会自然舒畅。

（2）尊重他人，与他人为友。有些人心理不平衡，完全是因为他们处处与人争斗，使得自己经常处于紧张状态。其实，人与人之间应和谐相处，只要你不敌视别人，别人也不会与你为敌。只要你对人友好，尊重他人，别人也会对你友好，尊重你的。

（3）不过高要求亲人。妻子盼望丈夫飞黄腾达，父母希望儿女成龙成凤，这似乎是人之常情。然而，当对方不能满足自己的期望时，便大失所望。其实，每个人都有自己的生活道路，何必要求别人迎合自己？

（4）放松一下。在现实中，受到挫折时，应该暂时将烦恼放下轻松一下，去做你喜欢做的事，如运动、打球、读书、欣赏等，待心境平和后，再重新面对自己的难题，思考解决的办法。暂离困境，可以使你十分客观地评价自己。

（5）适当让步。处理工作和生活中的一些问题，只要大前提不受影响，在非原则问题方面无需过分坚持，以减少自己的烦恼。

（6）对人表示善意。生活中被人排斥常常是因为你对别人有戒心，别人也对你生了戒心。如果在适当的时候表示自己的善意，诚挚地谈谈友情，伸出友谊之手，自然就会朋友多，隔阂少，心境自然会变得平静。

（7）找人倾诉烦恼。生活中的烦恼是常事，把所有的烦恼都闷在心里，只会令人抑郁苦闷，有害身心健康。如果把内心的烦恼向知己好友倾诉，心情会顿感舒畅。

（8）助人为乐。助人为快乐之本，帮助别人不仅可使自己忘却烦恼，而且可以表现自己存在价值，更可以获得珍贵的友谊和快乐。

（9）适当的娱乐。生活中适当娱乐，不但能调节情绪，舒缓压力，还能增长新的知识和乐趣。

（10）自我满足。不论是荣与辱、升与降、得与失，往往不以个人意志为转移，宠辱不惊，淡泊名利，做到心理平衡是极大的快乐。

学会以上几点要诀，并坚持做下去，你将会成为一个知足常乐的人。

5. 孩子的知足心

孩子是最天真无邪的，他们痛哭流涕，可能仅仅因为一个微不足道的脸色，也会因一句漫不经心的夸奖而兴奋万分，这都是因为他们那种容易满足的品性在作怪，使得他们总能在人们的举手投足中寻找到快乐。

王先生去朋友家做客，出来开门的是朋友三岁半的宝贝女儿小昆，她一见面就问王先生：“叔叔，你知道毛毛发生什么事了吗？”（毛毛是他们家新近抱养的一只小狗）

“怎么啦？是不是毛毛病了，还是死了？”“不要难过小毛头，明儿叔叔再给你买一只来。”“不是的，难道您不知道，我的小毛毛长了呀！”说完她一蹦一跳地拉着王先生到了她的狗房子前面，让他看她的毛毛。

听到这个故事，你有什么感叹。是啊，为什么我们成年人遇事总是会往灰暗的方面想呢?

老王的小孩从学校回来，他兴奋地告诉老王：“爸爸，我被评为好学生啦！看，还有一朵小红花呢！”

“好儿子，真争气！”老王高兴地拍了拍儿子的脑袋，夸奖着自己的孩子。然后又习惯性地问道：“儿子，你们班上评上好学生的人不多吧？”

“大家都评上了好学生！”孩子得意地答道。老王听了儿子的回答，满脸的笑容立马不见了。

又有一次，老王的儿子参加了学校的田径赛跑，在200米比赛中，儿子得了第二名，回到家后，孩子一边拿出奖状向父亲邀功，一边上气不接下气地向父亲描绘着那场“激动人心”的比赛。父亲看了看一脸兴奋的儿子，惊讶地问：“小超，每次赛跑，你不都是第一名的吗？这次跑了第二你怎么会如此高兴？”

儿子却高兴地说：“老爸，您不知道，那个最后跑第一的让我追得有多惨，跑完比赛都快趴下啦！”

小孩子固然懂得的事不如我们大人多，但是他们却知道怎样想才是最快乐的，难道这一点还不值得我们学习吗?

再做一次孩子吧，尽管可笑，但它却能让我们的那颗在凡世尘埃中已污浊暗淡的心灵产生一些新鲜的感动，在今天这个时代，有很多奇妙的事，就是有不少人以自己的幼稚、单纯、天真、“长不大”为自豪，因此，有人讽刺说，这个时代是个“装嫩”的时代。但有一点需要弄明白，向小孩子学习与“装嫩”是两个全然不同的概念。前者是心灵上的东西，而后者则是表面上的粉饰。

那么我们怎样才能回归小孩的那种快乐感觉呢？

其一，保持欢笑。

儿童爱笑，常常会因为一点小的事情而笑起来。如果你平时笑得少，就该试着改变一下自己。不要总是那么严肃，多笑一笑，你会感觉到心灵的轻松。

其二，拥有幻想。

拥有丰富的幻想的儿童，对于他来说幻想不仅仅是一种乐趣，也是生活中最积极的一面。在梦幻里遨游的时间越长，得到的启示就会越多，也就会越具有创造力。如果喜欢历史，特别是科技史，会发现有许多伟大的发明都是由一些近似荒诞不经的幼稚幻想而来。所以如果你想快乐就常常保持幻想。

其三，保持主动性。

健康儿童好动而富有冒险精神，然而成人最容易压制自己的和自己孩子的主动性，给他们造成了一种对未知事物的恐惧感，也打击了他们对生活的那份好奇心。所以，下一次，当听到朋友凭一时冲动建议去做某事而你又感觉“我办不到”时，就去问问自己是否为总是说“不可能”而惋惜，去顾及一下你那颗久已失落的童心的建议吧！

其四，学会接受。

当一个婴儿来到世界上，他不会想到世界与他的认识会有什么不同。孩子们认为暴风雪是一种自然现象并以其为乐，但许多大人却因为自己的计划被扰乱而焦虑不安。这些大人忘了这一点，不管他们多么生气，暴风雪也仍然如常。那些认为“事情本该如何如何”的年轻人往往因为世界与他们的想象和要求不符而苦恼，纯粹是自找的。

其五，相互信任。

第一次见面的孩子们，开始时他们会很害羞，但他们在很短时间内就可以成为朋友。为什么？因为他们本能地互相信任。

其六，不过分贪心。

我们每天穿梭于繁华的大都市感到生活的疲惫，很大程度上是由于有一颗不易满足的心。当我们买了一辆自行车的时候，我会想：“要是能买上一辆摩托车该有多好啊！”一旦我们买回了摩托车，就会想到去买汽车……小孩子也有欲望，但是他们的欲望却远非物质的，而更多的是心灵上的。听到过这样一个故事吗？一个小女孩因母亲说她夜晚拿着蜡烛在房间走来走去，像个天使，于是她就终日盼望着停电，以便再次扮演“小天使”。

孩子因为感到满足而快乐，而他们的满足感来自一些很平常的事情，在我们看来是没什么的，但他们却能从很平常的事中感到满足，我们何不学一下孩子们。

6. 平淡出真，平淡是爱

爱有很多种，表达爱的方式也有很多种，有的人热情表达，有的人轰轰烈烈去表达爱，但也有的人表达方式是平淡的，这是因为平淡出真。

爱有很多种，无私的爱、友好的爱、真态的爱、伟大的爱……然而伟大的爱毕竟有限，多的是平平淡淡之爱，而平淡的爱不等同爱得平平淡淡。只要爱得执著，爱得一丝不苟，就很伟大，就是一种伟大的爱。爱与被爱，同样是一种幸福。

同学梅讲了她父母的一个故事：

某天，梅的父亲旅美归来，在带来的五颜六色的礼物中，有一枚沉甸甸的黄金戒指。戒指是送给母亲的，很大，很重，只是样子很老式，戴在手上，像套了一枚大铜环，看着母亲珍爱地套在手上反复抚摸，梅和妹妹笑得前仰后合，笑父亲："什么年代了，送这么老土的戒指。"

父亲笑而不答，母亲却潸然泪下，喃喃地只是反复地说："一样呢，真是一模一样呢。"

她们弄不明白母亲在说什么，而父亲告诉了她们一个关于戒指的故事。感动得她们一塌糊涂。

她父母结婚的时候，家中生活并不宽裕，祖母送给他们的唯一的结婚礼物就是一枚金戒指，戒指式样很古老，却也是父母当时唯一值钱的一件结婚纪念品。

1966年，"文化大革命"爆发，父亲没能避免，这一天，父亲被叫进学习班，一位好心的邻居悄悄通知母亲："马上就要来抄家了，快把值钱的东西扔掉，抄出来就要打成反革命。"那时候，家中没什么值钱的东西，除了那只戒指，母亲惊恐地用一块手帕包着那枚戒指，在大门口来来回回地走，怕得不知怎么办才好，这时，正巧一辆垃圾车从门前过，母亲便顺手将戒指放在了垃圾上。

随后，抄家的人来了，挖地三尺也没找到什么，只好败兴而去。

"我们幸免了一场灾难。"父亲说，"只是你母亲为此哭了一次又一次，说她丢了我们的结婚信物。你祖母几次问起这只戒指，我们也不敢直说，只说还收在柜子里。"

后来，虽然父亲一直说要为母亲再买一枚结婚戒指，却因为没有闲钱，便一直拖了下来。这一拖，便拖了二十年。

父亲说："在美国这么多年，时时想着的就是这枚戒指，而美国大大小小的商店里，竟再也找不出这样一枚式样古老的戒指，最后，只好凭自己的记忆画个纸样，请商店依样打造，结果，花的手工费比这戒指的金子还贵。”

这一刻，梅心中的感动竟不能自已，想父母在这失落了戒指的二十年中，不是已经找到了那一份比戒指更为珍贵的情感吗?

父亲旅美回来的那年秋天，她们全家请了假回故乡看望年迈的祖母。祖父早已去世，祖母也差不多快90岁了，两眼昏花，耳朵也不灵了，那一天，母亲坐在祖母身旁，将戴着戒指的手伸过去，说：“妈，您看，这不是您送我的结婚戒指吗？”

老眼昏花的祖母拉了母亲的手摸了又摸，看了又看竟没有看出这戒指已不是当年的戒指。祖母流着泪，对父亲说：“这戒指，是1927年我结婚时，你父亲送我的结婚戒指，你们要好好保存啊。”说完，祖母放开母亲，从床头柜拿起镶着她与祖父合影的照片，擦了又擦。

这一刻泪水已悄悄占据了梅的双眼。整整六十年，六十年人生坎坷，六十年风云变幻，虽说戒指已不是原来的戒指，只是，这一份情感，地老天荒，竟不曾改变。

从故乡归来，母亲便收起了戒指，梅问她为什么不戴，母亲笑笑说：“这么大年纪了，还戴什么，留着你出嫁时给你当嫁妆吧。”这时父亲便望着母亲笑，说：“你别傻了，她又怎么会要这么老土的东西。”

看着相携走了大半人生之路的父母，想着那枚历经六十年风风雨雨的戒指，梅悄悄祈祷，希望上苍能给予她这一份永恒的情感，如祖辈父辈们一样，拥有一份情感，长相厮守，矢志不移。

下面一则故事教给我们：既然选择了远方的茅舍，就要拒绝眼前海市蜃楼的诱惑。

那几年，康眼看着玩伴儿们一个个成家立业羡慕得要死，每日蒙头在被子里，痴心妄想：明日或许喜鹊临门，自己竟做了谁家的乘龙快婿，也未可知。

一次旅途，他和一位小姐萍水相逢，献殷勤、留名片、用尽浑身解数，这才手到擒来。朝不见必晚上见，一日不聚，怅然若失。

“我不能同意。”未来的丈母娘斩钉截铁，脸色就像霪雨天，阴云密布。在她看来，未来的乘龙快婿绝对不能像康那样。

康明白自己的弱势，可他深谙一道：情人眼里出西施！

他们风风火火赶到办事处。

“同志，我们来领结婚证。”

“请出示单位证明。”

“我们是自由恋爱。”康与女友不悦，以为办事处同志有意刁难。

好不容易有了合法关系，一时三刻也等不及，当天就租了房子住进去。空荡荡的屋里，只有墙，只有屋顶，只有两人合在一起的旧被、旧床单、旧褥子。地板是床，窗外的路灯是他们的“花烛”。那一夜的疯狂，如久旱遇甘露，竟是往后再也不曾达到的爱的巅峰。

他们开始了渴望已久的婚姻生活。上班盼着下班，回途想着买什么菜，做什么饭，吃了上顿又想下顿，满脑子的油盐酱醋米面煤，过着普通夫妻的生活。

有朋相邀，康已习惯支支吾吾，不像从前那样挥之即去，潇洒风流。偶尔，也撒弥天大谎，也灵验过，也露过馅。起先还耀武扬威，久了竟无棱无角。每遇战事，多半是自己缴械投降，倒落个“气管炎”的绰号。

康心里却闷得慌，常把快乐的单身汉生活挂在嘴上。一日，与妻闹了别扭，就找了个哥们儿喝酒，酒逢知己千杯少，醉得一塌糊涂，不免胡言乱语：“兄弟，人不结婚多好！独来独往，无拘无束，何等逍遥！如今你看，家就像个紧箍咒，把你箍得死死的，怎敢轻举妄动！”说罢迷迷糊糊，伏案不省人事，倒去梦游“女儿国”。

醒来已是次日的清晨，燕语悦耳，花香迷人，朋友送他到街口。说道：“我想，婚姻是一眼井。”

朋友说得漫不经心，康的心却豁然亮堂，越嚼越觉着有味道。

的确，婚姻是一眼井，神神秘秘，从外边看不到里边，就想跳进去，失去了自由，却也得到了井底之泉，饱餐渴饮，倒也取之不尽、用之不竭。

于是，勇气陡生，康发誓终了一生，也要守住自己那一眼井，自己不出去，别人也休想进来。

爱让人欢喜让人悲，有的爱，海誓山盟、缠绵缱绻、聚散终有时，一次爱个够；但是有些爱是平平淡淡、无怨无悔、幸福甜蜜，只因平淡出真。

7. 石油帝国人的知足

人类的知足可分两方面：在事业上永不满足和生活上感到知足，知足使人平静，安详达观、超脱、相对意义上的知足常乐，在绝对的意义上不因为知足而放弃承担，不因为常乐而毁于安乐，如此书写的人生，虽不算高的，但却活得有滋有味。

美国著名的“石油大王”洛克菲勒，历经几十年的努力，将自己的事业推向巅峰，使洛克菲勒集团最终成为全美十大财团之一，它拥有美国乃至全世界最大的石油垄断财团——美孚托拉斯，到20世纪70年代中后期，其资产据保守估计已达50亿美元。当今美国生活从政治、经济到军事、文化，各个领域无不打上“洛克菲勒王朝”这条石油巨鳄的烙印。有一位国际问题专家曾说：“也许梅隆家庭和其他少数几个家庭也许比洛克菲勒家庭还要富一些，但是从统治着从华尔街到华盛顿的权势集团中来看，洛克菲勒家庭的力量是无法比拟。”洛克菲勒王朝已兴盛了一百多年，传了三代人。尽管每代各有建树，都有元勋，但真正使本家族成为石油巨鳄的还是第一代创业人约翰·洛克菲勒，他建立的美孚托拉斯奠定了洛克菲勒王朝巨大财富的基础。洛克菲勒自己也成了美国的亿万富翁。可以说，洛克菲勒在自己的事业追求上是永不满足的，然而，在生活当中他却精打细算，对自己的现有生活状况十分满足，在富商阶层中树立了勤俭、朴素的良好形象。因此，在美国商业中洛克菲勒成为既知足又不知足的典型。

约翰·洛克菲勒，1839年7月8日生于纽约州西部一个农场。洛克菲勒作为长子，他从父亲那里学会了讲求实际的经商之道，又从母亲那里学到了精细、节俭、守信用、一丝不苟的长处，这对他日后的成功起了莫大的帮助。同时，母亲的节俭、朴实精神对洛克菲勒晚年热心慈善事业、生活追求简朴、对生活持有知足的心态有着很大影响。

14岁时，洛克菲勒迁居克利夫兰。洛克菲勒在年轻时进过几个学校，最后一个是商学院。他有时也在家里的农场干些活（其中之一是把母亲养的鸡卖掉）。1855年9月26日他当上了休伊特——塔特尔商行会计办事员，勤奋工作三年，年薪升到600美元，但他并不满足于此，遂辞职而去。1858年，年仅19岁的洛克菲勒向父亲借款1000美元，加上自己积蓄的800美元，与比他大10岁的克拉克合股创办了一家经营谷物和肉类的公司，这是洛克菲勒生平所办第一家公司。由于经营顺利，第一年就做了4.5万美元的生意，净赚4000美元。第二年年底净赚1.2万美元，洛克菲勒分得6000美元。

1859年，洛克菲勒和莫里斯·克拉克在俄亥俄州的克利夫兰开了一个经纪人的商行。南北战争时期，商行的业务很兴旺，洛克菲勒又开始搞一点铁路和地产生意，同时也密切注意着蒸蒸日上的石油业迅速发展的情况。1863年，洛克菲勒、克拉克和他的两个兄弟，还有化学师塞缪尔·安德鲁斯组成了一个“求精石油厂”，这是克利夫兰地区许多炼油厂之一。1865年和1866年，他在克利夫兰买下了50个炼油厂，在匹茨堡又买了80个炼油厂。为了进一步降低成本，他控制了克利夫兰的车站，并采取了统管生产和销售的全部过程中的纵向综合生产：买下了木材储备和做好的油桶，选了仓库，还设置了船队。此外，他还改组了公司，1867年与另外两位企业家亨利·弗拉格勒和塞缪尔·安德鲁斯组成了合伙关系。三年后，更名为俄亥俄美孚石油公司。美孚公司成立时洛克菲勒曾发誓：要称霸克利夫兰，买下匹兹堡，控制东部，垄断整个美国的石油工业！19世纪70年代，美孚石油公司发展得很快，它继续进行勘探，并巩固它对石油业的控制。在这期间，它厉行节约。清算账目成为一种癖好，价格算到小数点后第三位。他坚持每天早上来工作时，要在他的办公桌上放一份关于资产净值的财务报表。为了节省运输费用，他开始建造输油管，到1876年，美孚石油公司拥有长达400英里的输油管，还有能储藏150万桶石油的集散点。当宾夕法尼亚铁路在19世纪70年代后期进行炼油业又一次挑战时，洛克菲勒打垮了这个当时美国最大的公司，然后又买下了该公司的炼油设备。

1879年6月，美国主要石油巨头云集洛克菲勒的豪华别墅，组建了世界上第一个“托拉斯”石油工业集团，它是最高级的企业垄断集团，由各主要石油企业合并而成，旨在垄断销售市场、争夺原料产地和投资范围，以谋取高额利润。托拉斯设“受托委员会”为最高权力机构，掌握在洛克菲勒和其他三位石油巨头手里。后来，洛克菲勒暗中买通三位伙伴，以极优条件暗中进行股票交换，使大联盟成为实际上的美孚石油托拉斯。接下来，它张开巨鳄利嘴，一口气吞并了近百家石油企业，全面垄断了美国的炼油企业和石油销售，登上了石油大王的宝座。接着又进军世界市场，力图称霸全球。到1890年，全美90%的石油提炼被美孚公司控制。1940年，洛克菲勒控制了全美85%的国内石油市场和90%的石油出口贸易，成了举世闻名的石油霸主，也就为洛克菲勒王朝几代强盛奠定了坚实的基础。

尽管自己成了亿万富翁，但洛克菲勒并不放宽自己的生活标准，没有过分的挥霍，而是对自己现有的生活水平感到十分满足。他一生极为俭朴，近乎苦行僧，从童年到去世，没有抽过一支烟，没有喝过一口酒。他在衣食方面从未有过过多的奢求。洛克菲勒很少为自己买新衣服，穿着方面，他只要求干净整洁。饮食方面，洛克菲勒也是比较随便的，爱吃面包，喝牛奶，餐桌上的食品向来是简单的。他还喜欢吃苹果，在他的卧室窗台上，常常放着一袋子苹果。他几乎每天临睡前都要吃上一个，算是仅有的一点爱好吧。

洛克菲勒对子女的教育也是严格的，但很少打骂孩子。他在生活上比较知足的心态，决定了他在孩子教育方面对金钱的处理是谨慎的。他也要求知足常乐，他的儿子，也是他的接班人小洛克菲勒小时候曾学过小提琴。他没有什么特殊的“优待”，必须和他的姐姐们一样，靠自己打工挣得学费。这在许多人的心目中是难以理解的，认为洛克菲勒太抠门儿，是吝啬鬼。对金钱的严格控制是洛克菲勒的性格，而在某种意义上讲，他的抠门儿与吝啬对孩子的成长是有益处的。

洛克菲勒在事业上孜孜以求的精神，在生活上知足的心态，为世人树立了良好的榜样。亿万富翁都可以做到知足，更何况我们这些平凡人呢?

8. 财富面前保持好心态

不能否认，对大多数成大事者而言，致富的愿望是非常强烈的，同时也以财富为自己成大事的标志，如何实现自己的财富之梦呢?

在经济生活中每个人无时无刻不在面对财富的诱惑，正是这种诱惑才使得人们去努力奋斗，去创造财富。有些人在财富面前失去了自我，利用手中的权力攫取财富；不顾一切抢劫财富；坑蒙拐骗，发不义之财，这些人都是不能正确面对财富。正确的心态应该是靠自己的思想和智能，靠自己的付出和劳动，去创造财富或得到财富。

我们现在正处在改革开放的年代，经济得到飞速发展，口袋也鼓起来了，但很多口袋里有钱的人，总觉得没有过去贫穷时过得快乐，除了社会不安定的因素外，还有面对财富，我们个人心理没有调整好，还不适应这个经济时代。

面对财富，容易产生以下病态心理：

（1）有钱会觉得不安全；生怕别人抢，怕别人惦记。

（2）有钱还想更有钱；总不知足，渴望更多钱。

（3）嫉妒别人比我还有钱；总要与别人攀比，希望更有钱。

（4）捂紧口袋不敢露富，有小农意识。怕别人借钱，不让人知道有钱了。

在财富面前，一旦有这几种思想就会陷入痛苦之中，品尝不到富有的快乐。

其实，面对财富，人应该保持一份平常心态，应该积极地创造财富，快乐地享受财富，尽己所能，知足常乐。

面对财富，人应该做到：

首先，做适当的担忧。有了财富，人就会担心会有人危害自己的生命。因为还有很多的人过着贫穷的生活。在这里请你记住，如果你的财富是通过正常渠道赚来的，就会受到法律的保护，所以，你的担心是不必要的。

其次，钱的来路要正，不取不义之财。很早的时候，美国南部的一个地方，那里用木柴取暖。有一个樵夫卖给人劈柴，有一次，他卖给一家人的木柴没有劈开，买木柴的人要求他把木柴劈小一点，他不愿意，结果，买木柴的人只好自己动手，没想到，一根木柴里面劈出了一个铁皮包着的一卷钞票，一共是2250美元，这位主人吃惊之后，没有想着把这笔钱占为己有，而是找到那位樵夫，追查这笔财富的主人，要把这笔钱还给它真正的主人。

这才是君子爱财，取之有道。不是自己劳动产生的财富，拿了会心里不安的。

再次，不做守财奴，积极消费，享受财富的快乐。赚钱就是为了使人的生活过得更好一点，消费是财富的价值的实现，如果不消费，就不会享受生活的快乐，就会变成一个守财奴。要记住，钱财乃身外之物，不要固守。

最后，树立现代投资观念，让钱流动起来，变死钱为活钱。

财富是现代生活的标志，生活在现代，就要有现代的观念。面对财富，不必遮遮掩掩，想拥有财富的想法是很正常的，正是每个人都有这种想法，才推动了社会经济向前发展。

不管一个人有多么高尚，他如果说："不想发财"，只是一种无能的托词，只要他有发财的机会，有发财的能力，相信他就一定不会放过。

财富是劳动的结果。只有靠自已的劳动致富，不取不义之财，给自己的财富，做合理安排，使钱流动起来，变死钱为活钱，这样就可快乐生活。

9. 不要太追求名利

一个人有名誉感是很正常的事情，追求名誉，也是一种取得成功的动力，但是世上有很多人因太追求名利，而失去很多东西，所以不要太追求名利，别让追求名利成为你的绊脚石。

有这么一则故事，希望你看后，会对你有所触动。刘希夷是唐朝诗人宋之问的外甥，很有才华，是一年轻有为的诗人。一日，刘希夷写了一首诗《代白头吟》，到宋之问家中请舅舅指点。当刘希夷诵到"古人无复洛阳东，今人还对落花风。年年岁岁花相似，岁岁年年人不同"时，宋之问情不自禁连连称好，大赞其才华的同时忙问此诗可曾给他人看过，刘希夷告诉他刚刚写完，还不曾与人看。宋遂道：“你这诗中‘年年岁岁花相似，岁岁年年人不同’二句，着实令人喜爱，若他人不曾看过，让与我吧。”刘希夷言道：“此二句乃我诗中之眼，若去之，全诗无味，万万不可。”晚上，宋之问睡不着觉，翻来覆去只是念这两句诗。心想，此诗一面世，便是千古绝唱，名扬天下，一定要想法据为己有。于是全然不顾亲情起了歹意，命手下人将刘希夷活活害死。后来，宋之问获罪，先被流放到钦州，又被皇上勒令自杀，天下文人闻之无不称快！刘禹锡说：“宋之问该死，这是天之报应。”

谁也不想默默无闻地活一辈子，所谓人各有志，就是这个意思。自古以来胸怀大志者多把求名、求官、求利当做终生奋斗的三大目标。三者能得其一，对一般人来说已经终生无憾；若能尽遂人愿，更是幸运之至。然而，从辩证法角度看，有取必有舍，有进必有退，就是说有一得必有一失，任何获取都需要付出代价。问题在于，付出的值不值得。为了公众事业，民族和国家的利益，为了家庭的和睦，为了自我人格的完善，付出多少都值得，否则，付出越多越可悲。我们所说的忍名让利，正是从这个意义上提出的人生命题。在求取功名利禄的过程中，奉劝各位，少一点贪欲，多一点忍劲，莫被名利遮住眼。

客观地说，一个人有名誉感就有了进取的动力；有名誉感的人同时也有羞耻感，不想玷污自己的名声。但是，什么事都应有度，不能过于追求。如果过分追求，又不能一时获取，求名心太切，有时就容易产生邪念，走歪道。结果名誉没求来，反倒臭名远扬，遗臭万年。君子求善名，走善道，行善事。小人求虚名，弃君子之道，做小人勾当。古今中外，为求虚名不择手段，最终身败名裂的例子很多，确实发人深思；有的人已小有名气，还想名声大震，于是邪念膨胀，连原有的名气也遭人怀疑，更是可悲。

在中世纪的意大利，有一个叫塔尔达利亚的数学家，在国内的数学擂台赛上享有“不可战胜者”的盛誉，他经过自己的苦心钻研，找到了三次方程式的新解法。这时，有个叫卡尔丹诺的找到了他，声称自己有千万项发明，只有三次方程式对他是不解之谜，并为此而痛苦不堪。善良的塔尔达利亚被哄骗了，把自己的新发现毫无保留地告诉了他。谁知，几天后，卡尔丹诺以自己的名义发表了一篇论文，阐述了三次方程式的新解法，将成果据为己有。他的做法在相当一个时期里欺瞒住了人们，但真相终究还是大白于天下了。现在，卡尔丹诺的名字在数学史上已经成了科学骗子的代名词。

宋之问、卡尔丹诺等也并非无能之辈，在他们各自的领域里也已经是很有建树的人。就宋之问来说，即使不夺刘希夷之诗，也已然名扬天下。糟的是，人心不足，欲无止境！俗话说，钱迷心窍，岂不知名也能迷住心窍。一旦被迷，就会使原来还有一些才华的“聪明人”变得糊里糊涂，使原来还很清高的文化人变得既不“清”也不“高”，做起连老百姓都不齿的肮脏事情，以致弄巧成拙，美名变成恶名。

求名固然没有过错，关键是不要死死盯住不放，盯花了眼。那样，必然要走到沽名钓誉、欺世盗名之路。有时，既未沽，也未钓，更未盗，美名便戴到自己的头顶，这又当如何呢?

著名的京剧演员关肃霜就是一个这样的人，有一天在报纸上看到一篇题为：《关肃霜等九名演员义务赡养失子老人》的报道，同时收到了报社寄来的湖北省委顾问李尔重写的《赞关肃霜等九同志义行之歌》的诗稿校样。这使她深感不安。原来，京剧演员于春海去世后，母亲和继父生活无依无靠，剧团的团支部书记何美珍提议大家捐款义务赡养老人，这一活动持续了23年，关肃霜开始并不知晓，是后来知道并参加的。但报道却把她说成了倡导者，这就违背了事实。关肃霜看到报道后，立即委托组织给报社复信，请求公开澄清事实。

李尔重也尊重关肃霜的意见，将诗题改成“赞云南省京剧院施沛、何美珍等26同志”。

第二次世界大战期间，美军与日军在依洛吉岛展开了激战，美军最后将日军打败，把胜利的旗帜插在了岛上的主峰，心情激动的陆战队员们，在欢呼声中把那面胜利的旗帜撕成碎片分给大家，以作终生的纪念。这是一个十分有意义的场面，后赶来的记者打算把它拍照下来，就找来六名战士重新演出这一幕。其中有一个战士叫海斯，是一个在战斗中表现极为普通的人，可是由于这张照片的作用，使他成了英雄，在国内得到一个又一个的荣誉，他的形象也开始印在邮票、香皂等上面，家乡也为他塑了雕像。这时他的内心是极为矛盾的：一方面陶醉在赞扬中，一方面又怕真相被揭露；同时，由于自己名不副实，又总是处在一种内疚、自愧之中。在这样的心理状态的困扰下，他每天只好用酒来麻醉自己。终于，在一天夜里，他穿好军装，悄悄地离开了对他充满赞歌的人世，摆脱了自己的烦恼。

同样得到了飞来之美名，关肃霜和海斯的态度不同，结局也各异。还是东坡先生说得好："苟非吾之所有，虽一毫而莫取。"美名美则美矣！只是对于那些还有一点正义感，有一点良知的人，面对不该属于他的美名，受之可以，坦然却未必办得到！得到的是美名，可是得到的也是一座沉重的大山，一条捆缚自己的锁链，早晚会被压垮，压得喘不上气来。像关肃霜，就活得真实、活得轻松、活得自在、活得安然。

人不要太看重名利，为名为利，只会迷失自己，最终生活在困扰、压力下，时时不得安心。

10. 富可敌国的下场

人们都很贪婪，想得到更多的财富，但是又有谁想过钱财有时也是一把可以杀人的枪，富可敌国的下场也会很可悲。

说起历史上的大贪官，人们自然而然就想到了和珅。说起和珅，其发迹也实属偶然。那是在一次乾隆皇帝出巡的时候，和珅因为聪明机警而引起了乾隆的注意。乾隆对他当时的机智表现十分满意，破格提升他任总管仪仗，以后又派他当御前侍卫。和珅是个非常伶俐的人，乾隆帝喜欢什么，他就做什么；乾隆帝爱听好话，和珅就尽说顺耳的。日子一久，乾隆帝把和珅当做亲信，和珅也由此步步高升。不出十年，从一个侍卫提升到了大学士。后来，乾隆帝还把女儿和孝公主嫁给和珅的儿子。和珅跟皇帝攀上了亲家，那权势更别提有多大了,再加上乾隆帝年老力衰，朝政大事就自然落在和珅手里。

和珅掌了大权，他的心思都放到钱里了，一味搜刮财富。他不但接受贿赂，而且公开勒索,不但暗中贪污，而且明里掠夺。地方官员献给皇帝的贡品，都要经过和珅的手。和珅先挑最精致稀罕的留给自己，挑剩下来再送到宫里去。好在乾隆帝不查问，别人也不敢告发，他的贪心就越来越大了。

一本有关乾隆年间的官吏点评的书中写到：有一回，有个大臣叫孙士毅，从南方回到北京，准备朝见乾隆帝，正巧在宫门口遇到了和珅。和珅一见孙士毅手里拿着一只盒子，就问：“你手里是什么东西？”孙士毅说：“没什么，是一只鼻烟壶。”和珅走上前去，不客气地把盒子抓在手里。打开一看，那只鼻烟壶竟是用一颗大珠子雕刻出来的。和珅拿在手里，看了又看，嘴里连声啧啧称赞，涎皮赖脸地说：“好宝贝！就送给我，怎么样？”孙士毅慌忙说：“哎，不行，这件宝贝是准备献给皇上的，昨天已经奏明皇上了。”和珅脸色一沉，把珠壶往孙士毅手里一塞，冷笑着说：“我不过跟你廾个坑笑，何必那样寒酸相！”孙士毅把那只珠壶献给了乾隆帝。过了几天，他又跟和珅碰在一起，只见和珅得意洋洋地说：“我昨天也弄到一件宝贝，孙大人您看看，能不能跟您上次进贡的那只比？”孙士毅走过去一看，原来就是他献给乾隆帝的那只珠壶。孙士毅嘴里随口应付了几句，心里想，这件宝贝怎么会落到和珅手里，一定是乾隆帝赏给他了。后来，他偷偷打听，才知道和珅是买通太监从宫里偷出来的。

和珅利用他的地位权利，千方百计搜刮财富，一些朝臣和地方官员知道他的脾气，就尽量搜刮珍贵的珠宝去讨好和珅。大官压小吏，小吏又向百姓层层压榨，百姓的日子自然越来越难过了。

和珅可以说在乾隆帝在世这些年享尽了荣华富贵，生活富裕，但在嘉庆四年正月初三日，乾隆帝病逝，嘉庆帝立即设下圈套，不许和珅父子离开皇宫，随后在正月初八日，嘉庆帝以迅雷不及掩耳之势将和珅逮捕下狱，并抄其家。尽管抄家清档多达数十页，每页列举财富30余项，仍不能将其家产一一列尽。据史料记载：和珅家有当铺75家，田地80万亩，金银财宝、珍珠玉器、绫罗绸缎不计其数。和珅居官二十年，平均每年贪污受贿高达4000万两白银。有人估计他的总资产价值8亿两白银之多，比当时国库收入的十倍还多，简直可称得上是“富可敌十国”。不过，这巨额财产可便宜了嘉庆帝，因此后人将此情此景戏谑为“和珅跌倒，嘉庆吃饱”。

和珅入狱后，百感交集。论官，他由侍卫升至户部侍郎兼军机大臣，累官至文华殿大学士；论钱，他窃取了富可敌国的财富。本想让自己并荫其子孙万代安享荣华富贵，谁知事与愿违，落了个身败名裂、家破人亡的下场。他在狱中写下了《悔诗》：“今夕是何夕，元宵又一春，可怜此月夜，分外照愁人。对景伤前事，怀才误此身。余生料无几，空负九重恩。”和珅在狱中天天以泪洗面，痛悔莫及，叩求“万岁爷”开恩，免他一死。但悔恨的泪水和哀求洗不掉他的罪过，50岁的和珅，被宣布犯有二十大罪状，于正月十八日赐死狱中。这个封建历史上的巨贪，以其无与伦比的贪婪心态，永远被钉在历史的耻辱柱上。

人们都想富有，这个想法并没有错误，因为有这个想法，才会不断追求，不断奋斗去实现这个想法，但切忌过分贪心，贪心过重必将受到重创。

11. 鱼死的原因

有贪婪心态的人或动物总希望得到更多，不知满足，结果命运让他失去一切，贪心只会愚弄自己。

有些诱惑使人沉迷某物，而有些诱惑使人失去自我。

有一位书生赶了好几天的路，非常疲劳，于是就在树下睡着了。

书生睡了好几个时辰之后，醒来时还是觉得头昏脑胀，所以决定到附近的河边洗把脸，让自己清醒一些，更有精神，以便能再继续赶路。

到了河边，刚好遇到一位老者钓到了一条大鱼。

书生："哇，好大的鱼啊！"

渔夫看了书生一眼，得意地笑了一下。

书生："你是怎么钓到这么大的一条鱼的？"

老者："这当然需要一些技巧！不然鱼不上钩。"

书生："能说来听听吗？"

老者："其实我也是尝试了好几次才成功的。"

书生："哦，怎么说？"

老者："我在这里钓了这么久的鱼，从来也没有钓过这么大的鱼，所以当我发现它的时候，也觉得很惊喜，心想一定要钓到它。"

书生听得很有兴趣，很期待地追问："然后呢？"

老者："然后，我就按照以往钓鱼的方法，在钓鱼钩上作饵，放在水里去给它吃，谁知道，它根本不理我，我想它可能觉得这个鱼饵实在太小了。"

书生："那就换大一点的啊！"

老者："是啊，于是我就把饵换成一只小乳猪，没想到这方法果然奏效，没有一会儿工夫，大鱼就上钩了，当它吃到鱼饵时，就被我的钓线牢牢地缠住嘴巴，无法动弹，当然就游不走了。"

书生听完后，感叹地说："鱼啊，鱼啊，河里的小鱼小虾这么多，让你一辈子都吃不完，你却禁不住诱惑，偏偏去吃渔夫送上门来的大饵，可说是因贪念而死啊！"

生活在现今这个充满诱惑的世界中，我们需要时时注意陷阱，防止自己掉入其中不能自拔，失去安逸的生活。

12. 天鹅的归宿

每个人都想把自己的爱奉献给值得自己爱的事物，关爱它们但要记得该爱的时候，就给他（她）爱，但不要太多。要给他（她）自由，让他（她）独立飞翔。

朋友说，她的母亲给予孩子的爱就是很适度的，她从不会溺爱孩子。记得小时候，妈妈总讲这么一则故事：有一个叫天鹅湖的地方，湖中有一个小岛，住着一个老猎人和他的妻子。老猎人打猎，妻子养鸡喂鸭，除了买些油盐，他们很少与外界往来。

有一年秋天，一群天鹅来到岛上，它们是从遥远的北方飞来，准备去南方过冬的。老夫妇看到这群远方来客，非常高兴，因为他们在这儿住了这么多年，还没有谁来拜访过。

猎人夫妇拿出喂鸡的饲料招待天鹅，渐渐地这群天鹅就和猎人夫妇成了朋友。它们在岛上不仅敢大摇大摆地走来走去，而且在老猎人打猎时，它们随船而行，嬉戏左右。

冬天来了，这群天鹅竟然没有继续往南飞，它们白天在湖上觅食，晚上在小岛上栖息。当湖面封冻，它们无法觅食的时候，老夫妇就打开他们的茅屋让它们进屋取暖，并且供给它们食物。这种关爱一直持续到春天来临，湖面解冻。

日复一日，年复一年，每年冬天，老夫妇都这样奉献着他们的爱心。有一年，他们老了，离开了小岛，天鹅也从此消失了。不过它们不是飞向了南方，而是在第二年湖面封冻的时候冻死了。

所以付出爱要适度，有时爱多了也是一种伤害，并且致命。该爱的时候就给他（她）爱，但不要太多，要给他（她）自由。

13. 工作并非只为钱

现在，有些人的拜金观念特别强，总是认为我付出劳力，你就要给我相应的报酬，在他们看来工作无非就是为了薪水，但是也有那么一些人认为工作是一种乐趣。

人活着就一定要工作。工作，并不仅仅代表着可以得到薪水，更代表着可以得到更多快乐，更多成就感。如果一个人只是为了薪水而工作，那么他不仅会失去工作的乐趣，也往往会失去更为重要的东西。

在哈佛读书期间，我就遇到过这么一位老板，他本可以好好享受清闲，但他每天都在勤奋工作。我问他：“你工作是为了获得更多财富吗？”他很郑重地告诉我：“那只是极其小的一部分原因，更主要的是，工作是一种需要。”

工作在我们生命中占有很重要的分量，我们每天清醒的时间至少有一半是花在工作上，剩下来的才能分配到吃饭、娱乐、家庭、教会、朋友、运动以及其他各式各样的活动。

亚里士多德在很早以前就指出过：幸福在于运动，在于去做自己能引以为荣的事，这样一个人才能乐在其中。把取乐仅仅等同于娱乐或休闲是一个很大的错误。一个人一生最大的乐趣不在于做成了什么，而在于做事的过程中。

工作的实质是生命的问题，工作就是付出努力。正是为了成就什么或者获得什么，我们才专注于什么，并在那个方面付出精力。从这个本质的方面说，工作不是我们为了获取薪水谋生才去做的事，而是我们用生命去做的事！如果一个人工作只是为了金钱，他就会成为金钱的一个奴隶，到某种时候这个人就不复存在了，他的灵魂就无法寻找。

一个人如果想要成功，那么他需要把工作当做一种乐趣，而不是单纯地为了薪水，因为挣再多的薪水他也会觉得不够，欲望会随着钱的增多而加大。成功人士会为自己的职业生涯寻找机会而不是单纯地等待机会。他们会积极地开发一个项目或想尽办法帮助别人，而不会去计较任何利益得失。伴随着你对公司、对团队贡献的不断增加，相应的荣誉也会随之而来，你的未来就掌握在你自己的手上。

关于“工作是为了什么？”这个问题我进行了一次调查，大部分的人都会说工作是为了薪水。仔细地想一想，我们如此辛苦忙碌真的就是为赚钱糊口吗？恐怕不尽然！如果只是为赚钱糊口，有许多人根本就不需要工作。有的人只要卖一块地就够他几辈子花的，有的人放弃美国的工作到非洲做传教士，又岂是为赚钱糊口？

其实，为了赚钱而每天辛苦工作，这样是很不划算的。每天辛苦地工作，每周或是每个月拿到一份薪水回来养家，这与做买卖有什么两样？你卖时间换钱是理所当然的。你在零售你的生命：一个月一个月卖掉，然后一点一点收钱。假如今天有人跟你说：“我给你500万美元，买你的整个生命怎么样？”肯定没有人愿意出卖自己的生命。其实仔细地盘算一下，我们一辈子能赚到500万美元吗？大多数人一辈子也赚不到，但如果有人出价500万美元，你为什么不卖呢？为什么批发你不干，零售你就接受呢？因为我们心灵深处知道这样一件事，就是我们的生命比金钱宝贵得多，所以不肯卖。

我们工作为了什么？我想无非也不过以下几点：

首先，工作是人生的一种需要。我可以想象出一个人一生不工作会是什么样子，你也可以想象，我想他可能会寂寞而死。相信你会赞同我的这个观点。

其次，工作是为了获得工作的乐趣和成就感。我们只有在体会到工作的快乐之后才能热爱自己的工作，才能积极地、创造性地进行工作，才能拥有成就感，才能体会到成就带给你的快乐。

第三，工作是为了公司与社会。工作是可以创造价值的，这不仅有利于你所在的公司，而且还有利于整个社会。

第四，工作是为了学习。你在工作中能够学到很多东西，如工作技巧、工作经验、良好的品质等，这些东西的价值远比薪水要高得多。

最后，工作也是为了获得自己认为合理的薪水。

有这么一些人忙了一辈子，以为退休就会快乐了，其实大多数退休的人都不快乐。有一个妇人退休了，她积攒了一大笔钱，每天很悠闲，人人都羡慕他，却没有人想到有一天她居然自杀了。她之所以自杀，是因为她感到无事可做，换句话说，她失去了工作所带来的乐趣和成就感。所以，我们应把工作当做一种快乐，而并非只为了薪水，这样我们才会发现快乐、享受快乐。

14. 工作乐趣

从工作中寻找乐趣，爱你的工作，因为只有你爱你的工作，并且细心去做某件事情，你才会收获快乐，这份快乐是独属于你的，是没有人能够夺去的。

许多成功学大师都认同“生活的较高境界之一就是使事业成为喜悦，使喜悦成为事业”，这个道理，曼狄诺在《世界上最伟大的推销员》一书中也表达了这样的思想：

我永远沐浴在热情的光影中。

世界上最大的财富是热情。它的潜在价值远远超过金钱和权势。偏见与敌意在热情的面前一击而破，它摒弃懒惰，扫除障碍。热情是行动的信仰，有了这种信仰，我们就会无往不胜。

我永远沐浴在热情的光影中。

一时的热情容易做到，把渴望的心思保持一天或者一周，也不太难。但要保持一世，养成习惯，使热情时常陪伴着我。热情是对工作的热爱。我不需要了解它，我只要知道它使我的身体健康，使我的头脑充实。

随着我的努力，热情终将变成一种习惯。首先我们养成习惯，然后习惯成就我们。热情像一辆战车，带我奔向更加美好的生活。我在微笑中期待美好生活的来临。

我永远沐浴在热情的光影中。

热情可以移走城堡，使生灵充满魔力。它是真诚的物质，没有它就不可能得到真理。和许多人一样，我曾一度以为生活的回报就是舒适与奢华，现在才知道我们渴望着的东西应该是幸福。就我的未来而言，热情比滋润麦苗的春雨还要有益。

今后，我所有的日子都将与以往不同。我不再把生活中的付出当做辛劳，因为这样一来，工作便是迫不得已的苦差，并伴随着无休无止的忍受。相反，让我忘记生活的艰辛，用旺盛的精力、充分的耐心和良好的状态去迎接每天的工作。有了这些素质，我将远远超过以往的成绩，随着时间的一天一天增多，热情也会一天一天增多，我一定会变得对自己和对世界更有价值。

我怀有这样的态度，那么一切都将变得无比美好。

虽然我知道，没有衣食住所，生活不会幸福，但是当这一切都应有尽有的时候，生活仍然不会幸福。一条小溪，最大的优点在于不断流动，一旦停下来，就成为一潭死水。其实生活就像一条河，也需要不断流动，对我而言，最好的事情莫过于让自己处于不断地变化中。很少有人意识到，他们的幸福正是建立在工作的基础之上，取决于他们是忙碌辛苦还是静止不前的事实。幸福的第一要素就是有所作为。

做任何事情，我将尽最大努力。

我不再拒绝前行，也不再懒于付出。

从此，我要以全部的精力投入工作——不仅要完成计划中的任务，而且还要多做一些。如果我遭受苦难，正像我经常会有的命运，如果我怀疑我的努力，正像我常常想的那样，那么我仍要坚持工作。我要将整个身心倾注在工作之中，那时，天空将变得格外晴朗，在困惑与苦难中，生活中最大的快乐即将到来。

让我遵循这条特殊的成功誓言：做任何事情，我将尽最大努力。

还有，很多伟人提出了从工作中寻找乐趣。

罗素明确指出：“我的人生正是使事业成为喜悦，使喜悦成为事业。”

英国的狄斯雷利说：“行动并不总是带来幸福，但不行动就没有幸福。”

法国的纪德说：“获得幸福的秘诀，并不是为追求快乐而竭尽全力，而是在竭尽全力之中找到快乐。”

卡耐基指出：“爱你的工作，如果你悉心去做某桩事情，你决不会一无所获。不论你收获的是不是值许多钱，但你会过得很快乐，而这份快乐是没有人能够夺去的。”

这些伟人的经历、伟大的名言，都很充分的把工作当做一种乐趣，那么你将找到人生的乐趣。

15. 把工作效率看作头等事

工作是种乐趣，我们应重视过程，而不是结果，但是要记住工作效率才是头等事。

人要想成大事，就要能驾驭时间，养成提高工作效率的习惯。要驾驭时间，就要避免浪费时间。人常有浪费时间的毛病。在日常生活中，我们随时都有可能在浪费时间。比如说，在你工作时，你的同事与你闲聊了两个小时，这两个小时就是被浪费了。

世界上的事情，可分为值得去做与不值得去做两类。如果在不值得做的事情上过久地纠缠，不但会消耗自己的时间和精力，浪费自己的生命，还会引起错误的导向。人一定要认识到这一点，才会在工作中提高效率，做更多更有意义的事情。

虽然我们在做一些有意义的事，但麻烦和问题也是会接踵而来的。人要正确地面对困难，记住，只有坚持到最后一秒钟的人，他才是最有资格成功的人。

1985年的高考作文题，是历年高考中，最令人深思的。题目中给出了一个画面，是几个挖井工人在挖井，附近已经挖了好几口井，而且都快要接近水面了，而挖井人却说："此处无水，到别处去挖。"

这几个挖井工，就是在进行重复劳动，他们一次次地放弃，就是对自己工作的否定和对时间生命的浪费，如果在打第一口井时再坚持那么一会儿，不就成功了吗?

一个人要想成功，充分利用时间是很重要的，哪怕是最后几秒，也要坚持下来。中国足球队在走向世界的里程中，就曾因为这最后的一点儿，而留下了"黑色三分钟"的遗憾和心痛，这些都警示我们要坚持到底，充分利用时间，然后带着这些好习惯，奔向心目中的理想之巅。

想要成大事，就要克服这些毛病，改正这些习惯，这就要求我们摒弃懒惰，因为人都有惰性。睡在阳光下，暖洋洋的不想起来，坐在树荫下聊天不愿工作，或沉迷于娱乐厅中流连忘返，致使好多应该做的事情没有做，也使好多本应成功的人平平淡淡，其罪恶之首，就是懒惰。

不要认为晚起一点是小事，也不要以为少做点儿工作没关系，其实这样的"小事儿""没关系"多了，就是懒惰的坏习惯了。懒惰是人长期养成的恶习，这种恶习只有一种结果，那就是使人躺在原地而不是奋勇前进。因此，要想具有一定的成就就要改掉这种恶习。

我们首先要彻底认识懒惰的危害性，再摒弃它。

嗜睡，是人懒惰的最明显特征，可是到一定程度，嗜睡的人就会发觉经常睡觉会导致身体发胖。一个苗条健美的女孩子，如果认识到这一点，就会改掉嗜睡的毛病。同样，一个有惰性的人，认识到了惰性所导致的后果，就会自觉地想办法去避免。

要改正懒惰这种坏习惯，就要合理安排时间，开展独立工作。一天的时间如果排得满满的，使工作压得你喘不过气来，促使你尽最大努力地投身到工作中去，你就会发觉无形之中在忘我的工作中改掉懒惰。

"在家靠父母，出外有朋友"，这是很多人养成依赖心理、导致懒惰的根源。如果把你放在一个遥远的地方，在陌生的环境中生活，你就会自食其力，改掉懒惰的习惯。

有的人并不懒，他们很早起床，很早上班，甚至工作到深夜。但他们的工作成绩并不好。不是因为不勤快，而是因为他们办事拖拖拉拉，工作效率不高，以致延误时机，失去了宝贵的时间。

有的人在工作中，稍有不如意就放下不干了或等待明天再干，这样一拖再拖，就有很多事情给拖拉下来，而时间却悄无声息地流失了，时间在流失，那么你的生命也就随着时间的流逝而一点一点被你浪费。

所以我们要养成良好的习惯。许多人的拖拉，是因为形成了那样的习惯。对于这样的人，无论用什么理由，都不能使他放弃拖拉习惯。因此，需要重新训练，培养他们良好的积极工作的习惯。

良好的工作习惯，加上确定工作的重要程度，才会产生高效率。

一个人再拖拉，到了非干不可的时候他就不得不干了，正如房子着火了，他就不得不迅速逃生一样。明白了工作的重要性，他就不会再拖拉下去，以免造成危害和其他人的不满。

这样做之后，还不够，因为毕竟我们的时间有限，不可能事必躬亲。所以还要学会把事情委托给他人去办理。

有的时候，你拖拉的原因也许是你不喜欢做，这或许与你的个性或专长有关。这时候，你可以把它委托给别人去做。这样，事情也做了，你也赢得了时间，对双方都是一个好事。

在工作中拥有积极心态，把工作看作乐趣，把工作效率看作头等大事，因此我们要珍惜、重视时间，把自己的精力放在认为有意义的事情上来，别让无意义的活动耗费我们有限的精力。

第六章

远离悲观，笑看人生

乐观，是你成就事业的必要因素，是你走向成功的一把钥匙，是你赢得美好生活的源泉，所以，如果你想成功，那么请你远离悲观，笑看人生。

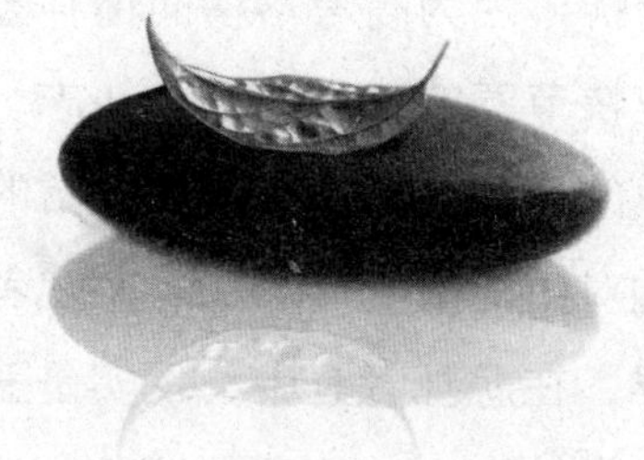

1. 悲观，把阳光还给我

持有悲观心态的人，一方面是看不见自己的长处和优势，因缺乏信心和勇气而事业难成；另一方面，这种人在心理定位上对自己常持否定态度，不能接纳自己，使其内心长期处于失衡与迷失状态中，人生体味中只有痛苦、受挫感和失败感。

你总生活在阳光背后，总是失败，而心情又总是十分悲观，那么你想没想过为什么总是失败，无数次的失败将你推入黑暗的世界，享受不到成功的阳光，是谁挡住了你的阳光?

每个人对人生都有不同的理解。在现实中，每个人都不可避免遭受这样或那样的打击和挫折：因为高考落榜而精神萎靡，或是因为失恋而痛苦忧伤，因为无法适应快节奏的工作而丧失斗志……这些心理多半是人们意志薄弱、心态不成熟的一种表现。而这些异常的心理、悲观的心态往往导致痛苦的人生，影响对生活的正确看法。悲观者实际上是以自己悲观消极的想法看待客观世界，在悲观者心中，现实是丑陋的。现在社会上许多人，对未来和生活，常常持有一种悲观的迷茫心理：对自己的过去，不管有无成败，不管有无辉煌，都一概加以否定，心理上充满了自责与痛苦，嘴上有说不完的遗憾；对未来缺乏信心，以为自己一无是处，什么事都干不好，认知上否定自己的优势与能力，无限放大自己的缺陷，永远生活在悲观中。

悲观的心态来自对环境的无法驾驭而产生挫折感，“挫折”即人们在某种动机下所要达到的目标受到阻碍，因阻碍因素无法克服而滋生出的紧张焦虑状态与情绪反应。造成这种情境的因素多种多样，原因轻重、程度各不相同，不同的个体或群体对挫折情境的反应也有很大差异，这三者构成了挫折情境圈的基本运行机制。

总的来说，引起挫折情境的原因可分为三类：一是在自然环境影响下，人们的预期目标无法达到，遂产生挫折感。如西汉中期，河南、山东一带的黄河屡屡泛滥，尤其是中游的瓠子口，反复被河水冲决，以致中下游地区各郡县屡受其害。汉武帝和百官群僚赶赴灾区，同时征集数万名民工与群臣一起堵塞即将决堤的河口，但一直收效甚微。武帝“既临河决，悼功不成”，产生了深重的挫折感。二是由于社会因素所导致的挫折情境。其影响较之前者更为普遍和深刻得多。诸如人际关系的紧张，政治活动的波折，经济行为的困难，世情、人情、风俗、习惯的影响，集团利益的冲突等等，均可造成挫折情境。东晋初年，从东汉起即已出现的婚姻结构中的等级状况愈来愈明显。中原士族王导自恃为南渡的大族核心，欲与江南士族陆玩通婚，但具有优越感的陆玩压根儿就看不起穷酸的北方士人，王导的求婚遂遭挫折。南宋文人杨炎正在“报国无路”的责任感受挫折的情境下，感慨地写道：“都把平生意气，只做如今憔悴，岁晚若为谋！此意仗江月，分付与沙鸥！”三是个人自身内在因素如才智、体能、生理状况、心理状况等与所期望的目标之间的差异，引起的挫折情境。如西汉文人司马相如和杨雄均因口吃而无法与他人“剧谈”，这在客观上影响了二人的入仕之途。显然，这种状况对司马相如和杨雄的仕宦期望造成了挫折情绪。

挫折耐受力是指，能摆脱挫折对心理的影响，并可以避免行为失常的能力。从社会历史角度看，对挫折压力承受能力较差的有三种类型人，这三种类型分别是：一是个体在由童年到成熟过程中没有或很少经受挫折，长期受到过分的保护与溺爱，造成情感比较脆弱，从而难以应付挫折局面；二是个体在由童年到成熟过程中缺乏必要的保护和支持，并受到不断产生的挫折压力与打击，难以或无法承受挫折焦虑；三是个体在成长过程中（特别是在童年和少年时代）生活优裕，而后生活境遇骤然下降。从客体角度看，人对于挫折的耐受力又与下述四种因素有关：①挫折驱力的强弱；②挫折驱力范围的大小；③挫折出现的频率；④伴随主体反应可能出现的挫折加重（如惩罚）、减低或消失程度对其的反馈影响。上述的各方面内容往往纠缠在一起，对受挫主体产生复杂而广泛的作用。

那些不能承受挫折的人看待事物也是悲观的。而拥有悲观心态的人往往命运不佳，因为他们怀疑自己，总是在重大抉择中选择消极的做法。悲观会使一个本来充满生气的人变得消极服从、唯唯诺诺、习故安常、不喜变化和墨守成规，使人的精神变得萎靡不振、毫无生气、毫无远见、毫无斗争勇气、毫无社会责任心。悲观主义者可以分为以下三类：

（1）隐士派。巢父、许由、务光、绢子等是上古时代著名的遁世派。这些人厌倦了尘世的一切事务，隐居在深山野村，修身养性，躬耕自食，与高山流水为伴，与鸟兽为伍，不愿与世周旋，同流合污。这派人物，心境平淡，缺乏大悲的情绪。

（2）悲观派。爱国志士、救世哲人，对祖国的沉沦，社会的堕落失望，想为祖国、社会做点事情，但却总不得志，屈原、贾生等就是这一类的人物。

（3）自暴自弃派。这一派的人，大多是亡国的人，对社会失望的人，或者是潦倒的诗人，或者是玩物丧志的青年，他们再也没有什么希求，放纵自己的欲望来麻醉自己。而这些悲观的人往往容易整天牢骚满腹、怨天尤人、自暴自弃，容易选择自残的方式或消极方式去对待生活，容易陷入不可自拔的状态，最终命运坎坷。

悲观者只会生活在黑暗中，不懂得享受阳光，从来不抱任何希望，从来不知翻过这座黑暗的大山就是阳光大道。

2. 心的天堂

什么是心的天堂，很多人都在思索寻找这个天堂，但是只有乐观、快乐的人们才可以非常肯定地告诉你——乐观是心的天堂，真正的快乐是心的天堂。

社会竞争日益激烈，人们的压力也在不断增加。在情绪低落的时候，你采取什么样的态度，就决定了你有什么样的心情。

自从好奇潘多拉打开了那个罪恶的魔匣后，烦恼、疾病、痛苦……一股脑儿地降临人间。我们哪一个人都不是生活在“世外桃源”，于是每个人都会受制于他所处的环境，乐天派也好，忧愁者也罢，哪个能逃脱得了所遇到的幸与不幸呢?

社会中总会出现这样的人：有个男人，爱跟自己较劲，遇上一点事，就胡思乱想，给自己制造烦恼。每月工资花不到月底，心里烦恼；儿子没有来信，心里烦恼；年终没评上先进，心里烦恼；碰上某个领导没有向他打招呼，他也烦恼……他的烦恼一来，好几日精神不安。当他察觉到烦恼给自己带来高血压、心脏病时，后悔不已。他想克制自己，但烦恼一来，又无法克制。后来心理学家建议他每天写20分钟日记，把消极的情绪忠实地写在日记里。心理学家还告诉他，这个日记是写给自己的，既要写出正面，也要写出反面。这样就可以把消极情绪从心里驱走，留在日记里。

后来这位男人坚持记日记，通过日记来克服自己的烦恼，遇上自己爱猜忌的事，便在日记里说服自己。

他曾在一篇日记里写道：“今天我在楼梯上向局长打招呼，可局长阴着脸，皱着眉头，理也没理我一声。我想他态度冷漠不是冲着我来的，八成是家里出了什么事，要不然就是挨了上级的批评。”他在日记里这么一写，心里的疑团一下子烟消云散了。他还在另一篇日记里提醒自己：“我翻阅上月的日记，发觉那时的烦恼，现在完全消失了，这说明时间可以解决许多问题，也包括烦恼在内。如果以后我遇上新的烦恼，就要不断地提醒自己，现在何须为它烦心？我何不采取一个月后的忘却状态来面对眼下的烦恼？”

他坚持写了八年日记，心理抗病功能增强了。后经医生检查证明，血压正常了，心脏病也好了。这就是心态的作用。

一个人有了烦恼或者感到愤慨时，就尽情地发泄出来。发泄出来，疾病会远离你，千万不要埋在心里。埋在心里，就是拿自己来惩罚自己。

那个男人通过“写日记”来排解自己的烦恼，所以他才得以把自己从烦恼和疾病中解脱出来。

实际上，一个乐观的人，他总会用很巧妙的方式来排解心中的烦恼，从而给人一种总是乐观的感觉。

有些人在情绪低潮时，不懂得去发泄，往往卷起袖子就开始工作，他们把低潮看得很严重，他们很想逼自己尽快走出低潮状态，结果不但解决不了问题，反而使问题变得更加复杂。

当我们与平和轻松的人交谈时，我们总会发现他们了解正负情绪的来来去去。总有一些时候，他们过得不怎么快乐，对于他们来说，这是可以的，因为事情本来就是如此，他们接受不可避免的感觉更迭，所以，当他们感到沮丧、生气或紧张时，他们也用同样的开阔心态和智能对待这些事情。他们不但没有因为感觉不好就对抗这些情绪，他们反而自在地接纳了这些情绪，知道这些也会过去。

他们没有抵触这种情绪，而是接受改变它们。这个做法让他们可以温和而优雅地离开负面情绪，进入心灵的正面状态。

其实，乐观的人也时常陷入情绪低潮。差别似乎在于，他们已经习惯低潮情绪，他们似乎真的不在乎这些了，因为他们知道，过些时候，他们就会再度快乐起来。对他们来说，这没什么大不了的。

当我们感到难过时，不要抗拒它，试着放松，看看除了恐慌，我们是否能够保持从容与镇定。不要对抗自己的负面情绪，只要我们很从容，他们就会像落日一样消失在夜幕中。

所以应从乐观的角度，适度地看待自己面对的苦恼，并且相信世界在不断往好处发展。只有一条路可以通往快乐，那就是停止担心超乎我们意志力之外的事。一般自己所忧虑的事情，99%压根儿就不曾发生过。

所以，我们应该乐观地看待生活，不要整天担心这个、忧虑那个，不要让忧愁占据我们的心灵，当黎明来临时打开门告诉自己“这是快乐的一天，我要好好干。”

3. 绝望中的快乐

惠特曼说：“只有受过寒冻的人才感觉得到阳光的温暖，也唯有在人生战场上受过挫败、痛苦的人才知道生命的珍贵，才可以感受到生活之中的真正快乐。”

在《我的忏悔》中，托尔斯泰写了这样一个故事：一个人被一只老虎追赶而掉下悬崖，庆幸的是在跌落过程中他抓住了一棵生长在悬崖边的小灌木。此时，他发现，头顶上，那只老虎正虎视眈眈，低头一看，悬崖底下还有一只老虎，更糟的是，两只老虎正忙着啃咬悬着他生命的小灌木的根须。绝望中，他突然发现附近生长着一簇野草莓，伸手可及。于是，这人拽下草莓，塞进嘴里，自语道：“多甜啊！”

生命进程中，当痛苦、绝望、不幸和危难向你逼近的时候，你是否还能顾及享受一下野草莓的滋味？苦中求乐，也是一种快乐。

二战期间，一位名叫莫妮卡的女士在庆祝盟军在北非获胜的那一天收到了一份电报，她的侄儿，她最爱的一个人死在战场上了。她无法接受这个事实，她决定放弃工作，远离家乡，把自己永远藏在孤独和眼泪之中。

正当她清理东西、准备辞职的时候，忽然发现了一封早年的信，那是她侄儿在她母亲去世时写给她的。信上这样写道：我知道你会撑过去。我永远不会忘记你曾教导我的：不论在哪里，都要勇敢地面对生活。我永远记着你的微笑，像男子汉那样，能够承受一切的微笑。她把这封信读了一遍又一遍，似乎他就在她身边，一双炽热的眼睛望着她：你为什么不照你教导我的去做。

莫妮卡打消了辞职的念头，一再对自己说：我应该把悲痛藏在微笑下面，继续生活，因为事情已经是这样了，我没有能力改变它，但我有能力继续生活下去。

人生就像是一支蜡烛，用一截少一截。在荷兰首都阿姆斯特丹一座15世纪的教堂废墟上留着一行字：事情是这样的，就不会那样。藏在痛苦泥潭里不能自拔，只会与快乐无缘。告别痛苦的手得由你自己来挥动，享受今天盛开的玫瑰的捷径只有一条：坚决与过去分手。

痛苦与快乐是辩证关系，痛苦中它可产生快乐也可产生痛苦，两者相互依存，贝多芬“用泪水播种欢乐”的人生体验生动形象地道出了痛苦的正面作用，传奇人物艾柯卡的经历更传神地阐明了快乐与痛苦的内在联系。

艾柯卡靠自己的奋斗终于当上了福特公司的总经理。1978年7月13日，有点得意忘形的艾柯卡被妒火中烧的大老板亨利·福特开除了。在福特工作已32年，当了8年总经理，一帆风顺的艾柯卡突然间失业了。艾柯卡痛不欲生，他开始喝酒，对自己失去了信心，认为自己要彻底崩溃了。

就在这时，艾柯卡接受了一个新挑战——应聘到濒临破产的克莱斯勒汽车公司出任总经理。凭着他的智慧、胆识和魅力，艾柯卡大刀阔斧地对克莱斯勒公司进行了整顿、改革，并向政府求援，舌战国会议员，取得了巨额贷款，重振企业雄风。在艾柯卡的领导下，克莱斯勒公司在最黑暗的日子里推出了K型车的计划，此计划的成功令克莱斯勒起死回生，成为仅次于通用汽车公司、福特汽车公司的第三大汽车公司。1983年7月13日，艾柯卡把生平仅有的面额高达8.13亿美元的支票交到银行代表手里，至此，克莱斯勒还清了所有债务，而恰恰是五年前的这一天，亨利·福特开除了他。事后，艾柯卡深有感触地说：奋力向前，哪怕时运不济；永不绝望，哪怕天崩地裂。

不知痛苦，怎能体会到快乐？痛苦就像一枚青青的橄榄，品尝后才知其甘甜，让我们不畏痛苦，在痛苦中收获快乐，在痛苦中永生。

4. 幸运的宠儿

机会总会青睐那些有准备的人，从而使他们成功，而幸运又是为什么样的人准备的，是为了使谁成功呢？幸运往往青睐乐观者。

幸运为什么会选中乐观者呢？下面的这则故事就可帮你弄明白。

国王的大臣中，有位大臣特别有智能，而这位大臣也因他的智能而格外受到国王的宠爱与信任。

智能大臣为什么说是智能的呢？是因为他保持绝对积极的想法。不论遇上什么事，他总是愿意去看事物好的那一面，而拒绝消极观点。也由于智能大臣这种凡事积极看待的态度，的确为国王妥善处理了许多犯难的大事，因而备受国王的敬重，凡事皆要咨询他的意见。

国王热爱打猎，有一次在追捕猎物中意外地受伤弄断了一条腿。国王剧痛之余，立即招来智能大臣，征询他对这件断腿意外事件的看法。

智能大臣仍本着他的作风，轻松自在地告诉国王，这应是一件好事，并劝国王向积极方面去想。

国王闻言大怒，以为智能大臣在嘲讽自己，立时命左右将他拿下，关到监狱里。

待断腿伤口痊愈安上假肢之后，国王也忘了此事，又兴冲冲地忙着四处打猎。却不料祸不单行，竟带队误闯邻国国境，被丛林中埋伏的一群野人活捉了。

依照野人的惯例，必须将活捉的这队人马的首领献祭给他们的神，于是便把国王放到祭坛上。正当祭奠仪式开始时，主持的巫师突然惊呼起来。

原来巫师发现国王断了腿，安的是假脚，而按他们部族的律例，献祭不完整的祭品给天神，是会受天神谴责的。野人连忙将国王解下祭坛，驱逐他离开，抓了一位同行的大臣献祭。

国王狼狈地回到朝中，庆幸大难不死，忽而想到智能大臣所说的话，断腿确是一件好事，便立刻将他由牢中释放出来，并当面向他道歉。

智能大臣还是保持他的积极态度，笑着原谅国王，并说这一切都是好事。

国王不服气地问："说我断腿是好事，如今我能接受。但若说因我误会你，而将你关在牢里受苦，难道这也是好事？"

智能大臣笑着回答："臣在牢中，当然是好事。陛下不妨想一想，今天我若不是在牢中，陪陛下出猎的大臣会是谁呢？"

事物都有正反两面，就看你怎么选择？聪明人总会选择聪明的那一面，这位大臣就是一个典型。

乐观者把困难挫折看做是一件好事，总是乐观地看待任何事，乐观地生活，收获意想不到的惊喜。

5. 面对不幸的表现

人生路上处处有风险，处处会遭遇不幸，面对不幸，各人有各人的应对方式，当然收到的结果也不尽相同，这里我们要说的仅仅是坦然面对不幸。

不幸是一个幽灵，常常神秘降落人间，给人致命一击。将你摧残得支离破碎，心神俱疲。往往一场不幸，就能毁掉你的前程和事业。面对不幸的压力该如何释解呢？史密斯夫妇的经历就是一个很好的例子。

史密斯夫妇带着两个儿子在意大利旅游，不幸遭劫匪袭击。如一场无法醒转过来的噩梦，七岁的长子尼古拉死于劫匪的枪下。就在医生证实尼古拉的大脑确实已经死亡的半小时内，孩子的父亲史密斯立即作出了决定，同意将儿子的器官捐出。4小时后，尼古拉的心脏移植给了一个患先天性心脏畸形的14岁孩子；一对肾分别使两个患先天性肾功能不全的孩子有了活下去的希望；一个19岁的濒危少女，获得了尼古拉的肝；尼古拉的眼角膜使两个意大利人重见光明。就连尼古拉的胰腺，也被提取出来，用于治疗糖尿病……尼古拉的脏器分别移植给了亟须救治的六个意大利人。

“我不恨这个国家，不恨意大利人。我只是希望凶手知道他们做了些什么。”史密斯，这位来自美洲大陆的旅游者说，嘴角的一丝微笑掩不住内心的悲痛。而他的妻子玛格丽特的庄重、坚定、安详的面容和他们4岁幼子脸上小大人般的表情，尤令意大利人灵魂震撼！他们失却了自己的亲人，但事件发生后他们所表现出来的自尊与慷慨大度，令全体意大利人深感羞愧。

如果主角转换，你是史密斯夫妇中的任意一位，你会如何？会像他们一样吗？我想大多数还是会犹豫吧！是抓住不幸不放，终日的萎靡不振呢？还是也能如史密斯夫妇这样坦然处之呢？事业受挫也是如此，即便是宽怀大度，也会有一个挣扎的过程，这就要看你具不具备这种良好的心理素质了。

当然人非圣贤，同时我们也不是英雄。但我们没有理由不努力向圣人、向英雄靠近一点。我想我们每个人都会承认，我们很多时候的沉沦，是因为我们自甘沉沦；我们很多时候远离着崇高，是因为我们拒绝崇高。中华大帝国自晚清开始衰落，中华民族异常屈辱的近代历史，使我们时至今日，仍不时地要显出自己“皮袍下的‘小’”来。那么，我们要到何时才能摆脱历史投射在身上的阴影？故此我们必须正视我们曾遭受的不幸和凌辱，坚定起自信，以宽容的心去包容以前的遭遇，以更新的面孔笑傲世界，中华民族才得以崛起和复兴。我们这些炎黄子孙才能真正铸造与自己悠久历史和灿烂文化相称的民族之魂。

人人都可以效仿尧舜，人人都可以变为尧舜那样的人，这其实是真理，比如史密斯夫妇，他们原不过是居住在加利福尼亚州伯德加海湾的普通公民，一场横祸使他们人性中崇高美好的一面，爆出了照耀人寰的光辉，沐浴着这样的光辉，我们有理由对人类的未来充满信心，并且我们也有责任，让自己的生命放出一分光来。哪怕它流萤般微弱，不能照亮别人，也要照亮自己；不能照得远，也要照出自己脚下的路。

如果紧紧抓住不幸，时刻想着不幸，那么痛苦和消沉就会侵害你的灵魂。所以，我们应敞开胸怀，学会释解不幸的压力。

当一个具有积极心态的人面对着一个严重的个人问题时，自我激励语句就会从下意识心理闪现到有意识心理去帮助他。在紧急情况中，特别当死亡的大门即将开启的时候，这一点就显得尤为真实。澳大利亚昆士兰州图文巴市的道尔夫的情况就是这样。道尔夫通过自我激励同死亡作斗争，并且最终获胜。

这是午夜1点30分，在医院的一间小屋里，两位女护士正在道尔夫身旁守夜。在头天下午4点半钟时，一个紧急电话打到他的家里，要他的家人赶到医院来。当他们到了道尔夫的床边时，他已处于昏迷状态，这是严重心脏病发作的结果。那一家人现在都待在外面走廊上。每个人都呈现出特殊的样子，有的在担心，有的在祈祷。

在这灯光暗淡的病房里，两位女护士焦急地工作着，每人各抓住道尔夫的一只手腕，力图摸到脉搏的跳动。因为道尔夫在这整整六小时期间都未能脱离昏迷状态。医生已经做了他觉得他所能做的一切事情，然后离开了这个病房，给其他病人看病去了。

道尔夫不能动弹、谈话或抚摸任何东西。然而，他能听到护士们的声音。在昏迷时期的某些时间里，他能相当清楚地思考。他听到一位护士激动地说：“他停止呼吸了！你能摸到脉搏的跳动吗？”

回答是：“没有。”

他一再听到如下的问题和回答：“现在你能摸到脉搏的跳动吗？”“没有。”

“我很好，”他想，“但我必须告诉他们。无论如何我必须告诉他们。”

同时他对护士们这样近于愚蠢的关切又觉得很有趣。他不断地想：“我的身体良好，并非即将死亡。但是，我怎么能告诉他们这一点呢？”

于是他记起了他所学过的自我激励的语句：如果你相信你能够做这件事，你就能完成它。他试图睁开眼睛，但失败了。他的眼睑不肯听他的命令。事实上，他什么也感觉不到，然而他仍努力地睁开双眼，直到最后他听到这句话：“我看见一只眼睛在动——他仍然活着！”

“我并不感觉到害怕，”道尔夫后来说，“我仍然认为那是多么有趣啊！一位护士不停地向我叫道：‘道尔夫先生，你在那里吗？……’对这个问题我要以闪动我的眼睑来作答，告诉他们我很好我仍然在世。”

这种情况持续了一段相当长的时间，直到道尔夫通过不断的努力睁开了一只眼睛，接着又睁开另一只眼睛。恰好这时候，医生回来了。医生和护士们以精湛的技术、坚强的毅力，使他起死回生了。所以，积极的自我暗示能阻止许多悲剧的发生。面对不幸，我们要从容坦然地生活。

相信自己，摆脱忧郁的心情，乐观地面对生活，使你化悲痛为力量，取得成功战胜死神。

6. 远离忧虑，做快乐人

每个人每天都在为各种事情而担忧，担心身体会出现大毛病，害怕别人与自己中断关系，担心自己所处的环境变得一团糟，实际上做人就应快乐，就应抛弃这些忧虑。

现在，很多人都在忧虑中，忧虑是一种很普遍的社会病。几乎每个人每天都花大量的时间为未来而担忧。他们在为自己、家人和社会的未来而担忧：他们担心自己的身体会出现大毛病，他们害怕别人与自己中断关系，他们担心自己所处的社会变得一团糟……事实上这是一种与内疚悔恨一样毫无益处的行为。

忧虑者的心理与快乐者的心理不同，他们在不断地逃避现实，下面让我们来研究一下。

既然忧虑也是一种无益又有害的行为，那你为什么还要像其他许多人一样误入歧途呢？看来，你一定从中得到了许多“好处”，下面就是忧虑者真正的心理动机：能让你回避现实以及在现实中存在的威胁——忧虑是一种正常的情绪活动。因此，如果你担忧未来，便会在现实生活中产生一种惰性，这种惰性为你回避现实中的某些困难找到了一种借口。

你如果出于忧虑而产生惰性，在完全陷入忧虑的情况下，你是什么事情都不能做的。“我什么事也不能做，因为我非常担忧”，这是人们经常发出的一种哀叹，其作用在于使得你可以无所事事，并且避免行动的风险。

忧虑可以显示出你关心他人的品质——你的忧虑说明你是个好爸爸（妈妈）、好丈夫（妻子）……这虽不是一种健全的逻辑思维，但却可以带来不少好处。

有了忧虑，你在某些自我挫败行为方面就有了现成的借口。假如你体重偏高，你在忧虑的时候必然要吃得更多，因而你完全有理由继续坚持忧虑行为。同样，人在陷入忧虑时要吸更多的烟，所以你可以利用忧虑来避免戒烟。在婚姻、金钱、健康等其他方面也有着相同的误区性效果。忧虑心理可帮助你避免做出改变。如果你胸疼，忧虑是很容易的，而冒着风险去了解实际病情并对自己采取诚实的态度，则不那么容易。

忧虑会妨碍你投身于生活。忧虑者可以整天坐在屋里，担忧各种事情；而实干家肯定要积极投身于生活。忧虑是使你无所事事的一种巧妙的办法，虽然收益不大，但与忙这忙那的积极生活相比却要轻松得多。忧虑会引起溃疡、高血压、痉挛、头痛、腰痛以及其他种种疾病，这些疾病虽然看去并不是好事，但可以使你得到他人的极大注意，并使你有理由自我怜悯。有些人宁可一事无成，也要得到别人的怜悯。

说了这么多忧虑的“好处”，那我们怎么来消除忧虑呢？

当我们认识到忧虑产生的心理之后，便可以着手制定一些具体措施，以消除这一误区中的忧虑病毒。

从现在起就开始，首先，不要总忧虑将来，要乐观面对将来。发觉自己在忧虑，就问问自己：“我为何忧虑？在回避什么呢？”然后，你便可以着手解决自己所要回避的问题。消除忧虑的最有效办法是采取实际行动。

其次，要理智的分析忧虑心理。你可以反复地问自己：“我的忧虑情绪能够改变任何事情吗？”

再次，减少“忧虑时间”。每天上午和下午为自己安排10分钟的时间用于忧虑。尽可能充分利用这段时间担忧各种可能遇到的问题及困难。然后，理智地控制自己的思想，将所有其他忧虑都推迟到下一个指定的“忧虑时间”。你很快就会发现，这样无益地浪费时间是可笑的，最终你将彻底消除自己的忧虑误区。

最后，记下你昨天，或者一个星期甚至一年以来所忧虑的各种事情，列出一份忧虑清单。想一想你的各种忧虑产生了什么积极结果，再考虑一下你所忧虑的事情有几件确实发生过。你很快就会意识到，忧虑是一种毫无意义的活动，这丝毫不会改变未来，而你所设想的糟糕局面往往并不那么可怕，有时甚至是相当不错的。

上面仅仅是消除忧虑的办法，只起辅助作用，而非决定作用。消除忧虑的最有力的武器莫过于下决心从生活中完全摒弃这些误区行为。事实上，众多的人与事也一再证明，只要你有积极的生活态度，忧虑便肯定会被你赶走。下面是一些行之有效的简易方法，它可以帮你驱赶掉缠在你身上的忧虑：

（1）活得热忱，任何时候都保持热忱与积极的心态。

（2）阅读一本好书，书中自有黄金屋，书中自有颜如玉。

（3）保持运动，运动是克服忧虑的最佳良方。当你烦恼时，多用肌肉，少伤脑筋，结果将会出人意料的好。

（4）轻松地工作。

（5）用时间和耐心来解决问题。

说了这么多方法，你在犹豫什么，赶快行动吧！克服忧虑，从心态做起，从现在做起。

7. 生活需要微笑

在生活中，我们总会经历人生的逆境，克服逆境是十分艰难的，是需要勇气的，有一颗有勇气的心并非就能战胜逆境，更多的时候是需要微笑，只有你微笑着怀有乐观心是可以战胜一切的。

一个能够在逆境中微笑的人是伟大的，是因为他能够微笑面对困苦，不气馁，不后退，微笑着前进。一个能够在一切事情与他的愿望相悖时微笑的人，是胜利的候选者，因为这种心态，普通人是不能够做到的。

在社会上不受重视的人，往往是那些忧郁、阴沉、颓废的人。没有人愿意同他待在一起。每个人见了他，都只是看看他，然后就会离开他。

那些忧郁、阴沉的人令我们厌恶，我们会本能地趋向于那些和蔼可亲、趣味盎然的人。要使人家喜欢我们，首先要使我们自己变得和蔼可亲和乐于助人。

人应该主宰自己的感情，不应成为感情的奴隶。更不应把全盘的生命计划、重要的生命问题，都去同感情商量。无论你遭遇的事情是怎样的不顺利，你都应努力去支配你的环境，把你自己从不幸中解脱出来。如果你背向黑暗，面对光明，阴影就会留在你的后面的！

一切学问中的学问，就是怎样去肃清平安、快乐和成功的敌人。时时学习着去集中我们的心于美而不是丑，真而不是伪，和谐而不是混乱，生而不是死，健康而不是疾患——这是人生中必修的一门功课。

假如你能够绝对拒绝那些夺去你快乐的魔鬼；假如你能紧闭你的心扉，而不让它们闯入；假如你能明白，这些魔鬼的存在，只是你自己为它们提供了方便，那么它们就不会再光顾你了。努力培养一种愉快的心情！

假如你本来没有这种心情，只要你能努力，不久就会具有这种美德的。

一位神经科专家发明了一个治疗忧郁病的新方法。他劝告他的病人，在任何环境下都要笑。强迫自己，无论心中喜欢不喜欢，都要笑。“笑吧！”他对病人说，“连续笑吧！不要停止你们的笑！最低限度，试着把你们的嘴角向上卷起。这样不停地笑时，看你感觉怎样！”他就是用这种方法治愈他的病人的。

当你忧郁、失望时，你应努力适应环境，而非想改变环境。无论遭遇怎样，不要反复想到你的不幸，不要多想目前使你痛苦的事情。要想那些最愉快最欣喜的事情，要以宽厚亲切的心情对待人，要说那些最和蔼最有趣的话，要以最大的努力来制造快乐，要喜欢你周围的人！这样，你很快就会经历到一个神奇的精神变化，遮蔽你心田的黑影将会逃走，而快乐的阳光将照耀你的全部生命！

社交可以缓解忧郁，你可尝试着走进最有趣的社交圈中，寻求一些可以使你发笑、使你高兴的无邪的娱乐。这是一种精神的更新，这种精神的更新，有时能在家中的孩子玩耍时找到，有时能在戏院中找到，有时能在有趣的对话中找到，有时能在埋头于一本有趣或激励的书本中找到，有时能在睡眠中找到。

树林也是一个很好的精神更新者与忧闷的治疗者，有时花上一个小时的时间在阳光下的树林里散步，就可以改善你的精神状态。

改善精神状态后你会发现，忧闷的毒害可以被抵消，颓废的空气可以被改变。你也会感觉到这种神奇像换了一个新人一样。

笑是精神生活的阳光。没有阳光，万物皆不会存在或成长。你得学会善意的幽默，并且开怀大笑，在笑声中观察五彩缤纷的真实生活。

丘吉尔与贝特丽丝都是笑着生活的。

丘吉尔曾这样说过：“我认为，除非你理解世上最令人发笑的趣事，否则你便不能解决最为棘手的难题。”

贝特丽丝·伯恩斯坦已70多岁了，她两次寡居，但她仍尽情地生活——探望儿孙，读书、旅行，义务演出，过着快乐的一生。

在伯恩斯坦太太76岁生日时，满屋的朋友共同举杯祝福她：“祝您活到120岁！”伯恩斯坦太太的笑绽开了额头的皱纹：“我也许刚好可以活到那么老，就剩下了44岁了。”

看，生活就这么简单，就跟笑一样——那么简单！

高中毕业后，约翰跟着父亲做起了木匠。由于没有考上大学，他的情绪十分低落，感到前途渺茫。

一天，学刨木板，刨子在一个木结处被卡住，再使劲也刨不动它。“这木结怎么这么硬？”他不由自语。

“因为它受过伤。”在一旁的父亲插了一句。

“受过伤？”他不明白父亲话里的含义。

“这些木结，都曾是树受过伤的部位，结疤之后，它们往往变得最硬。”父亲说，“人也一样，只有受过伤后，笑一笑面对失败才会变得坚强起来。”

父亲的话让他心头一亮。是啊，人生正是因为有了伤痛，才会在伤痛的刺激下变得清醒起来；人生正是因为有了苦难，才会在苦难的磨炼下变得坚强起来。应该笑对这些伤痛，笑对生活。

第二天，约翰放下了刨子，继续回到学校参加了补习，去迎接人生的又一次挑战。因为他已懂得，挫折练就人生一副坚强的翅膀。

生活跟笑一样，笑着对生活中的事情，仅仅为了笑而笑没有其他理由，因为笑是生活中最为珍贵的礼物。

8. 心中美，所以美

快乐者，高兴也，快乐是心灵的满足，是一种乐观心态，快乐是鲜花，快乐是阳光、沙滩、海浪，快乐是新鲜的空气，没有快乐，就是暗无天日，就是生不如死，获得快乐心态最简单的方法就在你自己心里。

怎样能心生快乐呢？老道士是这么告诉小道士的。

香山上有一座道观，道观前有一株古榕树。

有一天清晨，一个小道士来洒扫庭院，突然发现古榕树下落叶满地，不禁忧从心来，望树兴叹。忧至极处，便丢下笤帚至师父的堂前，叩门求见。

师父闻声开门，看见徒弟愁容满面，以为发生了什么事，急忙询问：“徒儿，大清早为何事如此忧愁？”

小道士满面疑惑地诉说：“师父，你日夜劝导我们勤于修身悟道，但是即使我学得再好，人总难免有死亡的一天。到那时候，所谓的我，所谓的道，不都如这秋天的落叶，冬天的枯枝，随着一捧黄土青冢而淹没了吗？”

老道士听后，带着小道士来到榕树下，指着古榕树对小和尚说：“徒儿，不必为此忧虑。其实，秋天的落叶和冬天的枯枝，在秋风刮得最急的时候，在冬雪落得最密的时候，都悄悄地爬回了树上，孕育成了春天的花，夏天的叶。”

“那我怎么没有看见呢？”

“那是因为你心中无景，所以看不到花开。”

还有这么两则故事：

故事一：在一个小村子里，也许是因为流年不利，天灾人祸，村民们浮躁不安，闷闷不乐。村长召唤来一位精壮的小伙子，吩咐道：“听说终南山一带出产一种快乐藤，凡得此藤的人都会喜形于色，不知烦恼。你快去采些回来吧。”

备足干粮，配齐鞍辔，小伙子策马扬鞭，一路风尘就朝终南山飞驰而去。

经过一番辛苦，到了水沛草美的终南山麓，小伙子发现了一处藤萝缠绕的小屋，一位老师傅正辛勤地工作着。他身穿布衣而无怨，腹裹野菜而无悔；面挂喜色，不知疲倦。

小伙子毕恭毕敬地上前询问：“师傅，这些藤萝能使您快乐吗？”

“当然。”

“能送给我吗？”

“当然。不过快乐不能仅凭借几株藤萝，关键是要具备快乐的根。”

“埋在泥土中的根吗？”

“不，埋在心中的根。”

一个人是不是快乐，就看那个快乐是不是种植在他的心里。

故事二：在一座漂亮的两层小楼里，一位只有8岁的男孩正趴在一个窗口悲伤，原来他正在看别人在花园角落里埋葬自己心爱的小狗，因此难免泪流满面、悲伤不已。

奶奶看见这种情况，马上走过来把小男孩领到另一个窗口。从这个窗口往花园里看，一朵朵的玫瑰鲜艳夺目，令人心旷神怡。小男孩心中的愁云很快就一扫而空，心中逐渐明朗起来，明亮的眼光、甜甜的笑靥，充分表现出那掩盖不住的快乐。

奶奶说：“宝贝儿，你刚才开错了窗口！现在不是很好吗？”

不要让不好的景色扰乱了自己的好心情。

很多新闻媒体每天都靠那些负面的内容去吸引读者，因此引起了很多人不好的心情。美国著名成功学家卡耐基告诫人们，为了获得好的心情，应该尽量避免那些坏消息进入自己的大脑里。

不是外界有什么不同，而是各自看到的景色不同而已。

每个人的人生之旅都会经常出现开错窗口的情况。不同的窗口可以看见不同的景色，因而就会给人带来不同的心态。俗话说：“男怕入错行，女怕嫁错郎。”说不定哪一天这种情况就会落在你、我、他的身上。

9. 犹太人的生意经

权威人士这么告诉女人：犹太富豪在家打个喷嚏，世界上所有的银行都将引起感冒。五个犹太财团联合起来，便能控制整个人类的黄金市场。当今美国人流行一句话：“美国的钱装在犹太人的口袋里”，那么犹太人是怎么成就这一切的呢？这大概是离不开他们的乐观吧！

犹太人习惯于在逆境和困难面前保持从容镇静的心态，甚至于可以在险象环生、前途未卜的危急关头豁达乐观。这是因为他们长期生活在逆境中，是经历史磨炼而成的。而作为成功的犹太人，他们甚至把逆境也当做他们成功的机会。通过这个故事，你应该就可以了解这句话了吧！

按照犹太人的规矩，安息日是不能工作的，可有的商店的老板为了多赚钱，继续营业，这亵渎了神意，受到了拉比的斥责。然而，老板却很高兴地给了拉比一大笔钱。拉比若有所悟，高兴地收下了。

到第二周礼拜时，拉比对安息日营业的老板指责得就不那么厉害了，因为他指望那个老板给的钱会更多一些。结果一个子儿都没拿到。

拉比犹豫了好一阵子，鼓足勇气来到这个老板家里，问他到底是怎么回事。

“事情十分简单。在你严厉谴责我的时候，我的竞争对手都害怕了，所以，安息日只有我一个人开店，生意兴隆。而你这次说话一客气，恐怕下周人家都会在安息日营业了。”

垄断市场，是商人竞争的最终目标，是商人的理想境界。

实现垄断的手段有两种：一种可以通过政治手段来实现，一种可以通过经济手段来实现，但对犹太商人来说，政治手段是不现实的，因为他们只是政治权力下的受压迫者，他们只是政治的对象，而不是政治的主人。经济手段也不现实，因为这对经济实力包括商品的生产技术以及质量等要求过高。在犹太商人看来，最有利的垄断局面是别人都囿于种种非理性的成见或因害怕冒险等而不肯或不敢介入之时。这种时候，市场回报很高，但垄断局面的维持却不需要多大的成本。笑话中的商店老板追求的就是这种有利条件。他付给拉比的一大笔钱，不过是安息日赢利的一小部分而已。这点费用要比采取其他招徕顾客的手法，如广告、惠赠、削价等，省时省力省钱多了。

犹太人的这种生意经是带有历史色彩的，当年犹太商人之所以能在几乎无人竞争的情况下从事放债和贸易这些获利丰厚的行业，就因为基督教的教义不准基督教徒从事此类营利活动。

犹太商人能超脱形形色色的先人之见或刻板模式的束缚，在新兴的行业或领域兴起时，最快地发现并且投资这些行业。比如，当娱乐行业，如表演业、电影业等还被看做不正经行业时，犹太商人已大批进入了这个行业。犹太人在逆境和困难面前保持平静的心态，在危难前保持了乐观，这是他们民族的特点，是我们需要学习的优点，做一个乐观者，快乐生活，取得成功人生。

10. 告别爱情悲观

爱情是一个永恒的话题，虽经沧海桑田，地震海啸，但只要人类存在，爱情就会继续，爱情故事也还会上演，当然失恋也会继续存在，失恋并不可怕，可怕的是你不知如何告别失恋?

失恋是由多方面原因造成的，性格、家庭、学识等诸多因素。这就要求在今后选择对象时要“量体裁衣”，要看对方能否与自己融洽相处，要衡量匹配的可行性，不要一厢情愿，勉强迁就。外界的压力往往包括家人的反对、客观条件太差不能吸引对方、糟糕的人际关系等等，还有偶然事故，这些都是导致失恋的原因。

比如，安徒生就是因为偶然事故而失恋的。安徒生青年时代和一个名叫亨利蒂的姑娘情投意合，爱得十分深切，后来因为亨利蒂外出安葬不幸死亡的弟弟时，途中轮船失火，她自己也死于海上，这使安徒生心痛至极，彻夜难眠。在疾病、自然灾害等预料之外的原因引起的一方或双方失恋，叫偶然事故失恋。这在日常生活中也能见到。失恋的痛苦是巨大的，但又是难以完全避免的。所以，如何走出失恋的阴影就成为我们下一个讨论的问题。

在失恋后，不应沉浸在痛苦的深渊中，不能自拔，应把力量集中于奋发图强，提高和完善自己，勇敢地去迎接新的爱情，才是积极地面对失恋所应怀有的心态。治疗失恋的主要方式有这样几种：一是情感升华，二是“视线”转移，另外还可以借助于外部力量的帮助。

（1）情感升华。就是把失恋的痛苦升华为对事业的奋力拼搏。忘记失恋带来的痛苦，这样做不仅可以转移失恋带来的悲伤，而且可以提高自身的社会价值，从而为自己赢得新的爱情机遇，这是治疗失恋的最佳途径。

小说《红岩》中的江姐，在城门前看到丈夫血淋淋的头颅时悲痛万分。然而，她没有被这撕肝裂胆的痛苦所击倒，她控制住失去爱人的强烈悲痛，把爱情升华为杀敌报仇的强大力量，投入到了与敌人殊死的斗争中。这就是情感的升华。

许多优秀作品也都是失恋的产物。

安徒生失恋后，奋起写作，给孩子们留下了一百多篇美妙动人的童话；法国作家小仲马的名著《茶花女》也是失恋情感升华的作品；罗曼·罗兰从失恋中解脱出来写出了闻名于世的《约翰·克利斯朵夫》。

（2）“视线”转移。是指通过注意力的转移来分散失恋后的痛苦。一方面，将注意力同时指向不同对象，失恋以后不要一心徜徉于曾有的甜蜜，要将注意力分配到其他事情上去。比如专心学习努力工作，从而可以淡化恋情，减轻痛苦；另一方面，还可以逐渐地将注意力从原有的爱情中完全转移出去，当然这需要一个较长的过程。

失恋后要尽力减少再接触以前有过欢乐的事物，少去曾经约会的场所。要到一种能陶冶情操、放眼未来的环境中去洗刷忧伤。恩格斯21岁时失恋了，他就跑到巴塞尔旅游。当他登上禹特利山顶时，头顶的蓝天白云，山下的湖光景色使他心旷神怡，失恋的痛苦顿时消失得一干二净。后来他对人说，向美丽的大自然倾吐失恋的痛苦，可以使自己在大自然的壮丽景色中怡然开脱，融化在生活的情调之中。这就是失恋后的情景转移治疗。失恋后换一下环境对消除失恋的痛苦是很有好处的。

（3）利用外部帮助来解除失恋的痛苦。从情感体验上看，失恋是个人私事；从社会效果上看，失恋也是一种社会问题，处理不好会造成社会危害。比如有些失恋者因得不到及时的劝导从而走上自杀或报复他人等违法犯罪的道路。所以社会与家庭都要关心失恋者，对他们进行心理抚慰，帮助他们正确认识失恋的原因，使他们早日摆脱失恋的苦恼。

英国著名哲学家培根说：“一个真正伟大的人物，没有是因爱情而发狂的，因为伟大的事业抑制了这种软弱的情感。”前苏联英雄保尔·柯察金也说：“只为家庭和爱情而活着那是兽的私心。”失恋的朋友应该获得更多、更博大的爱而奋起拼搏，不要久久沉溺在悲观失望之中。

我们这里说的都是失恋之后的措施，那么怎样才能防止失恋呢？如果能够加强预防、相互尊重、相互体谅，就能够防患于未然，从源头上扼止住失恋的悲剧发生。

“心病终需心药治，解铃还需系铃人。”失恋是一种心病，“疾病”的预防关键在于自己。首先，自己要正确认识自己。择偶时不可好高骛远，不可见异思迁，在对象面前不可扬长避短，要一开始就以诚相见，让对方作准确判断，以免别人中途发现你的不足离开你，使你失恋。其次，跟随时代步伐不断提高自我。社会在前进，每一个人，包括你的恋人也在不断提高。甘居下游，不求上进，你在情场竞争中被抛弃是理所当然的。要使爱情不失落，就要不断提高自己的社会价值。此外，要学会自我克制，遇事多为对方着想。这些都是应该注意的预防失恋的原则与艺术。

失恋并不可怕，可怕的为何失恋，怎样面对失恋。只要我们的青年朋友始终怀有一颗积极向上的心，失恋就不再是翻越不过的高山。相信你自己！

11. 只要你有好心情

上一节教你如何告别失恋，这里将告诉你如何获得爱情，当然，还是离不开心，因为心里想什么，是会影响你的行动的，所以只要你有好心情，就不怕爱情不降临。

李玟的《只要你有好心情》唱出了爱情与心情的关系。因为爱情其实也是一种心情，其中的甜美者就理应纳入“好心情”系列！

好心情的外延远远大于爱情，既然如此，当一个人拥有了好心情时，就的确不必因为没有爱情而长吁短叹。

有一个这样的故事：有个女人叫瑞秋，曾陪同从军的丈夫一起来到拉美的一片沙漠之中，当丈夫外出训练时，常常孤零零地独自住在被沙漠包围着的铁皮房子里，有时，甚至很长时间也收不到丈夫的一封来信。她深感寂寞，虽然当地有土著人、印地安人和墨西哥人，但他们都不懂英语，无法陪她说话，她于是深感痛苦。恰在此时，远方父母的一封来信给了她极大的鼓舞。信极短，却充满了哲理：“两个人从牢房的铁窗望出去，一个看到了坟墓，一个看到了星星。”她于是恍然大悟，决定在茫茫沙漠里寻找瑰丽的星星。她开始努力学习当地的语言，努力与当地人交朋友，努力收集各类土产，努力研究当地的一切，包括土拨鼠和仙人掌。于是，才奋斗了几天，她就深深感到，她的生活已经变得无比充实。第二年，她还将她的收获一一整理成文，出版了一本叫做《快乐的城堡》的书！她兴奋无比，她果然在茫无边际的寂寞中找到了“星星”，她再也不必长吁短叹了！

谁想成功，都得经过一番坎坷，既然坎坷不可避免，以消极的心态迎接岂不是得不偿失吗？男人想成大事就必须乐观生活。

事物是两面的，这是基本常识。但普通人往往只看到其中一面而不会换一个角度或翻转一下去看另一面。裴多菲的一句诗“冬天来了，春天还会远吗？”正是用乐观的心态看态生活。

毛泽东同志向来认为“坏事可以变好事”，关键在于我们怎样去变。古今中外成大事者并不仅仅是其能力超群，更重要的是他们面对失败时以积极、乐观的心态去接受，从而扭转局势。

人生不如意事十之八九。经常会遇到不同的烦恼：升学、就业、成家、创业，面对这些困难，是乐观积极还是消极退步？下面这个故事或许对你会有用。

陈磊是某名牌大学的高才生，在这所高手如云的大学里，陈磊三年来始终是这所大学的风云人物。大一时代表学校参加全国大学生辩论赛与队友们不负重托，一路所向无敌，夺冠而归。大二时在所学专业的核心期刊上发表论文而引起学术界权威的关注，几位知名教授都有意让他读自己专业的研究生。大三时高票当选为校学生会主席。此外，陈磊还多才多艺，在学校的各种活动中几乎都能看到他的身影。不但全校师生认为陈磊的前途将是一片光明，他自己对此也坚信不疑。

但是，大三期末考试时的一次说不清道不明的“考试作弊”让他头上的光环烟消云散。在那大三年级的最后一回考试中，信心十足的陈磊在周围同学冥思苦想时就轻松答题完毕，检查了一遍后准备交卷了。

此时，已是初夏，陈磊掏出纸巾的同时，他那复习考试的小本“啪”的一声掉在考场地上。按这所全国重点大学的校规，在考场上携带一些与考试有关的资料都将以作弊论处，所受的处罚就是开除学籍。陈磊的脸色在小本子掉在地上的同时变得苍白，监考老师上前一步捡起那本有复习内容的小本，随即把陈磊“请”出了考场。陈磊不知是怎样回到宿舍的，他知道，在这种事上任何解释都是没用的，千不该万不该把小本装进去，或者是交卷后再慢慢擦汗也不迟。可惜世上没有后悔药吃，才留下了那么多的遗憾。老师、同学、朋友安慰的话说了一堆又一堆，陈磊一句也没听进去。他只有一种感觉，从高高的云层跌入万劫不复的深渊，并一直在往下掉。几天后，处理公告出来了。家，暂时是不能回了，这种事虽不是自己的错，若被家人知道对他们的打击也太大了，昔日的老师、同学、友人也无脸去面对了，从不抽烟的他开始一支接一支猛抽，在夜里，看着烟火头火红色的微光，陈磊不断问自己，我还能做些什么？我还能从头再来吗？经过慎重考虑，陈磊决定通过考“雅思”去美国深造。

在准备考试的日子里，陈磊的脸上少了几分往日的张扬，好在他的英语成绩向来不错，经过“作弊”这件事后，他是抛开其他一切杂事，乐观看待生活，全身心投入到学习中来，听、说、读、写全方位不停地练习，把所能找到的资料全部消化掉。天道酬勤，在“雅思”考试中，他那久违的自信又挂在他的脸上，果然，分数一公布，他超过分数线50多分，一所著名大学愿意接受他就读并且提供高额的奖学金。

在机场上，陈磊对那些前来送行的老师和同学谈了很多话，他说：“世事无常，每个人都会遇到挫折，关键是你要笑着面对它，不然，我真的可能就因为那次偶然发生的意外毁了一生。”陈磊回忆起一年来的大起大落，庆幸自己没有气馁，而是勇敢地抓住了机会，脸上浮起了一丝不易觉察的笑意。

人生的挫折、困难，让我们用微笑对抗，因为你微笑、你乐观、你积极，用乐观积极的心态看待生活，那么“冬天来了，春天还会远吗？”

所谓升华，就是清醒地认定苦恼无用，与其苦恼，不如奋斗崛起！

瑞秋的所作所为就是升华。所谓升华就是清醒认定苦恼无用，与其苦恼不如奋斗崛起。

再试想，当爱人无法陪伴她时，使她振奋的是什么，不正是所谓的“好心情”吗？而好心情来自哪？不正是来自目标明确的奋斗吗？

是的，苦恼并不可怕！可怕的是面对苦恼一筹莫展！

努力拥有好心情吧！

别被苦恼击倒，稳当当地站定：任它风吹雨打，不动摇！

风雨过后，必有彩虹！

彩虹的背后就是蓝天，告别坏心情，获得爱情，获得快乐。

12. 幽默乐观的元素

在生活中，我们会遇到这样那样不如意的事，每天生活在复杂而纷乱的环境里，要想维持一种好心情，保持快乐是很困难的，我们不妨加一点乐观元素在生活中，使我们生活乐观，而乐观元素当然首推幽默了。

我们生活在这样一个社会：开车上班，路上车子抛锚了；到了办公室，被主管责怪；昨天的企划方案做得不够好，而隔壁的小王却摆出一副幸灾乐祸的样子；下班回家，路过商店顺便买些东西，到家之后才发现是过期的，你生气地回去找店家讲理，对方的态度却十分恶劣……

仔细想想，在这种环境中，我们如果不维持正常的心情，则总会感觉郁闷，很难快乐起来。但是，你甘心这样逆来顺受地过日子吗？有没有什么方法可以帮助我们改善呢？有，培养你的幽默感。

幽默被看做是人生的一种态度，一种生存技巧。幽默能产生一股力量，以对抗周围不如意的境况。幽默能使人放松心情，减低压力。除此之外，凡是具有幽默感的人，通常在生活满意度、生产效率、创造力以及工作士气等方面都胜过那些没有幽默感的人。

美国企业把幽默引入到企业生产中，证明幽默确实能够改善生产力，提升士气，并有助于团队合作。某些企业甚至让员工接受幽默训练，想尽办法增加员工的幽默感。在科罗拉多州的迪吉多公司，参加过幽默训练的20位中级主管，在9个月内生产量增加15%，病假次数减少了一半。

幽默大师林语堂先生就曾经说过："幽默"对一个民族来说，是生活中非常必要的条件。他认为，德国威廉皇帝就是因为缺乏幽默的能力，才丧失了一个帝国。在公共场所中，威廉二世总是高翘着胡子，好像永远在跟谁生气似的，令人感到可怕。有些伟大的领袖或者政治家，如富兰克林、林肯、罗斯福、丘吉尔等就非常具有幽默感，并且普遍受人爱戴。

当然，我们不可能每个人都成为伟大领袖或者政治家，但这并不表示我们就不需要拥有幽默感。至少在你生活的周围，你可以因为幽默感而变成一个受欢迎的人，使别人乐于和你接触，乐于与你共事。你可以把幽默当成礼物，到处送人，并且绝对不会遭到拒绝。

如果你想成为一个受欢迎的人，如果你想增添自己的魅力，如果你想让自己变得轻松快乐，那就学一点幽默术，做一个幽默的人吧！

13. 你乐观，你积极

孟子说："天将降大任于斯人也，必先苦其心志，劳其筋骨，饿其体肤，空乏其身，行拂乱其所为，所以动心忍性，增益其所不能。"

其实，这哪里是画呀？充其量只能是线条，只是一个白痴儿童能划出圆形、方形的线条足以让人惊讶罢了。

父亲再也没有像往常一样夺走他手中的东西，而是在地上铺上白纸，让他在纸上画；又给他不同颜色的水笔，让他尝试着用它们。

这个白痴就一直抓着他的水笔，除了睡觉之外的时间都在作画。没有人指导他，他的世界里只有他自己和水笔。

十年后，他的画被人拿到了拍卖会上，结果意外地卖出去了，而且被许多资深画家看好。

他就这样一举成名。他的名字叫理查·范辅乐，苏格兰人。他的作品在欧洲和北美展出100多次，已卖出1000多幅，每幅的售价是2000美元。

他现在还是一个白痴，喜怒无常。但是他手中一直握着笔，成了一个天才的画家。

他成为画家，是因为他的坚持以及父亲的坚持，没有再次夺去他的水笔，而是天天让他画，再加上他眼里没有其他的诱惑和干扰，只有他的水笔，即使在吃饭的时候还握着它。这就成就了他，成就了一个由白痴而成的画家。

2. 最后的胜利

有时候几分钟的坚持就可以等到胜利的来临，而这最后几分钟又是大家意志最薄弱，最轻易放弃的5分钟，所以请大家守护好你的最后5分钟。

毅力，是我们事业成功必不可少的条件。在这个世上，成功大多数都是由坚强的毅力而换来的，我们都知道“铁杵磨成针”的传说，都曾深深感叹老婆婆的执著和坚定。在现实生活中，也不乏这样的例子。

罗斯很早就立志于播音事业。但因为当时美国的许多无线电台都觉得男性不适合做播音主持，也不能吸引听众，因此没有雇用他。

后来，他在纽约的一家电台找到工作，但不久就被辞退了，说他赶不上时代，结果他又失业了一年多。

一天，他向一家国家广播公司职员谈起他的清谈节目构想。“我相信公司会有兴趣。”那人说，但此人不久就离开了国家广播公司。后来，他碰到该电台的另一位职员，再度提出他的构想，此人也夸奖是个好主意，但是不久此人也失去踪影。最后他说服第三位职员雇佣他，这个人虽然答应了，但提出要他在政治台主持节目。

“我对政治所知不多，恐怕难以成功。”他对妻子说，妻子热情鼓励他尝试一下。第二年夏天他的节目终于开播。由于对广播早已驾轻就熟了，他便利用这长处和平易近人的风格，大谈他对7月4日美国国庆的感受，又请听众打电话谈他们的感受。

听众立刻对这个节目发生兴趣，使他主持的节目一时之间成为最受欢迎的一档节目。他通过自己的勤奋，战胜了多次的挫折带给他的压力而一举成名。

如今，罗斯已成为自办电视节目的著名主持人，曾经两度获奖。在美国、加拿大和英国，每天都有800万观众收看他的节目。

“我遭人辞退18次，本来大有可能被这些遭遇所吓退，做不成我想做的事情；结果相反，我让它们鞭策我勇往直前。”罗斯自豪地说。

人人都不喜欢压力，但压力却处处存在。现实环境总是不可避免的让人们遭受挫折，走一段弯路。这时候，人们就要鼓起勇气，不要气馁，不要在中途自暴自弃。过程的曲折并不代表失败，只要你继续不断地努力，用百折不回的精神和执著的信念朝着目标迈进，终会有一天摆脱压力的困扰。

第七章

坚持一点，舍弃一点，将会成功

没有追求的人，就没有奋斗，一生碌碌无为；没有坚持的人，就没有成功一辈子，进进退退，注定失败。而没有舍弃的坚持，也会因小失大，丢了西瓜拾芝麻，终归注定逃不出“失败”两个字。

1. 白痴画家

有些伟人在生活的某一领域是一白痴，但是他们知道他们会在哪一领域成为强者，所以他们坚持不懈地朝那个方向走去。

一个白痴成了画家，很多人在惊奇的同时，也感到不解，这是因为他们忽略了这样一个细节：他眼里没有其他的诱惑和干扰，只有他的水笔，即使在吃饭的时候还握着它。这有几个正常人能做到?

他是一个连父母看了都烦的白痴孩。他整天整天哭闹，并且做出吓人的模样，整个身体不停地扭动，没有人能够让他停下来。

父母必须24小时照顾他，否则他会破坏家里的一切。他每天只睡三个小时，而且在这三个小时里，还会突然醒来。他的父亲几次想把他送到社会福利院，就是无法下定决心。

孩子5岁的时候，还不能完整地表达一句话，连背诵一个单词都十分困难。而且他开始不愿见生人，即使是一只猫也不愿意。医生诊断后告诉他父母：可怜的孩子，他得了自闭症。

没有人能教育他，只得在家里。于是，父母在家里看护他。

父亲说这样的孩子没救了，让他自生自灭吧。有一天，孩子发现了地上有一支水笔，就用它在地上划一线。然后，他不停地玩着这支水笔，不断在地上划着线条，没有人阻止他这么干。

第二天起来，他继续画。但是，细心的父亲发现了他画的这些线条，惊呼：“天哪，他竟然会画画。”

道你能否演好，但我被你的精神所感动。我可以给你一次机会，但我要把你的剧本改成电视连续剧，同时，先拍一集，就让你当男主角，看看效果再说。如果效果不好，你便从此断绝这个念头吧！”为了这一刻，他已经做了三年多的准备，终于可以一试身手。机会来之不易，他不敢有丝毫懈怠，全身心投入。第一集电视剧创下了当时全美最高收视纪录，他成功了！

史泰龙的健身教练哥伦布医生这样评价他：“史泰龙每做一件事都百分之百投入。他的意志、恒心与持久力都是令人惊叹的。他是一个行动家。他从来不呆坐着让事情发生，他会主动地令事情发生。”如果史泰龙当初只是“想”成功，在茶余饭后做做明星梦，消遣一下，他就绝不会有今天。因为那样的话，他就不会付出，不会拼命。

世上没有做不成的事，只是可能不是人人都有必定做成的决心和毅力。

4. 因为坚持而成功

一个成功者，身处逆境，会把逆境看作熔炉。成功者会身处逆境而意志弥坚，自学、自励、自修，始终坚持做好一切事情，顽强地努力着。

李嘉诚的经商箴言之一为：逆境不坠，卓然而立，说的就是身处逆境自强不息，坚持把一切事情做好。李嘉诚取得今天的成就，一方面由于其过人的天赋，以及对自己的信心和期望，另一方面也有赖于他不懈的努力。在他的早期贫困生活中，他一直没有放松对生意的学习和观察。下面就让我们来看一下，李嘉诚是如何坚持努力的吧！

1944年，李嘉诚到他舅舅所开的中南公司工作时，做的是学徒的工作，扫地、烧水、倒水、跑堂等杂事他样样都做。他还利用空隙时间，跟师傅学艺，不到半年时间，他就学会了各种型号的钟表的装配及修理。那时，他的一个目标，就是利用工余时间自学中学课程。但是，微薄的收入，以及维持全家生活、保证弟妹读书的负担，使他只能购买一些旧教材。

1946年，李嘉诚离开了中南公司，到一间小五金厂做推销员。李嘉诚做推销总是独具心思。因为他推销镀锌铁桶不像一般推销员那样只着眼于卖日杂货的店铺，而是向用户直销。酒楼旅馆自然是大户，一次要货就达100只，但是向中下层居民区的老太太推销，卖一只却等于卖了一大批，因为老太太都是义务推销员。结果，五金厂生意兴旺。

但是，李嘉诚并不满足于这点业务，于是他跳到一间小工厂——塑料裤带制造公司做推销员。他每天都背着一大包样品，走街串巷。李嘉诚充分利用当茶楼跑堂时的脚步功和察言观色的本领，再加上他富有针对性的说服方法，使他一年后的销售额达到第二名的7倍，使他18岁就被提拔为业务经理，两年后晋升为总经理。

成功是需要别人帮助的，但是决不能指望别人。著名商人奥格·曼狄诺就曾说过：“一个决心要成功的人，是不能指望他人的。别人能给你的帮助微如尘埃，关键是要靠自己，尤其是要靠持之以恒的努力。”曼狄诺在《世界上最伟大的推销员》一书中塑造的海菲，一开始不明白该如何做，他问主人：“您不教我那些原则规律，让我变成伟大的推销员吗？”

“不是，你小的时候，我从来没宠过你，因为我想让你长大，成为一个真正的男人。今天晚上，我很高兴你能提出这样的要求，你的眼睛像点燃的火焰，你的脸上充满渴望，看来我没有看错人。不过你还要加倍努力，证明你想要的不是空中楼阁。”

海菲沉默不语，听着主人继续说道：“首先，你要向我证明，当然更重要的是向自己证实，你能忍受推销的辛苦。你常听我说，只要成功，

3. 争取最后胜利

世上没有做不成的事，只要懂得坚持不辞辛苦，积极追求。总会把事情做成，但这就需要你能管好你自己了，管好自己心态了。

有这么一些名言：

(1) 行百里者半九十，离成功越近的地方，留下的遗憾往往越多。

(2) 考验一个人的勇气，往往不是只看他敢不敢死，而是看他敢不敢活下去。

(3) 伏尔泰说："要在这个世界上获得成功，就必须坚持到底——剑至死都不能离手。"

(4) 世上没有做不成的事，只有做不成事的人。

使成功具有必要性，需要在找到充分理由后下定决心；但要具有必然性，则需具有坚持不懈的信心和毅力。

唯有奋斗才能成功。这是最好理解又是最难做到的。难就难在"屡战屡败，屡败屡战"的韧性和毅力。

所以说，考验一个人的勇气，往往不是只看他敢不敢死而是看他敢不敢活下去。由于缺乏一点勇气，许多有用的人才都在这个世界上消失了。英雄不比普通人更有运气，只是比普通人更能延续最后5分钟的勇气，于是，少数"吃得苦中苦"的人，成了"人上人"，成功了。这里没有更多的秘诀，就是两个字：坚持。

史泰龙成为巨星，就在于他的坚持。

史泰龙的父亲是一个赌徒，母亲是一个酒鬼。这样的家庭环境，的确没有办法给他创造好的环境。

高中辍学后，他便在街头当混混。直到他20岁的时候，一件偶然的事刺激了他，使他醒悟反思："不能这样做。如果这样下去，和自己的父母岂不是一样吗？成为社会垃圾，人类的渣滓。不行，我一定要成功！"

史泰龙下定决心，要走一条与父母迥然不同的路，活出个人样来。但是做什么呢？他长时间思索着。从政，可能性几乎为零；进大企业去发展，学历和文凭是目前不可逾越的高山；经商，又没有本钱。他想到了当演员，当演员不需要过去的清名，不需要文凭，更不需要本钱，一旦成功，却能名利双收。可他又不具备演员的条件，长相就难以过关，又没接受过专业训练，没有经验，也无"天赋"的迹象。然而，"一定要成功"的驱动力促使他认为，这是他今生今世唯一出头的机会，最后的成功可能。决不放弃，一定要成功！

于是，他来到好莱坞，找明星、找导演！向可能使他成为演员的人哀求："给我一次机会吧，我要当演员，我一定能！"他一次又一次被拒绝了。但他并不气馁，他知道，失败定有原因。每当被拒绝一次，他就认真反省、检讨、学习一次。不幸得很，两年一晃过去了，钱花光了，便在好莱坞打工，做些粗重的零活，两年来他遭受到1000多次拒绝。

他也曾失望过、痛苦过，也曾思考过，难道赌徒、酒鬼的儿子就只能做赌徒、酒鬼吗？不行，我一定要成功！他想到，既然不能直接成功，能否换一个方法。他想出了一个"迂回前进"的思路：先写剧本，待剧本被导演看中后，再要求当演员。幸好现在的他，已经不是刚来时的门外汉了。两年多耳濡目染，他已经具备了写电影剧本的基础知识。

一年后，剧本写出来了，他又拿去遍访各位导演，"这个剧本怎么样，让我当男主角吧！"普遍的反映都是，剧本还可以，但让他当男主角，简直是天大的玩笑。他再一次被拒绝了。

他不断对自己说："我一定要成功，也许下次就行！"在他一共遭到1300多次拒绝后的一天，一个曾拒绝过他20多次的导演对他说："我不知升，还当上了主管聚合物产品生产的总经理。

杰克在他的工作过程中，从没有把困难当做困难，而是把每一件事情当做一次新的体验。他真正做到了体会成功的喜悦，克服过程中的困难，永远坚持，永远超越。到1970年，不到三年的时间里，他主管的塑料业务增长了两倍多，到1977年，杰克从负责1亿美元的业务到负责一个4亿美元的部门，再到负责20亿美元的集团。

到1977年时，杰克被提升为事业部执行官，这时他开始注意到GE信贷公司的发展。在当时，没有人注意到GE信贷公司。但他认为，信贷比较容易赚钱，这种商业完全是知识资本——找到聪明和具有创造力的人，然后运用GE强大的平衡表。对杰克来说，信贷公司就像一座“金矿”一样。于是他开始尝试做一些小业务，比如给房屋制造、二手贷款、商业地产、工业贷款和租约以及个人信用卡提供经费。在执行的过程中，杰克也是遇到了困难的，然而他总是迎头而上。信贷公司最终为GE带来了巨大利润。

虽然在当时，杰克没有把握能够当上通用的CEO，但他努力争取，努力去做他想要做的事情。他拼命工作，尽量同别人拉开差距。在此当中，他也曾被各种猎头公司追逐，也曾考虑跳槽，但是有一个信念支持他，他没有选择离开。终于，在1979年1月底，董事长请杰克来到他的办公室，杰克告诉董事长，他是通用最适合的人选。终于他得到了认可。他开始一系列革新通用的行动，他把通用带领到一次次的销售奇迹中。在此当中，他遇到了无数的阻碍，可是每次他都坚持了下去，结果证明他每次都对了。

社会上会不时飞来各种压力，普通人往往会选择放弃，然而成功人士他们往往坚持下去，这也许就是普通人与成功人士的区别。

1980年初，整个GE公司到处充满着混乱、焦虑和困惑。在五年的时间里，大约有四分之一的员工离开了GE，总数达118000人。然而，世人眼中的杰克好像根本就没发生过员工离职的问题，而是注重去投资数百万美元去做被认为是“无生产价值”的事情。他在公司总部修建了健身中心、宾馆和会议中心。当时他顶住了很多压力去干这些事。他有他的理由，他认为要改变一下人们的习惯，人们总是想往回赚钱，越多越好，可就是舍不得往外投钱，既想让马儿跑得快，又不想让马儿多吃草。但要留住优秀人才，必须不让优秀人才在一所破旧的发展中心待上四个星期，不应该在煤渣砖砌成的房子里接受培训；而公司里的客人来到GE，也不应该让他们住三流酒店。

虽然得不到公司传统人士的认可，然而他毫不动摇，他的目的就是要在公司里面创造一种一流的家庭般的闲适氛围。他的观点依然鲜明："花费数百万美元建设不能直接带出产出的楼房，而把不具竞争力的能生产的工厂关掉。"

1982年，《新闻周刊》成了第一个公开使用"中子弹杰克"这个绰号的出版物，暗暗讽刺杰克是个一边解雇员工一边修盖宾馆大厦的家伙。然而杰克并没有因为这样而放弃，而是继续坚持他的原则。事实证明他是对的。这也是他执著的表现之一。无论做什么事，只要认准了，他肯定会坚持到最后，而且全身心地投入。

杰克决定改变通用庞大的官僚体制。他成立了一个公司高级管理委员会，希望通过他们的力量能够改变通用的这种体制，然而开始的效果并不如他预料的好。但他并没有放弃，始终坚持。

对于管理层级太多的问题，他也在试图改变，在他担任CEO的时候，几乎每一个重大的资本支出项目都要送到杰克这里，等待批准。杰克对此很反感，他废除了此项程序，让企业的每一个领导都拥有来自董事会的明确授权，他们完全可以在授权范围内自主行使自己的权力。杰克的执著不仅表现在他对困难的迎头而上上，对于通用出现的危机他都一一承受。

然而对于事业的执著，并不是说是对于错误事情的坚持，而是能够从中真正去领悟到，对于出现的失误，最大的勇气在于承认与面对。

1985年杰克成功收购RCA、1984年成功收购业主再保险公司后，他似乎有点收不住了。据他后来说，他已经有点目中无人了。于是他不顾董事会的反对，收购了基德公司，没想到这次收购给他带来一次前所未有的打报偿相当可观，我这么说，也是因为成功的人太少了，所以回报才大。许多人半途而废，他们在绝望失意中，并没有意识到已经拥有了达到成功的一切条件。他们面对困难，畏缩不前，殊不知，这些绊脚石正是他们的朋友，他们的助手。困难是成功的前提，推销和其他行业一样，胜利是在多次失败之后才姗姗而来。每一次的失败和奋斗，都能使你的技艺更精湛，思想更成熟，磨炼你的本领和耐力，增加你的勇气和信心。这样，困难就成了你的伙伴，发人自省，迫人向上。你要记住，只要永不放弃，持之以恒，每次挫折，都是你进步的机会。如果你逃避退缩，那就等于自毁前途。”

“我会记下您的话。”

“那就开始吧！眼下，我不再给你任何忠告。努力去吧，等到有了经验，有了知识，你才算得上一名推销员。”

“我该怎样开始呢？”

“早上你先到管行李车的西尔维那儿去，他会给你一件红色的裤子，算在你的账上。这裤子是山羊毛织成的，可以防雨。裤子里面绣着一颗小星星，是托勒工厂的标志，他们做出的裤子，品质式样全是一流的。我们的标志绣在小星星的旁边。几乎每个人都认得这两个标志，我们不知道已经卖出多少条这种裤子了。我和犹太人打了多年交道，他们管这种裤子叫‘阿布昂’。你拿到裤子以后，牵上驴子，天一亮就到大西山去。到目前为止，我们还没有人去那儿推销过。据说，那里的人太穷了，去那里卖东西是白费工夫。可是多年以前，我曾经亲自卖过几百件裤子给当地的牧羊人。你就留在大西山，卖掉裤子再回来。”

海菲点点头，掩饰不住心中的兴奋。“一条裤子要卖多少钱呢？”

“你回来跟我结账的时候，交给我一块银币就行了。多赚下的，你就自己留着吧。这样的话，你就可以自己定价了。大西山的市场在南门口，你可以先到那儿看看。那儿大概有一千多户人家，总有一户人家会买吧？你说呢？”

海菲又点了点头，心已启程。

“孩子，在你开始这种新生活之前，你要牢牢记下一句话，多想想它，你遇到困难会迎刃而解。”

不管做什么事，只要放弃了就没有成功的机会；不放弃，就会一直拥有成功的希望。很多人都知道这个道理，但是又有几个能真正地坚持不弃呢？又有几个能一直拥有希望呢？

5. 全球第一CEO的执著

执著的人不畏挫折和磨难，不管出现什么情况，总是能够充满信心，勇往直前，对于自己钟爱的事业总是孜孜以求，从不间断。

通用电气历史上最年轻的CEO杰克·韦尔奇是在他45岁，也就是1981年登上这把交椅的。二十年来，在韦尔奇的领导下，通用电气的市场价值从原来的140亿美元，增加为今天的6000亿美元，这份成绩把比尔·盖茨等其他世界级企业家远远甩在身后。

作为公认的全美头号经理，全球第一CEO，自1981年接掌通用电气公司，一直到2001年9月正式卸任，韦尔奇以其卓越的领导艺术和管理智能，使通用电气各项主要指标保持着两位数的增长，创造了企业史上的奇迹。

我们通过杰克·韦尔奇可以学到优秀的管理艺术，而且还可以学到他身上执著的精神：对事业的执著，对自己认为正确的事情的坚持。

大学毕业以后，杰克直接进了GE公司。以工程师的身份工作了一年，在这一年中，他一直想找机会脱颖而出。终于他通过一系列的努力手段赢得了上司的赏识，当上了一个工厂的主管。1964年，他不仅工资得到提不久他又如痴如醉地爱上了一位迷人的、有五个妹妹的姑娘。可是，当他上姑娘家时，却喜欢上了二妹。不久又迷上了更小的妹妹，到最后一个也没谈成功。

乔伊的情形每况愈下，越来越穷。他卖掉了最后一项营生的最后一份股份后，便用这笔钱买了一份逐年支取的终生年金，可是这样一来，支取的金额将会逐年减少，因此他要是活的时间长了，早晚得挨饿。

社会上想改变自己处境的人很多，但是很少有人将这种改变处境的欲望具体化为一个个清晰明确的目标，并为之奋斗。结果，这些人的欲望也仅仅是欲望而已。

哈佛大学也作了一则这样的调查，对一群智力、学历、环境等客观条件都差不多的年轻人，做过一个长达25年的跟踪调查，调查内容为目标对人生的影响，结果发现：27%的人，没有目标；60%的人，目标模糊；10%的人，有清晰但比较短期的目标；3%的人，有清晰且长远的目标。

25年后，这些调查对象的生活状况如下：

3%的有清晰且长远目标的人，25年来几乎都不曾更改过自己的人生目标，并向实现目标做着不懈的努力。25年后，他们几乎都成了社会各界顶尖的成功人士，他们中不乏白手创业者、行业领袖、社会精英。

10%的有清晰短期目标者，大都生活在社会的中上层。他们的共同特征是：那些短期目标不断得以实现，生活水平稳步上升，成为各行各业不可或缺的专业人士，如医生、律师、工程师、高级主管等。

60%的目标模糊的人，几乎都生活在社会的中下层面，能安稳地工作与生活，但都没有什么特别的成绩。

余下27%的那些没有目标的人，几乎都生活在社会的最底层，生活状况很不如意，经常处于失业状态，靠社会救济，并且时常抱怨他人、社会、世界。

这样显而易见的就得出了结论，目标是人的动力，只有具有目标后，你才能坚持不懈、持之以恒。

为什么大多数人没有成功？真正能完成自己计划的人只有5%，大多数人不是将自己的目标舍弃，就是沦为缺乏行动的空想。

想想你自己是否也尝试过许多业务，开过饭馆、做过贸易、倒过钢材、做过食品……都是因为没有长期打算，换来换去，无一成功。

如果那样的话，就赶快找准目标，坚持不懈地努力下去，踏踏实实工作，那么你一定会成为你所选领域的佼佼者。

7. 开弓射箭

中途放弃自己的计划，最后只能落个无路可走的结果，我们要做有开弓射箭勇气的斗士，并借助这种勇气做成事情。

你迈出的第一步关乎着你要办事情的好坏。认定了方向，就要勇往直前，不能三心二意。在实现理想的过程中也肯定不是一帆风顺的。理想越高远，遇到的坎坷就会越多。这个时候最能考验一个人的耐力。“开弓没有回头箭”，如果箭回头了，自然就射向了自己。所以，必须严肃地对待开弓的过程。

世上有很多事情都无所谓开始，也无所谓结束。越是这样的事情，你越应该把握方向。这个方向一旦确立，就难以改变。不要犹豫，更不要畏首畏尾。人的生命是短暂的，所以，必须充实生命的每一天。在一张弓上被射出之后，只有马不停蹄地奔跑，才能或多或少地降低遗憾的指数。

那么，我们为什么要开弓呢？这样生活不好吗？

马克思曾经说：“哲学家总是以不同的方式解释世界，而问题在于改变世界！”在改变这个世界中，每个人都是一支箭，人生就是射箭的过击，让他从自负中清醒。在收购8个月后，基德公司卷入了一桩震动华尔街的前所未有的公共丑闻。基德公司的投资银行家马蒂·西格尔承认出售内部股票信息，以换取成箱的现金。他还承认，基德公司曾经非法获取情报用于交易。这显然影响了收购基德公司的GE，最后GE不得不配合调查，而且为此支付了2600万美元的罚金。

杰克勇于承认错误，面对失败带来的打击。正因为如此，他的执著显得更加有力量，更加有魅力。

那么杰克为什么会坚持不懈而我们则不会呢？这是因为：第一是自信。杰克认为，傲慢自大是致命的，充满野心也一样。自大和自信有明显的区别。拥有正当的自信会在竞争中获胜，判断是否自信的标准是有没有勇气敞开胸怀，不论来源于何处，只要有意义的变动和新的思想都能接受。自信的人也敢于面对别人在观点上的挑战。他们喜欢那些丰富思想的智能碰撞，他们决定了一个企业的开放性和兼容性。第二是热情。“对我来说，极大的热情能做到一美遮百丑。如果有哪一种品质是成功者共有的，那就是他们比其他人更在乎。没有什么细节因细小而不值得去干，也没有什么大到不可能办到的事。”也许就是这两点，让杰克一直可以那么执著下去。

“自信、热情会让我们坚持到底。”杰克道出的这两点原则，对你我在人生路上取得成功是十分有益的。

6. 行动应持之以恒

如果你想在35岁之前成功，一定要吸取别人的教训，做事一定要专注。下面这位美国成功学家讲的这个故事，就是教你做事要专注。

在好多年前，当时有人正要将一块木板钉在树上当搁板，乔伊走过去管闲事，说要帮他一把。

他说：“你应该先把木板头子锯掉再钉上去。”于是他找来锯子之后，还没有锯到两三下又撒手了，说要把锯子磨快些。于是他又去找锉刀。接着又发现必须先在锉刀上安一个顺手的手柄。于是，他又去灌木丛中寻找小树，可砍树又得先磨快斧头。磨快斧头需将磨石固定好，这又免不了要制作支撑磨石的木条。制作木条少不了木匠用的长凳，可这没有一套齐全的工具是不行的。于是，乔伊到村里去找他所需要的工具，然而这一走，就再也不见回来了。

乔伊无论学什么都是半途而废。他曾经废寝忘食地攻读法语，但要真正掌握法语，必须首先对古法语有透彻的了解，而没有对拉丁语的全面掌握和理解，要想学好古法语是绝不可能的。

乔伊进而发现，掌握拉丁语的唯一途径是学习梵文，因此便一头扑进梵文的学习之中，可这就更加旷日废时了。

乔伊从未获得过什么学位，他所受过的教育也始终没有用武之地。但他的先辈为他留下了一些本钱。他拿出10万美元投资办一家煤气厂，可是煤气所需的煤炭价钱昂贵，这使他大为亏本。于是，他以9万美元的售价把煤气厂转让出去，开办起煤矿来。可这又不走运，因为采矿机械的耗资大得吓人。因此，乔伊把在矿里拥有的股份变卖成8万美元，转入了煤矿机器制造业。从那以后，他便像一个内行的滑冰者，在有关的各种工业部门中滑进滑出，没完没了。

他恋爱过好几次，虽然每一次都毫无结果。他对一位姑娘一见钟情，十分坦率地向她表露了心迹。为使自己配得上她，他开始在精神品德方面陶冶自己。他去一所星期日学校上了一个半月的课，但不久便自动逃掉了。两年后，当他认为问心无愧、无妨启齿求婚之日，那位姑娘早已嫁人了。

9. 一定的舍弃练就你的成功

人生的旅途中，需要我们放弃的东西很多，古人云：鱼和熊掌不可兼得，如果不是我们应该拥有的，我们就要学会放弃。几十年的人生旅途，会有山山水水、风风雨雨，有所得也必然有所失，只有我们学会放弃，才能拥有一份成熟，才会活得更加充实、坦然和轻松。

一定的放弃，是为了赢取更大的成功，比如大学毕业分手的那一刻，当同窗数载的朋友紧握双手，互相轻声说保重的时候，每个人都止不住泪流满面……但是，前面还有更好的旅程在等待我们，我们怎能固守着一两个朋友，固守现在的幸福，而错过剩余旅途中的美好风景呢？

放弃一段快乐的生活是困难的，尤其是放弃一段你至今都念念不忘的生活。但是既然那段岁月已悠然逝去，既然那个背景已渐行渐远，又何必要在一个地点苦苦地守望呢？不如冷静地后退一步，学会放弃，一切又会柳暗花明，可见放弃也是一种明智。

最典型的非卧薪尝胆莫属了。春秋时期，吴国军队把越国的军队打得落花流水，越王勾践被迫放弃了王位和自己的国家，忍辱负重，给吴王夫差当了奴仆。三年以后，勾践被释放回国，他立志洗雪国耻、发愤图强，每天睡在草堆上，吃饭时尝尝苦胆的滋味，以不忘亡国之耻。公元前473年，勾践率领大军灭了吴国，做了春秋时期最末的一个霸主。

任何一个成功者，不仅要敢于梦想，敢于追求，敢于迎接各种各样的挑战，敢于为实现自己的目标去努力进取，还要学会选择、懂得放弃。

比尔·盖茨中学毕业的时候，他父母亲对他说：“哈佛大学是美国高等学府中历史最悠久的大学之一，是一个充满魅力的地方，是成功、权力、影响、伟大等等的象征和集中体现。你必须读一所大学，而哈佛是最好的。它对你的一生都会有好处。”

起初盖茨听从了父母亲的劝告，进了美国最著名的哈佛大学。由于父亲是名律师他当时填的专业是法律专业，但他其实并不想继承父业去当一名律师。

哈佛学生有既读本又读研的特权，而盖茨当时就接受了这份特权，但他真正的兴趣依然在计算机上。他曾同朋友一起认真地讨论过创办自己的软件公司。他认定计算机很快就会像电视机一样进入千家万户，而这些不计其数的计算机都会需要软件。

大学二年级的时候，比尔·盖茨终于向父母袒露了心声：他想退学。

他的父母听了非常吃惊，也非常伤心，但他们无法说服盖茨改变主意。于是，他们请了一位受人尊敬的商业界领袖去说服盖茨。

盖茨在同这位商业巨头会面的过程中反客为主像个布道者一样滔滔不绝地向他讲述自己的梦想、希望和正在着手做的一切。这位商业巨头不知不觉地被感染了，仿佛又回到了自己当年白手起家的创业时代。他忘记了自己的使命，反而鼓励盖茨：“你已经看到了一个新纪元的开始，而且正在开创这一个伟大的时刻。好好干吧，小伙子。”

父母亲无奈，只得同意了盖茨的要求。

从此，盖茨一心一意地投身于计算机软件领域中，他真的在梦想成真的成功之路上，开创了世界瞩目的业绩。开创了自己的王国，试想一下如若当时盖茨舍不得放弃，哪里会有今天的微软王国。

有时，能够放弃也是一种跨越，当你能够放弃一切做到简单从容活着的时候，你生命的低谷就过去了。

生命和死亡一直是一个很沉重的话题。小王第一次面对死亡是在14岁，爷爷过世。他第一次感到在生死之间人们真的是无能为力的，生命在那时告诉他的就是人类的渺小和卑微，没有人们能够留住的东西，几十年程。一支箭到底能射多远，完全缘于自身素质。特别是在这个过程中，任何箭都不能有间歇，只要一停就难以前进了，停的结果就是掉落。掉落的那一刻，人生的意义自然也就丧失了。

在都市的滚滚人流中，大家都对美好的前程跃跃欲试，可偏偏总是与成功失之交臂。其原因就在于大多是在中途放弃自己的计划，最后落了个无路可走的结果。这个结果对自己的伤害是巨大的，对于所有回头之箭都不能幸免。所以，人们都羡慕从南极探险归来的人们，或者是从战场上凯旋的战士，即使是一个战地记者也会成为公众瞩目的焦点。唐师曾、水均益们的水平真的让别人感到高不可及吗？未必如此，重要的是，他们有开弓射箭的勇气，并借助勇气做成事情。因此，自然得到了人们的尊重。

我们要具有开弓射箭的勇气，拉开弓，就要坚持把这支箭射出去，让这支箭击中你所要击中的目标，做从战场上凯旋的战士。

8. 生活告诉我们：既要坚持，又要懂得放弃

生活的事情很奇怪，并非所有的事情都是可以通过坚持而得到的，有些事情是需要放弃，才能得到更好的结果。

在我们生活中有多少人，因为不能放弃、不能放手，面对了多少无奈的痛苦，因而深陷在无法自拔的困境之中。但是只要我们懂得放弃这些困难，难题就会迎刃而解，豁然开朗。生命于是向你展现出另外一个截然不同的景致。下面的故事，就是关于这方面的。

曾经有个年轻的画家一直苦闷自己无法突破前辈们出色的作品，他只

能跟在大师后面亦步亦趋，这使他感到十分沮丧。

于是，他暂时告别了自己热爱的工作，带上所有的积蓄准备游览全世界的著名风景区。

当他跋山涉水走过了一个又一个城市，游览了一个又一个国家的优美风景，最后来到了中国的黄山，他被这绝无仅有的风景迷住了。

他的灵感顿时泉涌般喷泻而出，他完成了一个又一个出色的建筑设计。他成了知名度颇高的画家。

因为热爱才放弃，当思路被阻塞时，暂时放弃，换一种方式也许能突破自己。

美国一位年仅21岁的奥运会游泳冠军萨·桑德斯宣布退役。她是在一次游泳大奖赛的发奖仪式上正式宣布这一决定的。

参加仪式的几百名来宾无不感到惊讶：她还那么年轻！

是的，她不是因为超龄，不是因为受伤，不是因为要结婚，不是为了任何客观原因，她只是对一家报纸的记者说："我已经不再热爱这项运动。"惊人的坦诚！对于曾抛洒了那么多青春血汗的游泳运动，她一定深深热爱过，她一定曾为之竭尽全力。但那一切并非不可以这样结束，并非总要苦苦支撑到力不从心，并非因曾经付出而总要与之纠缠不清，并非因曾经热爱而在告别时总要有一个暧昧的过程。

对于曾经热爱的过去，当我们为之竭尽全力之后，有时选择洒脱地放弃而不是苦苦支撑到力不从心，也许是一种真正的热爱。

这两个故事，都是因为在坚持后而懂得放弃，才得到了主人公想得到的东西，这是一种生活方式，也是生活的真谛。

坐车上山，从山底到山顶的路都是盘山而上的，路的距离是直线到山顶的几倍甚至十几倍。可我们想一想，要是修一条从山底直达山顶的直路，那得有多少车和人要葬身此山呀！走最快的路还需要一个前提：最快的路也应该是安全的路!

走最快的路，有时还得走一段艰辛的路，被荆棘划破皮肉，被乱石扎破脚，可为了快点到达目的地，只能忍受一些苦难。

走最快的路，还得少犹豫。要是走到每个路口都坐下来想半天走哪条路更快，那可能就是走得最慢的了。人生需要选择，也需要放弃，选择与放弃是成功的两个不可缺少的条件。

两口子吵架中也可以体现选择与放弃这个道理。既然是千万个人群之中选择了他（她），就要好好地去珍惜他（她）。

隔壁的小两口又在吵架了。

男的说：“没见过像你这样蛮不讲理的女人”。女的说：“我也没见过像你这样粗鲁蛮横的男人”。男的又说：“你看看人家萍萍妈，多温柔体贴，多会操持家务，哪像你整天就知道围着牌桌不下场！”女的反唇相讥：“还好意思说，你也不看看小亮他爸，人家上两个班，还经常写字画画发表文章赚外快，哪像你就知道喝酒聊天瞎胡吹！”

这种现象现实生活中的确存在。回想当初，他（她）不也是你的最佳选择吗？若不然你又何必与他（她）结婚呢？两个人经过一段婚姻生活后，婚前的新鲜感已荡然无存，对方的缺点也暴露无遗，这时便生出许多感叹埋怨来：当初要不是怎么怎么，我才不会看上你呢……

这里还有一个关于苹果的故事。一个幸运男子被上帝选中，让他挑选两个苹果。这男子权衡再三，终于下定决心，选了其中认为最满意的一个。上帝含笑赐予，他千恩万谢，接过后转身离去。突然，他反悔想调换成另一个，回头上帝已不见了，他只得耿耿于怀过了一生。人就是不知满足，不懂选择，不懂得放弃，总是得陇望蜀，丢失现在最美好的东西，心理不能平衡，承受着生活的痛苦。

11. 坚持一点，舍弃一点，成就你一生

如果哥白尼不坚持则不会有日心说，如果兰格力不坚持也许飞机就要推迟几年再产生了，如果非洲土人不懂得舍弃是不能抓住狒狒的，所以退一步海阔天空，待时机成熟，再卷土重来。

俗话说的好："第一个吃螃蟹的人必须是个勇士"，凡是在人类历史上作出大贡献的人都具有这种敢为天下先的精神。新思想、新事物都是在"我不入地狱，谁入地狱"的勇气下产生的。

伟大天文学家哥白尼就是这方面的典型例子。

波兰天文学家哥白尼（1473～1543）的最大成就是以科学的日心说结束了在西方统治达一千多年的地心说，把自然科学从神学中解放了出来。

哥白尼少年时常常在白天独自观察太阳"从太空中转过"，从早晨的朝霞一直望到傍晚的夕辉。夜里，他凝视着照亮天穹的那数不清的小小星辰。他要父母给他讲太阳和星星的故事，他还经常向他的舅父——学问渊博的主教路加·瓦西多德请教。舅父送给他一些天文学的著作，哥白尼如饥似渴地读着，然后又转回天空这本开卷的书上——因为这里展现了更加有趣的有关星宿的故事。他越来越对"天上"的事情感兴趣了。

他的哥哥发现后既诧异又担心地说："什么，你要管起天上的事情了？天上的事有神学家操心，凡人岂能干预！"

"为了让人们望着天空不再感到害怕，我要一辈子研究它！"哥白尼举起左手，神情稚气而坚定地说，"我还要叫星星和人交朋友，让它给海船校正航线，给水手指引方向。"

的生命都留不住，更不要说稍纵即逝的一种感觉。

20岁那年，小王无休止的生病，那整整一年的时间，亲情一层一层的把他跟外面隔离。那是一个冬天的夜晚，小王打翻了药瓶，一千多粒的白色药片（维C）洒满了房间，它们躺在地下对他露出阴冷的笑容，小王跪在冰凉的水泥地上，边拣边哭，那时，他对生命厌倦了，他看见了天堂里的春天，于是，小王吃下了几个月才吃得下的药片后还割了手腕，这是他第一次自杀。

小王在昏迷了两天之后被救了过来，醒来的时候，他看见的是一个洁白的世界和那么多带着泪水的笑脸，很多亲人同学都在小王的身边，那是他第一次看见刚毅的父亲抱着他痛哭，父亲的憔悴、母亲的悲痛欲绝、奶奶的病倒，小王在那一刹那明白了生命其实不是自己一个人的。

活着，是一种责任，对每一个爱他的人来说，活着就是对他们最根本最完整的报答，生命不是我们自己的，没有权利选择生的我们也没有权利选择死，不仅仅是因为道德良知，最重要的就是要有爱，爱自己，爱别人，这才是生命的意义。

有位心理学家接到一个朋友的电话，说他累了，真的不想活了，她说，死是一种解脱。是的，死仅仅对去了的人来说是一种解脱，而留下的人呢？你解脱了所带给他们的痛苦，要大于你生存的痛苦，这是一种极其不负责任的行为，属于你的苦你就要承受，无论是生是死，你都不能把它们加到那些爱你关心你的人身上，因为爱毕竟没有错，活着，在你最不堪的时候，你只要做到仅仅是活着就够了，死亡只是一种诱惑，它不是牵引，什么都可以放弃，唯有生命不能。

生命是那么的脆弱，战争，疾病，车祸，事故，伤害，每天都有那么多向往阳光和空气的人在无辜地接受死亡，那是一种不得已，而我们能够平安地生活在自己的家园里，享受着家人带来的温暖，我们还有什么理由放弃生命呢?

生命原本是简单的，很多东西我们要学会放弃，包括死亡。能够放弃就是一种跨越，当你能够放弃一切做到简单从容地活着的时候，你生命里的低谷就过去了。

要想成功、要想度过人生的低谷，学会放弃是我们必须要具备的。当你放弃后，困难、低谷都会自觉溜走，不会再停留在你的生活中。

10. 学会选择，懂得放弃

要想一生不碌碌无为，有所成就，那么你需要学会选择，懂得放弃。

有些人，一生都是讨巧，都想走捷径到达终点，但每次又都会走进死路，把大好的时间和年华都浪费掉了。人生需要走些弯路，人生不要怕走弯路，但有一个前提：走弯路是为了走最快的路。

坐出租车上，司机问乘客："先生，是走最短的路，还是走最快的路？"乘客好奇地问他："最短的路不是最快吗？""当然不是，现在是高峰，最短的路经常交通堵塞，走的时间就长。您要是有急事，就得绕道走，多跑点路，可能早到……"因为乘客有急事，当然只能选择最快的路。其实，即使乘客没有急事，也不愿在出租车里坐上很长的时间。

走最短的路，还是走最快的路？这是每个出租车司机在高峰期间都想要的问题。

实际上，一个人不只是在坐出租车时能遇到这种情况，人生的时时刻刻都会面临着这样的选择，这种选择有时让人很无奈，可只要想有出息的人都会选择走最快的路，而宁愿让自己吃苦多受累多走路，因为一个人的一生时间是有限的，机会是有限的，只能选择最快的路。

朋友栖云写过一篇非常好的随笔，写的是坐车上山走盘山道的感受。

谨，而美国人则喜欢追求刺激，富有冒险精神和创新精神。”

原来，这位女主人的丈夫在去世前在遗嘱中说，财产分配时要给他情人一辆奔驰跑车，八成新，于是乎，女主人出于嫉恨就想出了这么一个办法，将奔驰车变成现金送给那位“第三者”。

因此，这位敢于尝试的小伙子，用一元钱便买到了一辆奔驰车。

“抓住”暗示你追求你的目标时抓住每一次机遇，永不放弃。不过，“轻轻放手”这一面，却暗示你不应该抓得太久，当时机一到，应该放弃时就放手，而且要放得无比优雅。

我们抚养小孩，都想在他们年轻时牢牢抓住他们，辛勤工作去保护他们，让他们尝试各种经验，护卫他们的安全及荣誉，竭尽所能让他们朝最佳的目标前进。可是，有时候你需要“放手”，给他们自由，默默退到一旁，让他们去过自己的生活。事实上，放手是父母之爱的终极表现之一。在商业上，在各式各样的竞争中，同样的原则也适用。尽可能将胜券操之在我，是恰当的，通常也是必要的。有时候，我们需要费力协调，为我们的最佳利益努力，使出浑身解数，仿佛我们的生命就全靠它了。我们不惜一切求取成功。可是，有时候季节会变迁，改变是不可避免的。或许这场游戏我们玩太久了，或许这个行业超越了我们，也可能是我们超越了以前的兴趣。这便是该放手的时候了。如果我们做得优雅，保持平衡，我们就可以得到平安，从经验中成长。就像松开一个握紧的拳头，我们会感到自在而有活力。当道别的时刻来临时，或者该做改变时，请试着保持风度。这将使你继续朝着你的梦想前进。它会让你专注在下一个伟大的探险上，不要回头。

生活中确实需要“紧紧抓住，轻轻放手。”抓住与放手的学问是我们不得不管的，抓住与放手的学问可使我们坦然面对生活，赢得生活。

13. 重要的弹性

弹性是与柔韧度相匹配的词语，人生需要弹性，只有你具有弹性，才可以解决生活中的各种问题，才可以坦然面对生活，快乐舒心的生活。

人生是一场戏，我们都在舞台上表演着各自角色，上台或下台都是平常的。假如你的条件适合当时的需要，当机缘一来时，你就可以上台了，若是你演得好而且演得妙，你就可以在台上呆久一点，假如唱走了音，演走了调，老板不让你下台，观众们也会把你轰下台的；或者是你演的角色已经不符合潮流，或者是老板想让新人上台，这时你就要下台，在这上台下台的轮流替换中，你必须得有弹性，调整好自己。

因为上台是自在的，但是下台难免伤神，但是成大事者必能做到“上台下台都自在”。所谓的“自在”指的是心情，能够放宽心是最好的，不能放宽心也不能把这种心情表现出来，以免让人以为你已经受不住打击；你说“平心静气”，做你应该做的事情，而且想办法锻炼你的“演技”，随时准备再次上台——无论是原来的舞台或者是别的舞台——只要你不放弃，就会有机会!

有时即使你还在台上，但你已经退下主角之位，退居二线了，这样你就由主角变成配角了。

假如你看看电影、电视中的男女主角受到欢迎或崇拜的情况，你就可以了解由主角变成配角之后的那种难过之情。

就像是人的一生避免不了上台或下台一样，由主角变成了配角也是一

“你要不听我的劝告，这辈子你可有罪受了！”哥哥以教训的口气厉声说道。

少年哥白尼斩钉截铁地回答道：“我主意已定，什么都不怕！”

第一架飞机制造者兰格力，也是一个懂得坚持的人，兰格力1930年作第一次飞行时，飞机掉到了水里，四周充满了讥笑声。失败的消息登在第二天美国各报上。但兰格力不灰心，他相信毛病不在飞机，要求再试一试。然而第二次试飞，由于一根绳子挂着了飞机的尾巴，飞机倒冲入水里，兰格力本人几乎摔死，飞机从水里拖上来时早已破碎不堪。翌日一早，美国全国各报都嘲笑他是“傻子”，教会的牧师们认为这是亵渎了上帝，说“如果上帝的意思是叫人飞的，早就会替人生两个翅膀。”有些守旧的科学家也说，地心吸力是不能战胜的。政府也断然拒绝了他再次试飞的要求，尽管兰格力是在讥讽中郁闷死去，尽管他的飞机放在华盛顿的国立博物院之初仍被人围观和嘲笑，但正是这架飞机，带着兰格力的创造和意志，被后人送上了天，从而圆了人类在空中飞翔之梦。

并不是所有时候都要坚持，要做到该撒手时就撒手。留得青山在，不怕没柴烧。事实上，撒手可以减轻一件事的麻烦和折磨，去做另一件更有意义的事。行就做，不行，该放就放，节省时间吧。

非洲土人就很明白这一点，并且他们就是利用这一点不抓狒狒的：他们把食物放进一个口小里大的洞里，故意让躲在远处的狒狒看看。等人走远，狒狒就欢蹦乱跳地来了，它将爪子伸进洞里，紧紧抓住食物，但由于洞口很小，它的爪子握成拳后就无法从洞中抽出来了，这时人只管不慌不忙地来收获猎物，根本不用担心它会跑掉，因为狒狒舍不得那些可口的食物，越是惊慌和急躁，就越是将食物抓得很紧，爪子就越无法从洞中抽出。

这绝对是一妙招，此招妙就妙在人将自己的心理巧妙地推及到了类人的动物。其实，狒狒们只要稍一撒手就可以溜之大吉，可它们偏偏不！就在这一点上，说狒狒类人，亦可说人类狒狒。狒狒的举止大都是无意识的本能，由不得它，而人如果像狒狒一般见利忘害地死不撒手，那只能怪他利令智昏或执迷不悟。

失恋者只要懂得放弃，就不会弄得失魂落魄、心灰意冷。失业者只要肯对头脑中僵化的择业观撒手，就不会整天萎靡不振、怨天尤人。赌徒只要肯对侥幸心理撒手，就不会血本无归、倾家荡产。瘾君子只要肯对海洛因撒手，就不会如行尸走肉、浑噩一生。贪赃枉法者只要肯对一个“钱”字撒手，就不会锒铛入狱甚至搭上性命。

所以老话说得好，“退一步，海阔天空。”有时的舍弃是为了更广阔的天空，我们为何不尝试一下呢？

12. 抓住与放手

抓住与放手是意义相反的两个词语，抓住，就是不放手，放手就是不抓住，那么这两个词在什么时候可以连用呢？在生活中就有这么一句“牢牢抓住，轻轻放手。”牢牢抓住说的是工作时要牢牢抓住机遇，轻轻放手则是安抚心灵平衡的方式。

“牢牢抓住”是指抓住机遇；因为机遇无处不在，但是有些人缺少冒险精神，缺少勇气，只是墨守成规与机遇失之交臂。

在一家报纸上有这样一则广告：“有一辆奔驰车，八成新，需要卖一马克。”凡是看到这则消息的人都在暗笑，怎么会有这种事，绝对是商家的圈套。但偏偏有一位青年，按照广告下边的地址，找到了售车的主人。

女主人笑道：“你肯定是美国人，而不是德国人。”小伙子很是奇怪，心想：她怎么会知道我是美国人，女主人接着说“德国人太刻板、严

样难以避免的——下台没有人看到也就算了，可偏偏还要在台上表演给别人看!

由主角变成了配角也会有好几种情形，其中一种情形是去当别的主角的配角，第二种情形是和配角对调。

而这两种又是最难堪、最难以释怀的一种情形。

真正演戏的人可以不同意当配角，甚至可以从此而退出那个圈子。但是在人生的舞台上，想要退出并不容易，原因是你需要生活，这就是现实啊!

因此，由主角变成了配角的时候，不要悲叹时运不济，也不用怀疑有人在暗中搞鬼，你需要做到的只是“平心静气”，好好地扮演你“配角”的角色，向别人证明你主角与配角都能演!

这一点是很重要的，若是你连配角都无法演好，那怎么能让人相信你还能够演主角呢?

假如自暴自弃，到最后就算下不了台，也必将会沦落到跑龙套的角色，人要是到如此地步就很悲哀了。

其实配角也十分重要，也一样会得到掌声的，若是你仍然会有主演的架势，自然就会有再度独挑大梁的一天!

总的来说，人生就是在这种上台、下台的起伏中继续下去的。有的时候逃都逃不过。碰到这种情况，就应该有懂得调试的心情，放弃对上台时辉煌的眷恋，这就是面对人生的一种安顿，如此你也才会获得再度发光的机会!

在人生舞台上，要想实现人生价值，快乐生活，取得成功，就要保持弹性，因为成功只属于那些能屈能伸之人。

14. 取舍之道

学会妥协，善于取舍，是成大事者必备的要素。成大事者，需要在小事、小利上忍让一些。在大事、大利上要坚持一些，争取一些，这样才能取得并维持大事业。

做事要学会妥协，学会委屈求全，为了成大业，有时需在小事、小利上忍让一些、妥协一些，在大是大非上坚持一些、争取一些，只有这样才能成大事。

张之洞就深谙此道。他深刻理解了小不忍则乱大谋的道理，所以他常常不逞一时之强，而委屈自己适应现实的需要，等到时机成熟后，再充分发挥自己的才能，来实现自己的理想，从而达到建功立业的目的。张之洞虽然在一生中，大多数情况下都是坚持己见，敢于以硬碰硬，不向异己屈服，但他毕竟是个聪明的人。他善于因时顺势，目光长远，善于妥协。

虽然他与李鸿章早有嫌隙，在政见上多有不同，也看不惯李鸿章一味地对外求和的为政策略，更看不起李鸿章不顾全大局，始终维护自己淮军的局部利益的做法，但他同时也深知：李鸿章毕竟位高权重，自己如果一味地同他僵持下去，两个人之间就会由嫌隙转化为比较大的矛盾，那样对自己的前程将大为不利。于是他想只要不是重大问题，自己还应该对李鸿章虚与委蛇，尽量不贸然得罪他。所以他在李鸿章母亲80寿辰时就送去过寿文，李鸿章本人70寿辰时，他更是三天三夜几乎没有睡觉，写了一篇洋洋洒洒的寿文送给李鸿章。在寿文中，张之洞极尽能事地推崇李鸿章，赞扬李鸿章文武兼备，既饱学博识，文才盖世，又运筹帷幄，统领千军万马，镇守着祖国边疆。这篇约5千字的寿文成为李鸿章所收到的寿文中的压卷之作，琉璃厂书商将其以单行本付刻，一时洛阳纸贵。张之洞对李鸿章的这种关系的处理方式，包含着聪明人高超的智慧。

忍耐、克制不仅是安家治国平天下的策略，更是一种主动的人生智慧。张之洞对待帝师翁同龢与他对待李鸿章有异曲同工之妙。戊戌变法前，虽然他在许多方面对他的变法主张和内容持不同意见，但看到光绪帝对翁同龢深为信任，他曾致函“贵为帝傅”的翁同龢，吹捧他博学多识，深谙儒学之精髓，而且通达时务，为时代之俊杰。张之洞在信中还称赞他实行务实的策略，提倡维新变法，以达到富国强民的目的，所以自己非常仰慕翁同龢，如果能有为翁同龢的维新变法效力的机会，自己一定会尽全力去做。

张之洞不但为人讲究见风使舵，而且做事更是因势乖变。当他被委任为山西巡抚，即将启程时，山西籍富商、泰裕票号的孔老板，拿着一万两银子来贿赂他。他对张之洞说，他深知张之洞为官清廉，手头并不宽裕，出于对张之洞的敬慕，他想为张之洞解决差旅费。张之洞当时婉言谢绝了孔老板的这笔钱。可是当他来到山西，考察了当地的情况之后，深为山西罂粟的种植之多而震撼，他决心铲除山西罂粟，让百姓重新种植庄稼。而改种庄稼，需要帮助百姓买耕牛、买粮种，但山西连年干旱、歉收，加上贪官污吏的中饱私囊，拿不出救济款发放给老百姓，不得已他决定向商号老板募捐。这时，他第一个想到的就是孔老板。

开始时，张之洞觉得孔老板当初是想拿银子来贿赂自己，目的当然是想日后从自己这里得到好处，现在要他把银子捐出来，为山西的百姓做善事，那他未必会同意，但转念又想应该去找他谈谈，试试看。虽然商人都重利，大多数商人都只肯做以小利换大利的事，但是毕竟还有一些大商人，银子已经够多了，他不再看重实利，而看重名和位，愿意以银子换名位。孔老板会不会是后一种人呢？如果是的话，那么自己可以和他商量一下，拿名位来跟他换银子。虽然说名利与官位不能轻易送人，但如果能得到一笔拯救百姓困苦的钱财，解决百姓的生活急需，那么在一些小事上是可以妥协一下的。

经过商谈，孔老板终于表示愿意拿出五万两银子，但前提是必须答应他的两个条件，一是请张之洞为他在票号大门口的匾上题写“天下第一诚信票号”八个字。第二个条件是要请张之洞为他弄个候补道台的官衔。刚开始张之洞觉得孔老板的这两个条件都不能答应。可是这五万两银子是为山西百姓、为了禁烟之用。经过反复思考，张之洞决定采用折中迂回的手段，答应为孔老板的票号题写“天下第一诚信”六个字，这跟孔老板所要求的那八个字相比，不仅仅是少了“票号”两个字的问题，而且意思上也有了很大的不同，因为“天下第一诚信”这六个字意味着：天下第一等重要的是诚信二字，并不一定是说他们泰裕票号的诚信就是天下第一。至于他的第二个要求，张之洞反反复复想了很久，最后给自己找了这样一个台阶：一来，捐官的风气由来已久，不足为怪，二来即使孔老板做了道台，他依旧要做他的票号生意，并不会等着去补缺，也就不会去抢别人的位置，所以对孔老板来说不过是得了个空名而已。再者按朝廷规定，捐四万便可得候补道台，孔老板要捐五万，已经超过了规定的数目，给他个道台的虚名，于情于理，都不为过。还是答应他算了，要不，他五万两银子怎么肯出手？为了五万两解困的银子，张之洞终于自己“说服”了自己，而孔老板最后也答应了张之洞的折中方案。

这种妥协看上去使人丢失脸面，有时是物质上的，但是仔细想一想，在这些妥协之后，你能得到更大的利益，这样能完成自己想办的事，达到自己的目的。

15. 坚持与放弃

“李代桃僵”说的是取与舍的道理，在人生道路上我们需面对许多选择，这就要我们懂得取舍，要做拿得起、放得下之人，到该放弃之时，就要毫不犹豫地放弃。

著名歌手郑钧出生在西安一个知识分子家庭中，童年时，父亲因病辞世。这是他人生道路上遇到的第一次重大打击，也就是在这个时期，他形成了独立生活的能力与坚毅的品格。

郑钧于1987年考入杭州电子工业学院工业外贸专业。在大学中开始建立了他与音乐的“缘”。在校期间，他听到了许多英、美20世纪六七十年代优秀的流行音乐和摇滚音乐，一些杰出的歌手、乐队及其作品，使他深为迷恋。

他用生活中节省下来的钱买了一把木吉他，在没有任何音乐基础的前提下，开始如醉如痴、不知疲倦地练习。他已深深爱上了音乐。

这时摆在他面前是两条路。一条是学好专业，将来做个出色的商人；一条是发展自己的爱好。很明显这两者是无法兼得的。选择一条，就必将牺牲另一条。经过痛苦的思索，郑钧以牺牲专业为代价，毅然决然地离开了学校，全身心地投入到音乐练习当中。

这在当时绝对是一个大胆的行动。然而随之而来的两年的冷遇让他饱尝了绝望。冰凉的现实令他难以平静地面对，于是他躲进了音乐里苦苦地追寻。

凭着一份坚韧和执著，他终于等到了机会，他结识了北京著名音乐经纪人郭传林。那是一次非常偶然且戏剧性的相识，郭传林听完郑钧的歌曲小样后对他大加赞赏。郭传林当即把他推荐给红星，红星以敏锐的洞察力看出了郑钧的潜质，并鼓励他继续从事音乐创作。而红星所表现出的对音乐人才的诚意与高水平的制作水准也吸引了这位热爱音乐的年轻人，以至于郑钧决定放弃出国的打算。1992年的7月，郑钧与红星签约，成为一名职业创作歌手。随后1994年6月他发表首张个人专辑《赤裸裸》。1998年初，经过全国及整个东南亚华语地区听众投票选举，郑钧荣获1997年度卫星电视音乐台“CHANNELV”颁发“神州最佳男歌手”奖项，此为内地歌手首次获此殊荣。1999年4月1日，其第三张专辑《怒放》由上海音像正式发行，上市不到5天，第一批20万盒卡带全部售罄。北京、上海等许多大城市出现断货局面，上海音像高层人士直言“已许多年没有出现这样的景象了。”

成功后的郑钧依然孜孜不倦地求索、奋进。正是当时正确地做出了李代桃僵的选择，才有今天的郑钧。

所以，在生活中，我们为了心中的理想要勇敢地选择放弃，并且不断追求，虽然追求是一个苦难的历程，但认真选定的终点决不应轻易改变。

第八章

培养好心态：让心态成就你一生

比尔·盖茨何以成为全球巨富？卡耐基为什么如此成功？李嘉诚跻身世界十大富豪的原因何在？沃伦·巴菲特靠什么成为"华尔街股神"？你想成为他们中的一员吗？那就培养好心态吧！

1. 时时都是最后一天

把每天当做最后一天，激励你好好把握今天，不会再拖延行事，不会再产生怀疑，不再恐惧，不会再游手好闲而是会用自己的忠诚，自己的爱，去证明你人生的价值。

美国女作家海伦·凯勒著名的文章《假如给我三天光明》，是她以一个残疾人特有的艺术感觉，描述了一个残疾人对生命、对健康特有的感悟。她写道：“我不能把今天用堤岸围住，第二天带回来。我要用双手抓住这一天的每一秒钟，并用爱心抚摸。”这句话形象而生动的表述了一个热爱生命的人，对于生活所持有的态度和关于生命的感悟。正因为她具有这种良好的心态，对生命的积极的态度，才让她的生命不至平庸，才让她的人生具有非凡的意义。

从我们这些耳聪目明、四肢健全的人的角度来看，太阳光下这色彩斑斓的世界实在算不了什么，人世间鼎沸喧闹的市声实在也算不了什么。正因为如此，我们便毫不珍惜那些似乎极容易得到的东西：色彩、光明、喧闹，乃至于我们的生命。所以，我们身边的大多数人虽然耳聪目明、四肢健全、体格硕健，但却饱食终日，无所事事，到最后并没有取得人生的最后成功。

我们试想一下，和海伦来个角色对调，假如今天是我们生命的最后一天，假如每天都是我们生命的最后一天，我们又如何对待这最后一天呢？你还会那样随意挥霍自己的生命吗？

在这最后一个宝贵的日子里，你该怎么办？我想你也会把这最后一天的时间封存起来，不浪费每一秒钟。你不会为昨天的不幸、昨天的挫败、昨天的悲痛而哀伤。

时间可以倒退吗？答案是否定的，因为即使我们把时针拨回，时光也在流走。还有，太阳会从落下去的地方重新升起来，在升起的地方落下去吗？你能重新体验昨天的错误而加以改正吗？你能消除昨天的创伤，并恢复过来吗？你能变得比昨天更年轻吗？你能收回昨天说出口的坏话、已打出手的拳头和引起的痛楚吗？不能！这些你都不能！昨天已经永远埋葬在地下了，所以你不要再去想它。

那么，你该怎么办，忘掉昨天，又不能想到明天？你为什么为了想得到或许会得到的东西，而损失已经得到的东西呢？你明天的太阳还会升起吗？你明天的光阴会在今天过吗？在今天的路上，能做明天的事吗？你能把明天的金银放进今天的钱包里吗？明天的孩子会在今天出生吗？我应该为明天可能发生的事而苦恼吗？不！你不能。明天和昨天都已经埋入地下，你不会再去想它们。

今天是你生命中仅有的一天！你怎么度过？你只有一条生命，生命不过是一段时间而已。如果你浪费了今天，你就是毁坏了你生命的最后记录。所以，你会珍爱今天的每一小时，因为它永远不会再回来了。你不能把今天用堤岸围住，第二天带回来，因为谁也不能去捕捉风。我要用双手抓住这一天的每一秒钟，并用爱心抚摸，因为它的重要性是任何价值也买不到的。垂死的人愿意拿出他所有的黄金买一口气，可他能如愿吗？

今天是你生命中的最后一天！你会逃避以前的生活方式，好好享受现在的生活。你会愤怒地躲避那些在麻将桌上浪费时间的人。对别人的拖延行为，你会用自己的行动去摧毁；对怀疑，你会用你自己的忠诚埋葬它；对人生的恐惧，你会以你的胆量去分割它。那些专说别人闲话、对他人的行为说三道四的地方，你不会再去了；不务正业的事情，你也不会去做；游手好闲的场所，你也不会呆。你会用自己的忠诚、自己的爱，去证明你人生的价值！

假如今天是你生命中的最后一天，我想你一定会把时间封存，做你最想做得最有价值的事，而非浪费时间，因为你对你这一天的时间恋恋不舍，不忍放手。

2. 野心与上进心

野心与上进心，一字之差，但都比贪心强，只要合理运用野心，野心可以转变成上进心，而贪心则会注定失败。

人可以有野心，只要你把野心发展成为上进心那么你就会成功，下面是一位外交家爸爸写给儿子的信：

我亲爱的孩子，我很高兴地说，看到在你最近的文章中，你提到自己喜欢野心胜过贪婪我很高兴。的确，野心与贪婪之间并没有任何相似之处。

贪婪是一种下流的情绪，是一种肮脏的情绪，是万恶之源。我从未听说过，一个守财奴具备任何一种高贵或良好的品质。但是就野心来说，即使它是一种恶习，至少也是一种绅士的恶习。野心的目标和动机决定它该受责备，还是该受赞赏。就暴君和征服者来说，他们疯狂地破坏、报复这个世界，用践踏人类所有的权利来满足自己的野心。毫无疑问，他们是所有罪犯中最危险、最可怕的一种，他们这种疯狂的野心是应当遭到痛斥的。但是，对那些想要在一切值得称赞的事情上超越他人的野心，也是极其可贵的，不仅不应当受到谴责，而应当将它从最微小的种子慢慢培育成参天大树。

你会，我也希望你会，希望你在你目前的小小领域里拥有野心。我记得，我像你这般大小时，我就有强烈的野心，要在所有值得称赞的事情上胜过我的同龄人。为此，无论在任何事情上，我都付出了比他人更多的努力：为了在学识上胜过别人，我刻苦努力地学习；如果在我们的小游戏中，他们表现得看上去比我更加机敏，我就会感到痛心；不仅如此，如果他们在跳舞、走路或者坐姿上表现得比我优雅的话，我也会为此感到不安的。

别看它们是些微不足道的小事，你无论如何也不应该忽视。因为，在日常生活中，它们比你想象的更加有用，特别有助于你的专长在公共场合更加有效地发挥作用。

我在这里之所以强调你的“专长”，是因为你必须在那方面表现出众，不然的话，你就很难让自己突出出来，只会让人轻视。我相信，你知道我所指的，是在公共场合和私下交谈中都要做到言语流利、措辞准确。

伟大的西塞罗曾说，值得称赞的野心的首要目标应当是学会演讲术，他还声称这是人和走兽之间最主要的区别。这是一种野心，却由于它的目标是要取悦他人和迈向社交成功的，因此是值得称赞的。噢，一个诚实的人看见（你看，我努力模仿你华美的口才）听众的情绪就悬在他自己的舌头之上，他正成功地说服大家接纳自己的观点，抛弃他们自己的看法。这情景将会带给他多么高尚的欢乐啊！当然，所有这一切的前提就是这位诚实的人要有出色的口才！

但是我常常遇见这样的情况，看见一个人在更多时候的表现是，他的口才并不佳，即使他具备一定的口才，也不可能在任何场合都能做到言语中没有一丝漏洞。

孩子，我寄一些关于西塞罗的书，这本书是拉丁文与法语的双译本，在你现在这个年纪，法文翻译会有助于你更好地理解拉丁原文。另外，我在他有关对口才的理解部分作了记号，你用心去阅读、体会它吧！

上帝保佑你，我的孩子！

看，这是一位外交官父亲与儿子的通信，父亲用一种很理智、又很幽默的方式，向儿子解释了野心与上进心，帮儿子如何利用野心转变为上进心。我们是否也应效仿一下，把自己的野心变为上进心呢。

3. 用特殊的解释方式，调整好心情

乐观心态的人往往将人生的感受与人的生存状态区别开来，认为人生是一种体验，是一种心理感受，即使身处逆境，外部环境无法改变，人们也会通过自身的努力去改变自己的生存状态，人通过自己的精神力量去调节自己的心理感受，尽量地将其调适到最佳的状态。

英国思想家伯特兰·罗素认为，人类种类各异的不快乐，一部分是根源于外在社会环境，一部分根源于内在的个人心理。面对现实的经济状况以及生存的竞争，怎样才能使自己的心理调整到快乐状态，使乐观成为不可或缺的维生素，来滋养自己的生命？孔子曰：“仁者爱人。”认为只有博爱的人才会懂得善待自己，善待他人。的确生命就像种地一样，你播种了什么就收获了什么，你给予了什么就得到了什么。

伟大的苏格拉底说，有一次，他跟妻子吵架后，刚走出屋子，他的妻子就把一桶水浇在他头上，弄得他全身尽湿，他于是自我解嘲地说：“雷声过后，雨便来了！”一个乐观的人，当他面临苦难和不幸时，绝不自怨自卑，而是以一种幽默的态度，豁达、宽恕的胸怀来承纳。乐观的心态是痛苦时的解脱，是反抗的微笑，笑代表一种心情，时时有好心情是一种境界。

要拥有乐观的心态，首先目光就要盯在积极的那一方面。一个装了半杯酒的酒杯，你是盯着那香醇的下半杯，还是盯着那空空的上半杯？从篱笆望出去，你是看到了黄色的泥土还是满天的星星？以不同的心态去看待身边的事物，就会收到不同的效果。有这样一则小故事，说的是有家做鞋

子的公司，派了两位推销员到非洲去做市场调查，看看当地的居民有没有这方面的需求。不久，这两个推销员都将报告呈给总公司。其中一个说："不行啊，这里根本就没有市场，因为这里的人根本不穿鞋子。"而另一位则说："太棒啦，这里的市场大得很，因为居民多半还没有鞋子穿，只要我们能够刺激他们想要的需求，那么发展的潜力真是无可限量啊！"同样一个事实，但有完全不同的见解。这实际上讲的是心理学上有一种"漏掉的瓦片效应"，一栋房子顶上铺满了密密麻麻的瓦片，但有的人在看房顶时，不是看铺得很好很整齐的瓦片而是专看那一块铺漏了的瓦片。自然这种凡事专挑自己的缺点，总是爱自己为难自己的人是不会快乐的。宾夕法尼亚大学的心理学家马丁·塞利格曼与同事彼德·舒尔曼在一项重要研究中调查了大都市人寿保险公司的推销员，发现乐观主义者能多推销20%。公司受到了触动，便雇用了100名虽未通过标准化企业测试但态度乐观一项得分很高的人。这些本来可能根本不会被雇用的人售出的保险额高出推销员的平均额10%。

美国有一位心理学家指出：烦恼是一阵情绪的痉挛，精神一旦牢牢地缠住了某事就不会轻易放弃它。不良的心境有一种顽固的力量，往往不易摆脱，当一个人心境不佳时不要过分独自地冥思苦想，最好将自己的心事倾诉出来，或是转移到其他的事情上去，心理学上称之为"心境转移"。乐观主义者成功的秘诀就在于他的特殊的"解释方式"。当推销失败之后，悲观主义者倾向于自责。他说："我不善于做这种事，我总是失败。"乐观主义者则寻找客观原因，他责怪天气、抱怨电话线路、或者甚至怪罪对方。他认为，是那个客户当时情绪不好。当一切顺利时，乐观主义者把一切功劳都归于自己，而悲观主义者只把成功视为侥幸。

克雷格·安德森让一组学生给陌生人打电话，请他们为红十字会献血。当他们的第一、二个电话未能得到对方的同意时，悲观者说："我干这事不行。"乐观主义者则对自己说："我需要试试另一种方法。"

一位读者就这个问题来信说："我上学时有一次我考完英语后感觉非常不好，心里很难过，身边的人都对我说没有关系，这次可能是你准备不足，下次继续努力就好了，可是我还是很难受，因为我觉得我已经尽到努力。我不停地责备自己是不是太笨，心里越想越难过，甚至晚上都睡不好，我在给我美国笔友的信中情不自禁地表达了这种抱怨，他写信来的第一句话我至今记忆犹新，他说：'如果你考得不好，并不是你的错，是你的老师教得不好。'从小到大我们所受的教育都是不要把错误归咎到别人身上，要从自己身上找缺点，要从主观上找原因，因此他的话让我非常吃惊。可是我在仔细思考他的话后却发现，的确是这样，我们的英语老师不仅发音不标准而且照本宣科，问她问题时回答也含糊不清，上课根本调动不起我们的积极性。这样想我心里好受多了，而且按照他的建议多从交流、口语入手，成绩果然提高了不少。"

的确，在多数人身上，乐观主义和悲观主义是并存的，但总更倾向于其中之一。这是一种所谓"早在母亲膝下"就开始形成的思维模式，美国一位学者卡罗尔·德韦克博士对小学低年级儿童做了一些工作，她帮助那些屡屡出错的困难学生改变他们对失败原因的解释，从"我是很笨"变成"我学习还不够努力"，他们的学习成绩果然随之提高了。

乐观的人总是能从平凡的事物中发现美，生活中不乏欢乐，欢乐还要你去用心地体会。

做一些快乐的事情，做一些自己喜欢做的高兴、有益的事，只因为快乐是一种生活态度问题，真正的幸福来自内心。

4. 培养富足之心，笑看输赢得失

人生在世，主观上追求什么，就能从根本上决定一生的命运，如果想做快乐人，就要去想美好的东西，笑看输赢得失，这里就教你几招。

改变我们思考的重心，试着去想美好的东西可使我们快乐。例如不抱怨你的薪水，而是感激你拥有一份工作；不期望你能去巴厘岛度假，而是想到你家附近也有乐趣。

一个能够笑看输赢得失的人，他们深信自然和自己的潜能足以实现任何梦想，认为一个成功者周围就必须倒下千万个失败者是不成功的，真正有效的成功者只在自己的成功中追求卓越，而不把成功建立在别人的失败上。

富足之心，笑看输赢得失是在以下几点上培养起来的。

（1）赞美孤独，不排斥孤独

富足之心是宁静的是孤独的。个性并不害怕孤独，反而赞美它。孤独是个性最美好的一部分，原本就不存在能不能忍受的问题。

笑看输赢的人总是能够给自己留出时间，享受独处的欢乐，整理往事、展望前程，想象出类拔萃的美好生活。内心贫乏的人，生性急躁，喜欢喧嚣和热闹，一刻也离不开从他人眼中找寻自己赖以生存的保障，独处将倍感寂寞，但自身环境却又窄得令人窒息。笑看输赢的人，独自承受个性滋润、修身养性。他享受宁静和孤寂，在反省中看见自身的不足。他把自己准备得很充分，再投入步调紧凑的生活中去。

（2）帮助他人不求回报，而非斤斤计较得失

笑看输赢的人愿意任意地帮助他人，不求名不求利不求回报。他知道内心里献出东西，依旧会从内心里再次产生出来。

（3）不自怨自艾，乐观向上

笑看输赢者对损失看得很淡。他相信相对于整体而言，损失的不过是小小的局部。他们不会不能释怀，不会老是对自己怨艾和指责，知道谁都有犯错的时候，他们勇于承认错误，并宽恕自己和他人，他只是采取行动来挽回损失。满心喜悦地做着自己能力范围内的事。尽其所能去弥补损失。

（4）放弃“多多益善”的想法，只要够温饱就行

只要你拥有“多多益善”的想法，认为物质生活“越多越好”，你就永远不会满足。

每当我们得到什么，或达到了某一目标，我们大部分人就会立即再继续去做下一件事。这压制了我们对生活和我们许多幸福的欣赏。

学会满足并不是说你不能、不会或不该想得到比你的财产更多的东西，只是说你的幸福不要依赖于它。

换一种角度、建立起一种新的欣赏，你就会发现你的生活是如此美丽，如此精彩。

5. 寻找位置

心态决定一切，心态决定命运，心态是自己的主人，要么你去驾驭生活，要么生活驾驭你，你的心态决定谁是坐骑，谁是骑师，这需要你平衡心态，找对自己的位置。

自卑与自负是双生儿如影随形，在自卑出现时必有自负身影。有句谚语："爱之过甚则憎之亦极。"的确，自负往往可以转为自卑，自暴自弃。

教育专家认为，儿童一旦丧失自信，就会止步不前，学习成绩渐渐下降。简单地说教育的本质就是"帮助受教育者树立自信。"因此，儿童如果丧失自信，那问题就十分严重了。

父母教育孩子或祖父母教育孙儿时，最容易出现的错误是"比较判断"。总拿自己的孩子与别的孩子作比较，常常把孩子的成绩与优异的哥哥、姐姐或附近的同学作为比较的标准，从而对孩子严加申斥。他们没有意识到，自己的动机虽然出于鼓励，效果却相反。往往使孩子的自尊心受到强烈刺激，以至丧失自信，引起孩子的反抗心理。

说教要找到合适的方式，如果不注意方式方法，原本打算激励，反而会得到相反的效果。例如采取诸如"你猪呀"、"傻瓜"等斥骂方法，亦即用所谓强烈的“消极方法”，孩子就会真的变得愚蠢，甘居落后。

以上是别人看不起自己，而有些人对自己也采取贬低的态度。“我不行，没能力。”看不起自己的人终有一天会变为一个无所作为的废物。而且，别人也会在不知不觉中开始轻视他们，看不起他们。显然，这是自作自受。

人不可自负亦不可自卑。不过，较之自负，自卑尚略有可取之处。自负源于优越感，自卑源于自卑感，自卑感是优越感的反面。有些人自卑感强烈，这表明他的内心非常希望能超过他人。因为自负的人之所以自高自大是因为以劣于自己的人作为比较的标准。自卑的人之所以自暴自弃是因为假设的标准过高，差距过大。不过，自卑的人有时可以通过某种机缘，抛掉自卑感，转而奋起，迅速成长。令人惊异的是，历史上许多名人都具有强烈的自卑感，他们为自己的贫穷、门第、身份、学习成绩以至身体状况而深感自卑。但他们把这一切转化成了反抗奋进的动力，迅速成长起来。

据说丰臣秀吉与拿破仑都是矮子，出身也不高贵。不过一般说来，大部分矮子都是自强不息的人。从丰臣秀吉本身的家庭来说，次子、三子往往比长子更坚韧，其事业成功率更高。因为他们不服气长子，是在不断地比较中成长的。

总之，把自己与其他人相比较，对自己做出正确的判断，以更高的标准作为自己的目标、自强不息的动力，永不停步，直至生命的最后一刻。

6. 克服神经质，成就好心情

神经质是一种心理疾病，对人们的心态影响十分大，并且现在社会中的许多人，或多或少都有点神经质，神经质已成为一个社会化问题，因此我们要克服神经质，调节自我情绪。

神经质与人的情感智商有一定的关系，是一种较为轻度的心理病症。神经质的主要表现为责任心淡薄，对批评反应强烈，甚至有时发生暴力行为，缺乏理智，有时说谎、易怒，以自我为中心等。其性格类型表现为常跟人冲突，有显示自己力量的大胆举动，倾向于恶意地解释各种社会现象，以反抗的态度来显示自己的倾向性。神经质得分过高的人应注意改变这种状况，通过不断调整情绪，用理智的力量来控制、转移和调整自己的心态。

那么，如何正确地调整自己的情绪呢？

首先，也是最重要一点，是要有正确的人生态度。在现实生活中，我们经常可以看到，同样的环境同样的遭遇，人的情绪反应有很大的差异。正确的人生态度，能帮助我们端正看问题的角度，帮助我们想通许多问题，缓解不良情绪，培养积极、健康的情绪。

其次，要具有宽广的胸怀。度量宽宏、心胸豁达是保持积极乐观情绪的基本条件。那些在情绪上容易大起大落，经常陷入不良情绪状态的人，几乎都是心地不宽、心胸狭隘的人，类似这样的人就是神经质者。

威利森看到两个同事在一起聊天，就凑过去，没想到同事居然不说话了。他先是很不高兴，继而产生怀疑，认为同事们都在说他的坏话，很是生气。当天晚上就跑到同事的家“算账”，还将同事的朋友和亲属打伤。

威利森就是一个神经质者，如何克服呢？他首先要做的是扩大自己的生活面和知识面，在精神上充实自己，享受丰富多彩的生活，不计较眼前得失，心胸就会自然豁达起来，情绪也不会如此波动了。

再次，要热爱工作，学会调节人际关系。对工作缺乏情趣的人，或是人际关系不良的人，精神上没有寄托，思想不安定，情绪就不稳定，容易产生神经质。反之，一个热爱工作并具有良好人际关系的人，就会在自己的身边形成一个比较和谐、融洽的氛围。这种氛围反过来从客观上又促进了自己，使自己心情舒畅、身心健康。

下面介绍一些克服神经质、调节自我情绪的方法，帮你摆脱神经质，培养好心态：

（1）正确地认识危机，不惧怕危机。人生中诸如疾病、死亡、破产等很难意料的事件，常影响人的心理。虽然人们完全有能力处理这类事情，但这需要时间，过分地焦急不仅于事无补，还会把事情办坏。

（2）当预感到紧张会出现时，要想出方法去抑制它。你可在头脑中设想一下如何处理它，回想一下过去是怎样对付的，回想一下你所尊敬的人是如何处理的，就可以减少焦虑，避免碰钉子。

（3）平时多注意休息，可以减少你的紧张感与神经质。获得足够的休息对身体极为有益，能使你振作精神，恢复精力。

（4）坦然面对压力，不回避掩盖任何事情。当你抱着不回避的心态，坦然面对时，压力无形之中就会减轻，紧张感就会减少。

（5）当你发现自己的情绪无法控制时，不妨试试下列方法，尽快从这种情境中摆脱出来：脱身离开那里；想一想别人在这种情境中会扮演怎样的角色；设想你已解决了一个难题而处在喜悦中；向有同情心的人倾诉自己的想法。

说了这么多，对神经质你有认识了吗？如果觉得可行，那么你就试试吧！

7. 主宰命运的心态，来自先前的准备

在绝望中摆脱烦恼，在痛苦中抓住欢乐，在压力下改变心态，在失败中找到希望，用自己的手抓住命运，自己主宰自己的命运，我们需要做好先前准备，树立远大目标。

有远大抱负的人，总有一天能实现自己的理想。哥伦布在内心构思出

另外一个世界，随后他成功了。哥白尼构思出了太阳中心，随后科学证明了他的学说；佛祖构思出一个一尘不染、宁静平和的精神世界，而且他进入了这个世界。

可能你的处境并非理想之境，可能你还身处逆境。然而如果你能够树立理想，并且努力去实现它，这样的处境过不了多久就能够得到改变。你要牢记，内心没有树立理想，你就不可能取得长足进步。

这里我们举一位境况贫寒的小贩的例子。这位小贩没有什么积蓄，为了生存，不得不在街道卖香烟。他没有受过正规的学校教育，没有掌握那些高雅的艺术。然而，他却梦想自己有一个灿烂的明天。他想到知识，想到高雅，想到美丽大方。他在内心深处勾画出理想的生活境况。这种美好的构想支配着他，督促他采取行动。于是，他利用所有的业余时间，去发掘他潜在的能量与资源。

他的思想很快就发生了巨大转变，小小烟摊再也不能束缚他了。以前那些不思进取的思想，像穿旧的衣服一样被他弃置一旁。随着机会的不断增多，他潜在的能力便有了用武之地。

几年过去了，当人们再次见到这位小贩时，他已成了一位成熟而且成功的人士。人们感觉他成了某种思维力量的主宰，他能够很好地利用这种力量来实现自己的理想。他已开始肩负起重大责任。他自豪地说，生活改变了。周围的人乐意倾听他的话语，牢记他的思想，并用之重新塑造他们的品格。他实现了自己年轻时的理想。在人们眼中，他是一位有远大抱负的人。

担忧、恐惧、麻烦等，会把目标瞄准那些毫无目标的人，把他们当做首选猎物。因为担忧、恐惧、麻烦、可怜，正是懦弱的体现，这肯定会像蓄意作恶那样导致失败、不幸福及空虚失落（尽管导致这种结局的方式有所不同），这是因为懦弱无法在能量进化的宇宙中找到适合自己生存的土壤。

而那些心怀目标，又具有远见卓识的人，他让目标成为他至高无上的职责，并全力以赴地达到这一目标。即使他在实现这一目标的征途中一次又一次地失败，但他从失败中所获得的品质和力量，可以推动他获得真正成功，而且这将在他人生中成为未来力量与胜利的出发点。

一个人要想主宰命运，在有了目标后，还应有正确的思想。土壤中没有种子，就没有禾苗破土而出；没有了思想的种子，人的行为也无从谈起。无论是自然而然的行为，出乎意料的行为，或者是精心设计的行为，都体现出了同一个道理。

行为是思想的花，欢乐与悲伤则是思想的果；到底能收获甜蜜的果实，还是收获苦涩的果实，都取决于播下的种子。这就是我们常说的种瓜得瓜，种豆得豆。

尽管头脑中的思想使我们成为现实中的人，但思想却是我们精心培植的。

自己的未来自己把握，自己塑造自己的人生。人的行为是由思维支配的，人们在动用武力思想的指导下，就千方百计地制造出了自我毁灭的武器。人们也崇尚一种思想工具，用这种思想工具可为自己创造出无限的欢乐、力量与和平。通过做出正确的选择，培植正确的思想，人就能够升华至神圣的完美；而对邪恶思想的培植及滥用，则必然导致人沦落到兽类的层次。在这两个极端中间，是各个层次的品质，而且人是自己命运的创造者及主宰者。

人是思想的支配者，品质的培养者，状况、环境及命运的塑造者。作为力量、智慧与关爱的化身，以及自己思想的主人，人掌管着一把能应对任何境况的万能钥匙。在他的自身内设置了一个转化及再生的装置，借助这个装置的运作，人可以具备自己所想具备的那种品质。

人应该成为自己命运的主人，应能够认真思考自己所处的境况，并对自己生存及发展所应遵循的自然规则孜孜以求的话，应能非常聪明地利用自己的能量，培植美好的思想，最终取得丰硕的成果。

做到这些便是一个有觉悟的主人。人们只有在自己的身心内发现了思想的法则，才能够成为这样的人。这种发现需要的是用功、自我分析及体验。

人应该是自己品质的培养者、生命的把握者、命运的构筑者，而做到这些就要做好先前准备，要有远大的目标，并懂得调试心态。

8. 调整心态，做生活的强者

现实是每个人生活的基础。对于那些不停地抱怨现实恶劣的人来说，不能称心如意的现实，就如同生活的牢笼，既束缚手脚，又束缚身心，而那些真正成大事的人，则敢于挑战现实，在现实中磨炼自己的生存能力。

生活中我们会面对各种各样的挑战，那么我们怎样来战胜挑战，做生活的强者呢？

（1）做个有心人

有这样一位普普通通的下岗女工。她敢于挑战命运，最终取得成功。

这位下岗女工叫陈红，她面对三次下岗，却不甘命运的摆布，自强不息，走上了一条充满荆棘的创业之路。经过几年的拼搏，创建了几十万元资产，用自己勤奋的双手，塑造了不屈的人生。

1997年初，陈红不可避免地遭受到了下岗的命运。虽然失去了“铁饭碗”心碎般难受，但她是要强的女人，她坚信，别人能够做到的事，自己也能做到。关键是要有决心、有毅力。痛定思痛，她不再寄希望于铁饭碗，决定寻找自食其力的门路，实现自己的人生价值。1997年9月，她多方筹资2000元购买了毛线编织机，并报名参加了编织技术培训。一个月后，她用所学的技术开了一个毛线编织加工店，很快生产出第一批产品。织出的毛线衬裤规格齐全，花色多样，价格便宜，邻里朋友口碑相传，小小编织店的名气一下在响水县城传开了，生意越来越红火。

苦心经营两年多，别人见这营生有利可图，便纷纷入围，小编织店一下如雨后春笋般地冒了出来，竞争日趋激烈。再加上苏南针织品在响水县低价倾销，使得编织店的利润越来越低，陈红的生意也越来越不景气，这时她主动放弃了编织市场，另找门路。她走南闯北，调研市场，又办起了该县第一家涂料厂，高薪聘请技术员，开发出了填补国家空白的产品，一炮打响，取得巨大成功。

我们可以得出一条成大事的经验：适应现实的变化而迅速改变自己的观念，最重要的是需要我们有一副聪慧的头脑和灵活的眼睛，做生活的有心人。

（2）要紧紧抓住机遇

社会环境的变化，虽然对一个人的命运有直接影响，但是，任何一个环境，都有可供发展的机遇，紧紧抓住这些机遇，好好利用这些机遇，不断随环境之变调整自己的观念，就有可能在社会竞争的舞台上开辟出一片天地，站稳自己的脚跟。

因此，在现代社会，要获得机遇的光顾很困难。人人都应眼盯机遇，创造机遇，改变不利于发展的现实。

某音乐学院的一个大学生，被分配到某企业的工会做宣传工作。刚一开始，他很苦恼，认为自己的专业才能与工作不对口，在这里长干下去，不但自己的前途会耽误，而且日久生疏，自己的专业也可能被荒废。于是他四处活动，想调到一个适合自己发展的环境中去。可是，几经折腾，终未成功。之后，他便死心塌地地安守在这个工作岗位上，他发誓要改变“英雄无用武之地”的状况。他找到单位工会主席，提出自己要为企业筹建乐队的计划。正好这个企业刚从低谷走出来，扭亏为盈向高潮发展，也想大张旗鼓地宣传企业形象，提高产品的知名度，就欣然同意了他的计划。这回他来了精神头，跑基层、找人才、买器具、设舞台、办培训，不出半年，就使乐团初具了规模。两年以后，这个企业乐团的演奏水平已成了全市一流，而且堪与专业乐团相媲美，而他自己也成了全市知名度较高的乐队经理。通过自己的努力，他完全改变了自己所处的环境，化劣势为优势，不但开辟出了自己施展才能的用武之地，而且培养了自己的领导管理才能，为他以后寻求更大发展奠定了坚实的基础。

现实是可以适应的。从大的方面来说，国家的一个新政策就可以改变社会大环境，一个城市的自然环境就可以被工厂的污水、废气所破坏。小至单位，一位有威望的领导，他的兴趣爱好足可以带动全单位职工的兴趣爱好等等。当然，改变环境需要许多条件，但最重要的是你的信心与智慧，这二者其实也是相辅相成的，有了适应现实的决心，肯定能够想出适应的办法。

对于试图成大事的人而言，究竟怎样才能很好地适应现实呢？

从客观上来说必须从实际出发，正确认识客观现实，不逃避现实也不做无根据的幻想，从而把自己置于这个环境之中，了解它，掌握它并进一步改造它。

从主观上来说要采取积极态度，不是消极等待，在选择对策时应当审时度势，有条件地选择改造现实的条件，这样才能既不想入非非，又不自暴自弃，找到最佳方案。

不论适应现实还是改变自己，都要有一个转变和考虑的过程，在这个过程中，往往会有某些困扰，为解决这种窘境，不妨采用心理防御措施，达到解脱的目的。

不要再在原地抱怨现实的不公平了，赶快面对现实从现实中站起来，向前大步走吧！

9. 保持进取心

龟兔赛跑，龟虽然爬行缓慢，但它贵在坚持，永远保持进取心，而兔子自认为是长跑冠军，竟然中途休息，错失获胜机会。

龟兔赛跑的故事告诉我们：只有永不停息、一直向前，才能成大事。

永不停息地超越自我，表明了成大事者的进取心。他们和时间赛跑，和自己赛跑。他们攀越一个个高峰并一次次地去征服下一个高峰。成大事者是在超越自我，因为那样比赢得冠军会更有意义。

当我们参与某项活动，实现了以前想都不敢想的梦想时，一份罕见的、甜美的时光就会充满我们的生活。这是一次有意义的努力，因为这次努力，超越了自我，激发了潜力。

一个刚造出来的航海罗盘，它在没有经过磁化之前，指针的方向是混乱的。一旦磁化后，它就像被一种神秘的力量支配着，总是指向同一个方向，永远指着那个方向。

这种神秘的力量对人类来说，就是进取心。它促使我们不断地努力，从不懈怠，从不满足。每当我们走过一段、跨出一步的时候，它就会在下一个目标向我们招手。

记得有人曾向美国一个薪水最高的职业经理询问过成功的秘诀，而那位经理说出的话却让当事人很费解，他说："我还没有成功呢！没有人会真正成功，前面还有更高的目标。"

人是为成功而来，是为成功而活。绝大多数人能不怕艰难险阻走完人生历程，就是因为对成功的渴望始终存在。把这种渴望叫做信念也好，使命也好，责任也好，任务也好，总有期盼和牵挂，总有要完成的欲求，否则就会心有不甘，死不瞑目。

并且，成功并不是一个固定的蛋糕，数量有限，别人切了你就没有了。成功的蛋糕是切不完的，关键是你是否去切。你能否成功，与别人的成败毫无关系。只有自己想成功，才有成功的可能。

成大事者决不会耗神费力让偶尔的失败腐蚀自己的坚毅，而是用更多的力量去争取成功，争取胜利。要不停地激励自己向着更高的目标前进，拥有了这个习惯，就可以把身上不好的习惯和品质消灭，消灭它们赖以生存的环境和土壤。在成长的过程中，每个人迟早都会明白，并不是每天都好似圣诞节。我们追求的成功也不会次次胜利，所以我们必须记住：不是每一次努力都会获得成功的。

许多成大事者都是很早就意识到了进取心的作用，他们用进取心敲开了自己的心灵之门，在多次的磨炼和严重的打击下更加坚定了决心。即使你有一颗成大事的雄心，如果不能摆脱自身的坏习惯，在多种意外的打击下，你的意志也会削弱，从而你的雄心壮志也就会化为轻烟薄雾，没有实现的可能性。

年轻的时候，我们很少意识到自己懒惰的病状。我们蛮不情愿地应付着各种意外的情况，认为这才是超然世外的洒脱；随着岁月流逝，我们仍然懒洋洋地对待一切。可是当我们从懒惰之中如梦方醒的时候，这才发现，晶莹剔透、鲜嫩欲滴的年轻时代一去不返了，而那份洒脱已经变了味儿。但是当我们能够想到这点的时候就应该把握住这个机会。

有这么一个人，他一开始生活在宾夕法尼亚的一个山村里，从事着马夫这个卑微的职业。当他抛弃了马夫职业的时候，他做的第一份工作是在钢铁大王安德鲁·卡耐基的工厂做工，他并没有把这份工作的薪水看得有多重，而此时他所关心的是新的位置和过去的位置相比哪个更有前途和希望。正是这种想法使这个人在新的位置上拼命地工作，他希望通过自己的努力换来等价的回报。在他快30岁的时候，坐上了卡耐基钢铁公司总经理的位置，也许这和他有高尚的目标有关。当他39岁的时候，他又坐到了全美钢铁公司总经理的位置上。说到这，大家应该知道这个人是谁了吧！他就是美国著名企业家查尔斯·齐瓦勃。

正如著名的心理学家亚伯拉罕·马斯洛博士说过：“每个人都可以选择是向后走求安稳，还是向前走求发展。如果发展是你每次都要做出的选择，那么困难也是要一次又一次的克服和战胜。”

齐瓦勃选择了后者，他不求安稳的生活，他要努力地向前发展，用乐观的心态和愉快的情绪去做伟大的事业。只有把工作做得尽善尽美、精益求精，才能成为公司的重要成员。齐瓦勃就沿着这条路一直走着，最终他成功了。

如果你现在的位置是一名职员，但你有着进取心，你想要迅速地达到提升，就要勇于做那些别的同事不能做或不愿做的工作，去努力完成它，只要你能攻克这个课题，你就能很容易实现你最初小小的心愿，超越那些资历比你高的职员。

天下没有一个雇主不喜欢有上进心的下属，他们在随时随地的观察着员工们的表现。所以，只要你表现突出，被提拔的可能性就高于其他同事。

生活中免不了会有风险。任何一个意想不到的坏消息，都会没有任何征兆的突然降临，让我们措手不及，难以应付。用生命冒险，对我们人类来说太难了，而且也是很难平衡的事。有时我们为了下一轮的争战，下了太多的赌注；有时，我们感到受了欺骗和伤害，于是再也不想赌下去了。

优胜劣汰的进化论已为我们做好了“安排”，使我们在食物链的竞争中，力求生存。适当的压力对我们的健康非常必要，当然，太大的压力，例如太高的声音对我们会有害处，可是，没有压力，例如完全的寂静，也会让我们失去奋斗的激情。

所以成大事者要保持进取心，朝着适合自己的目标前进并不断追求新的目标，取得卓越的成就。

10. 心态的最佳位置，助你成功

从某种角度来说，我们都是射手，都想在生活中瞄准某个目标一射而中。要想一射而中，我们就必须要保持积极心态，因为积极心态是信心、希望、诚实、爱心和忠实的化身，所以要找到心态的最佳位置，取得成功。

心态分两种，积极心态和消极心态。积极心态能发挥潜能，能吸引财富、成大事者、快乐和健康；消极心态则排斥这些东西，夺走生活中的一切，使人终生陷在谷底，即使爬到了巅峰，也会被它拖下来。

在人的一生中，积极的心态是一种有效的心理工具，使你能够看透自己的必备素质。如果你认为自己能够发挥潜能，那么积极的心态便会使你产生直觉，从而使你如愿以偿。如果你抱有消极心态，那么你只会驻足不前，不敢面对困难，会抑制你的潜能，从而感受不到生活的乐趣。

一位射击世界冠军之所以能成为冠军，在很大程度上取决于他的心态。每次射击，他都会举起他的弓，眼睛锁定三十码外的靶心。此时此刻，除了红心以外，没有任何事可以吸引他的注意力。他拉紧了弦，眼睛注视目标，沉静而迅速地审视一遍自己的身心状态，若感觉有一点儿不对，他就放下弓，放松，再重新拉一次。假如一切都检视无误，他只要瞄准靶心，放心地让箭飞出去，就有信心正中红心。

假想我们是在锻炼肌肉神经系统，将箭射向靶心，为什么我们不能每次都如愿呢？事实上，这是由于我们的心态决定了我们人生的成败。

我们怎样对待生活，生活就怎样对待我们。我们怎样对待别人，别人就怎样对待我们。我们在一项任务刚开始时的心态决定了最后有多大的成就，这比任何其他因素都重要。人们在任何重要组织中地位越高，就越能找到最佳的心态。难怪有人说，我们的环境——心理的、感情的、精神的——完全由我们自己的心态来创造。

世界冠军摩拉里就是一个具有积极心态的人。早在少不更事、守着电视看奥运竞赛的年纪，他的心中就充满了梦想，梦想着即将到来的成功。1984年，一个机会出现了。他在自己擅长的游泳项目中，成为全世界最优秀的游泳者，但在洛杉矶奥运会上，他却只拿了亚军，冠军的梦想并没有实现。

摩拉里重新回到梦想中，回到游泳池里，又开始投入到实际的训练中。这一次目标是1988年韩国汉城奥运金牌。没成想，他的梦想在奥运预选赛时就烟消云散，他竟然被淘汰了。

跟大多数人一样，摩拉里变得很沮丧。之后他便把这份梦想深埋心中，跑到康奈尔去念律师学校。有三年的时间，他很少游泳。可是心中始终有股烈焰，他无法抑制这份渴望。离1992年巴塞罗那奥运会不到一年的时间，摩拉里决定再孤注一掷一次。在这项属于年轻人的游泳赛中，他算是高龄，他想赢得百米蝶式泳赛的想法简直愚不可及。

对摩拉里而言，这也是一段悲伤艰难的时刻，他的母亲因癌症而离世了。她将无法和他一起分享胜利的成果，可是追悼母亲的精神加强了他的决心和意志。

令人惊讶的是，摩拉里不仅成为美国代表队成员，还赢得了初赛。他的纪录比世界纪录慢了一秒多，在决赛中他势必要创造一个奇迹。

他在心中仔细规划赛程，加强想象，增加意象训练，不停地训练。直到后来，不用一分钟，他就能将比赛从头到尾，像透澈水晶般仔细看过一遍。他的速度会占尽优势，他希望能超越自己的竞争者，一路领先。

预先想象了赛程，他就开始游了，而且最终他成功了。那一天，他真的站在领奖台上，看着星条旗冉冉上升，美国国歌响起，颈上挂着令人骄傲的金牌。凭着他的积极心态，摩拉里将梦想化为胜利，美梦成真。

史蒂芬·柯维曾告诫我们，心态是世界上最神奇的力量。带着爱、希望和鼓励的积极心态往往能将一个人提升到更高的境界；反之，带着失望、怨恨和悲观的消极心态则能毁灭一个人。因此，我们一定要保持一种积极的心态，但是我们要怎么做呢?

首先，要改变习惯用语。

不要说“我真累坏了”，而要说“忙了一天，现在心情真轻松”；不要说“他们怎么不想想办法”，而要说“我知道我将怎么办”；不要在团体中抱怨不休，而要试着去赞扬团体中的某个人；不要说“为什么偏偏找上我，上帝”，而要说“上帝，考验我吧”；不要说“这个世界乱七八糟”，而要说“我要先把自己家里弄好”。

其次，要时刻培养积极心态。

你不须看早上的电视新闻，只要瞄一眼权威性报纸的头版新闻就够了，它足以让你知道将会影响自己生活的国际或国内新闻。看看与你的职业及家庭生活有关的当地新闻。不要浪费时间去看别人悲惨的详细新闻。

在开车上学或上班途中，可听听电台的音乐或自己的音乐带。如果可能的话，和一位积极心态者共进早餐或午餐。晚上不要坐在电视机前，要把时间用来和你所爱的人谈谈天。

再者，要传递积极心态，帮助需要帮助的人。

在你生活中的每一天里，写信、拜访或打电话给需要帮助的某些人，向某人显示你的积极心态，并把你的积极心态传给别人。

将这三项培养乐观精神的方法不断地在心理和行动上去体验和操作，就会使得自己具备乐观向上的品格，为你成大事打下坚实的基础。

把心态调整到最佳状态，用良好的心态去应对一切，这样你就具备了拥有完善个性的因素，也就向成功更走近了一步。

11. 认清自身潜能

人都有创造力、创新力，也都具有竞争力，只是因为人不能够认清自身潜力，不能从压力中解脱自己、激发激力。

爸爸说他今天遇到了一个多年不见的老友，下面是他们的一些谈话：

“这些年，真不容易，你是怎么活过来的？”

“人都是逼出来的。”那位历经沧桑的老友这样平淡地回答。

……

这样的话在生活中听到的次数实在是太多太多，可是又有谁想过，这平平淡淡的几个字，竟包含了多少感人的故事和成功的真谛！

“逼出来的”究竟是怎么一回事？逼出来的是人的潜能，是人的创造力，是创新，是发展。

日常生活中，人因一“逼”之下而发挥出超常智能和动能的事例不胜枚举。

“但使龙城飞将在，不教胡马度阴山”的飞将军李广，以善射闻名。据史书记载，有一天李广出去打猎，惊见草里有一只“虎”，情急之下放了一箭。第二天去寻找被射的老虎，等找到一看，哪里是老虎，分明是一块卧着的巨石。而箭头竟然没入石中。接着他又试射了几次，箭都是碰石而落。

还有这么一个故事：有一天，一对夫妇上街购物，把四岁的孩子单独留在家中。返回时，在住宅楼附近碰到熟人，就停下来说话。突然，妈妈发现自己家12楼的窗子开着，孩子趴在窗台上正向妈妈招手。她还来不及惊叫，孩子已经失足掉了下来——她丢下手中的东西，不顾一切地向孩子奔去……就在孩子快落地的一瞬间，她接住了孩子。事后，人们做过一次模拟实验：从12楼窗口扔下一个枕头，让最优秀的消防队员从相同距离飞身来救，试了很多次，始终无法接到。

新纪录都是在比赛中创造的，而且竞争越激烈，成绩往往越好。我们上学的时候，都有这样的体会，临考试前，学习效率是最高的。

才高八斗的曹子建能够七步成诗，我们不否认其文采出众的一面，另一方面恐怕也是“刀架在脖子上”，因而才在七步之内吟成了千古绝唱。还有，逼上梁山、急中生智、背水一战、绝处逢生、狗急跳墙等等，这些成语就很好地道出了“逼”的功能。

人是一个复杂的矛盾体，既有求发展的需要，又有安于现状、得过且过的惰性。能够卧薪尝胆、自我警醒的人少之又少：更多的人需要的是鞭策和当头棒喝式的促动，而“逼”就是“最自然”的好办法。人们常说的“压力就是动力”，就是这个意思。

事实上“逼”是被“看得起”委以重托，或者是有好运气，否则不会“逼”到你的头上来。你有了，别人就失去了。

被逼，心态就会改变；被逼，就会有明确的目标；被逼，就会分清轻重缓急，抓紧时间；被逼，就会马上行动。不寻求突破，不创新，就休想跨过这道坎，于是潜能在一逼之下因迅速集聚而爆发，如核聚变。

不仅不要怕“逼”，而且还应该主动“逼”。自己跟自己过不去，自己逼自己，使自我经常处在一个积极进取、创新求变的良好的紧张状态，使潜能时常处在激发状态。除了在日常工作学习中要有这样的心态，还要订立较高的目标来“逼”自己，来提升自己。

1988年12月，亚美尼亚发生大地震，死亡人数超过5万！大楼、住宅、工厂、学校倒塌无数。

有一位妇女和其他营救队员在零度以下的严寒中，在覆盖几英里的废墟中摸爬八天，尽可能多地搜寻出还有希望救活的人。

这个妇女参加的营救活动不计其数。她曾到过地震后的萨尔瓦多和菲律宾；去过巴拿马的密林中搜寻生存者；在纽约和田纳西州寻找因桥梁折断而受难的人；到过被飓风袭击后的南卡罗来纳州；到过飞机、火车失事现场和火灾水灾现场搜寻救援过丢失的孩子、失踪的猎人和溺水者……

人们无不为她抢险救人、见义勇为的事迹和舍己为人的精神所感动。

当谈到二十年来的收获和体会时，她说：“我喜欢遇到紧急情况时产生的那种紧张感，那种兴奋感。当意识到自己正在做一件有价值的事情时，我会感到一种满意、一种自豪。在受灾现场，你能看到人类本性最好的一面，也能看到人类本性最坏的一面。而且我也曾处于某种危难境地之中。最重要的是我学会了品尝生活，活出了新意。”

这个伟大的妇女就是——卡罗琳·赫巴德。

逼自己，就是战胜自己，必须比自己的过去更新；逼自己，就是超越竞争，必须比别人更新。别人想不到，我要想到；别人不敢想，我敢想；别人不敢做，我来做；别人认为做不到，我一定要做到。潜能的力量是巨大的！

逼自己，一方面要勇于接受挑战，把自己丢进新条件、新情况、新问题中，逼到走投无路，才会想方设法，破釜沉舟，才会背水一战。另一方面，要用“自律”来逼，用目标管理、时间管理来逼，用行动结果来逼。以创新之举逼出创新的行为，得到创新的结果。创新是潜能发挥之始，亦是潜能发挥之终。

生命力是从压力中体现出来的。生命力就是创新能力，就是创造力，就是人的潜能，也就是竞争力。因此被逼不要无奈，被逼应是一种福。

12. 好心态，好工作

一个人的工作反映着他的心态，一个人一生的职业则反映着他的理想所在，拥有好的心态，那么工作则会出好成绩，好的理想，那么他则会在职业生涯中不断取得成功。

了解一个人的工作，在一定程度上就是了解那个人。因为一个人对工作所具有的态度，和他本人的性情、做事的才能，有着密切的关系。一个人所做的工作，就是他人生的部分表现。而一生的职业，就是他志向的表示、理想的所在。

如果一个人习惯于抱怨工作，那么他不会获得真正的成功。

如果一个人轻视他自己的工作，而且做得很粗陋，那么他决不会尊敬自己。如果一个人认为他的工作辛苦、烦闷，那么他的工作决不会做好，这一工作也无法发挥他内在的特长。在社会上，有许多人不尊重自己的工作，不把自己的工作看成创造事业的要素，发展人格的工具，而视为衣食住行的供给者，认为工作是生活的代价、是不可避免的劳碌。这是一种错误的观念。

勇气、坚毅和高尚品格是在不断战胜困难的实践中产生的。常常抱怨工作的人，终其一生，绝不会有真正的成功。抱怨和推诿，其实是懦弱的自白。

在任何情形之下，都不允许你对自己的工作表示厌恶。厌恶自己的工作，这是最坏的事情。如果你为环境所迫，而做着一些乏味的工作，你也应当设法从这乏味的工作中，找出乐趣来。要懂得，凡是应当做而又必须做的事情，总要找出事情的乐趣，这是我们对于工作应抱的态度。有了这种态度，无论做什么工作，都能有很好的成效。

如果一个人鄙视、厌恶自己的工作，那么他必遭失败。引导成功者的磁石，不是对工作的鄙视与厌恶，而是真挚、乐观的精神和百折不挠的热情。

一个人无论工作如何卑微，如何不如意，都要当付之以艺术家的精神，当有十二分的热忱。这样，你就可以从平庸卑微的境况中解脱出来，不再有劳碌辛苦的感觉，你就能使你的工作成为乐趣，而厌恶的感觉也自然会烟消云散。

一个人工作时，如果能以火焰般的热忱，充分发挥自己的特长，那么不论所做的工作怎样，都不会觉得工作上的劳苦。如果我们能以充分的热情去做最平凡的工作，也能成为最精巧的工人；如果以冷淡的态度去做最高尚的工作，也不过是个平庸的工匠。所以，在各行各业都有发展才能、增进地位的机会。在整个社会中，实在没有哪一个工作是可以藐视的。

一个人的终身职业，就是他亲手制成的雕像，这座雕像是美丽与丑恶，或是可爱与可憎，都是由他一手雕成的。而人的一举一动，无论是写一封信，或是一句谈话，一个思想，都在说明雕像的美或丑，可爱或可憎。

一个人有无“做事竭尽全力”的精神是决定他日后事业成功的关键。如果一个人领悟了通过全力工作来免除工作中的辛劳的秘诀，那么他也就掌握了达到成功的原理。倘若能处处以主动、努力的精神来工作，那么即便在最平庸的职业中，也能增加他的权威和财富。

不要使生活太呆板，做事也不要太机械，要把生活艺术化，这样，在工作上自然会感到有兴趣，自然会尽力去工作。

所以，我们在工作中要做到尽善尽美，要表现自己的特长，发展自己的潜能，不应因工作的卑微而看不起自己，要调整好心态赢得好工作。

13. 改变心态，改变命运

《周易》上说“穷则变，变则通”。这里的“变”，正是指自己“变”——调整自己的心态。列夫·托尔斯泰说“大多数人想改造这个世界，但却极少有人想改变自己”，是的，世界需要变，而我们也需要变来适应这个变化的环境，只有适应环境的变化，我们才能取得成功。

人是社会中的人，与社会中的事物、能量、信息等有着千丝万缕的关系。人也有很多状态，不同的状态带来不同的效果和不同的结果，同时也就决定了你与社会的关系，即确定了你的位置。

当你调整状态，改变自己时，你与世界交换的物质、能量、信息必然发生变化，你与他人的关系就变了，你在社会生活中的位置就已经发生了变化。

比如你在生活中经常愁眉苦脸，这一定代表了你现在的位置和与世界的某种既定关系。如果你开始调整表情，诸事面带微笑，进行了这个调整之后，与社会交换的信息就改变了，你和周边的人际关系就发生了变化。

美国一项研究结果表明，一种真正以友谊待人的态度，引起对方友谊反应的比率高达60%至90%。领导此项研究的博士说：“爱产生爱，恨产生恨，这句话大致是不会错的。”

雨果的不朽名著《悲惨世界》讲的是这么一个坏人变好人的故事，主人公冉·阿让，本是一个勤劳、正直、善良的人，但穷困潦倒，度日艰难。为了不让家人挨饿，迫于无奈，他偷了一个面包，被当场抓住，判定为“贼”，锒铛入狱。

出狱后，冉·阿让到处找不到工作，饱受世俗的冷落与耻笑。从此，他真的成了一个贼，顺手牵羊，偷鸡摸狗。警察一直都在追踪他，想方设法要拿到他犯罪的证据，把他再次送进监狱。他却一次又一次逃脱了。

在一个大风雪的夜晚，他饥寒交迫，昏倒在路上，被一个神父救起。神父把他带回教堂给吃给住，但他却在神父睡着后，把神父房里的所有银器席卷一空。因为他已认定自己是坏人，就应该干坏事。不想，在逃跑途中，被警察逮个正着，这次可谓人赃俱获。

当警察押着冉·阿让到教堂，让神父认定失窃物品时，冉·阿让绝望地想：“完了，这一辈子只能在监狱里度过了！”

谁知神父却温和地对警察说：“这些银器是我送给他的。他走得太急，还有一件更名贵的银烛台也忘了拿，我这就去取来。”冉·阿让的心灵受到了巨大的震撼。

警察走后，神父对冉·阿让说：“过去的就让它过去，重新开始吧！”

从此，冉·阿让决心洗心革面，重新做人。他搬到一个新的地方，努力工作，积极上进。后来，他成功了，毕生都在救济穷人，做对社会有益的事情。这说明，你用什么样的心态对待别人，别人就用什么样的心态对待你。你用什么样的心态对待生活，生活就怎样对待你。

成功人士之所以成功，就是他们会变，不失时机地变。社会生活是客观发展的，任何人都不可能改变社会生活，但你可以改变你自己。改变自己，先要改变心态，唯有心态观念转变，你才有可能走向成功。

所以，想取得成功，就要改变心态，改变你对社会，对世界的看法，使自己心态适应社会。

14. 自信心态，一生财富的源泉

自信，是一个人取得成功的关键，自信可以使你产生力量，可以使你以排山倒海之势达到目标，可以为了看到曙光出现，坚持不懈。

有位成功学家鼓励人们这样建立自信：在做事之前，大喊50遍“我成功，因为我自信。”这确实不失为一个好办法。因为只要相信自己，即使追求的目标难如移山倒海，但终有成功的一天。信心是一种最坚强的内在力量，它能够帮助你度过最艰难困苦的时期，直到曙光最终出现。信心从未令人失望，他会使人发现自身的价值和潜能，取得成功。

有一个巴西女人和丈夫、孩子一起移民美国，当他们抵达艾尔巴索城的时候，她丈夫不告而别，离她而去。留下她束手无策地面对两个嗷嗷待哺的孩子。22岁的她带着不懂事的孩子，饥寒交迫。虽然口袋里只剩下几块钱，还是毅然地买下车票前往加利福尼亚州。在一家巴西餐馆里打工，从大半夜做到早晨6点钟，收入只有区区几块钱。然而她省吃俭用，努力储蓄，她要将每一角钱都存下来。

她要实现一个梦想——自己开一家巴西烤肉店。有一天，她拿着辛苦攒下来的一笔钱，跑到银行向经理申请贷款，她说：“我想买下间店面，经营巴西烤肉。如果你肯借给我几千块钱，那么我的愿望就能够实现。”一个陌生的外地女人，没有财产抵押，没有担保人，她自己也不知能否成功。但是幸运的是，银行家佩服她的胆识，决定冒险资助。她25岁起靠经营自己的巴西烤肉经过多年的努力，她的小店规模已经变得越来越大，并且在当地受到好评。

这是一个平凡女人的自信带来的成功。自信使她白手起家寻求生路，自信使她有了胆量，自信也给她带来了聪明和智慧。任何人都会成功，只要你肯定自己、相信自己一定会成功，那么你将如愿以偿。

自信与胆量具有亲密的关系，胆量来源于自信，而自信会产生胆量，如果缺失两者中的任何一个，都不会成功。犹太物理学家埃伦菲斯特具有非凡的评价和批判能力，因此一些伟大的物理学家常常乐意征求他的意见，他还常常应邀出席科学会议。但是他也把这种严峻的批判用在自己身上。这种过分的自我批判倾向扼杀了这位才华横溢的科学家的创造才能。结果，他自己的思想产物还没有问世，这种过分挑剔的批判就夺走了他对它们的爱，埃伦菲斯特最后竟厌世自杀，他的悲剧就在这里。著名物理学家杨振宁曾经谈到科学家的胆魄问题：“当你老了，你就会变得越来越胆小……因为你一旦有了新思想，会马上想到一堆永无止境的争论，害怕前进。当你年轻力壮的时候，可以到处寻求新的观念，大胆面对挑战，而年纪大了的人疲于奔波，疲于争论。我常常问自己：是否已经丢掉了自己的胆魄？”这些事例都从反面证明了没自信就没有胆量，没有胆量就会磨灭想象力和独创精神。所以，缺乏自信是创造和智慧的最危险的敌人。

天下没有十全十美之人，每个人都有某方面的不足，这正是“金无足赤，人无完人。”无论是有生理或心理缺陷，但能否敢于正视自己的缺陷和不足，而且不被它削弱自信，却是强者和弱者的区别。强者敢于正视自己的不足和缺陷，不为此自卑，相信自己一定能成功，而弱者恰恰相反。

罗斯福是个残疾人，又是一个强者。1962年，美国历史学会组织美国历史学家投票，选出了五位最伟大的总统，富兰克林·德拉诺·罗斯福排名第三，仅居于亚伯拉罕·林肯和乔治·华盛顿之后，成为美国历史上唯一一位连任四届、主持白宫时间最长的总统。罗斯福被公认为世界历史上的为数很少的能够扭转乾坤的巨人之一。关于他的国内政绩，关于他在世界历史上曾经发挥的作用，另一位伟人温斯顿·丘吉尔认为，罗斯福是对世界历史影响最大的一位美国人。

最近几十年间，由于美国国力的强盛和它在国际事务中扮演的重要角色，数任美国总统或多或少地要以“世界总统”自居，可以说，如果没有罗斯福，他们就不可能获得这样的自信。而罗斯福的这种自信却具有不同寻常的意义。如果没有这种自信，很难想象他会在39岁患上脊髓灰质炎（俗称小儿麻痹症）之后，凭着顽强的毅力积极配合治疗，终得幸免于全身瘫痪；更难想象他后来敢于拄着双拐或坐着轮椅出现在1932年总统竞选的讲坛上，并成为美国历史上唯一一位身罹残疾的总统。罗斯福的自信在他一生的成长和事业中起到了重要作用，在他第一次就职演说中针对当时美国社会的大萧条情景曾经说过：“首先让我们表明自己的坚定信念：唯一值得恐惧的东西就是不可名状的、未经思考、毫无根据的恐惧；使得转退为进所需的努力陷于瘫痪的恐惧。”纵观罗斯福一生，我们可以肯定地说，他虽然身罹残疾，但在迄今为止所有的美国总统中，远不是每一位都像他那样具有一颗如此健康的心灵。

谁都知道，男大当婚、女大当嫁的第一关就是容貌，人们在选择未来的配偶时，第一个条件就是要看看对方的相貌是否美，最起码要看着顺眼，不心烦。然而，世上的事都不是绝对的，有些外表不美但智慧美、心灵美的人同样可以以其精神面貌成为强者。

战国时期的钟离春，是我国历史上有名的丑女。人人都知道她是丑女，是齐国王后，这里我们会想齐宣王是不是美女看多了，看花眼了，其实不然。钟离春虽然模样难看，却志向远大，知识渊博。当时执政的齐宣王政治腐败、国事昏暗、性情暴躁、喜欢吹捧。钟离春为了拯救国家，冒着杀头的危险当面一条条地陈述齐宣王的劣迹，并指出若再不悬崖勒马就会城破国亡。齐宣王听后大为震惊，把钟离春看成是自己的一面宝镜。他认为有贤妻辅佐，自己的事业才会蒸蒸日上，正所谓妻贤夫才贵。这个身边美女如云的国王，竟把钟离春封为王后。

还有，东汉时丑女孟光，长得又黑又胖，模样极丑，父母已做好嫁不出去的准备。可仍有媒人替孟光与一丑男搭桥。孟光说："非梁鸿不嫁。"梁鸿是当时的大文人，不少美女想嫁梁鸿遭拒绝后得了相思病。而孟光对媒人说出的话一时传为笑料，人们讥笑她是"癞蛤蟆想吃天鹅肉"。梁鸿听说这些以后，没有和别人一样嘲笑孟光。他很钦佩孟光的人品和学识，相信她不是攀龙附凤之人，毅然决定娶孟光为妻。后来梁鸿落魄到异地当佣工，孟光毫无怨言地随同前往。患难与共，白头偕老。

从上述例子可以看出，外貌美并不重要，重要的是你要智慧美、品德美。而这些美都来自于自信，自信可以使你做你不敢做甚至不敢想的事。所以自信是击碎自卑的最佳方法，我们做事遇到挫折宁肯挺直身体，也绝不弯下腰，相信自己，可以成功。

自信是你一生财富的源泉。